p-진 함수해석학과 그 응용

김태균·장이채·임석훈·박홍경·유천성·김영희
김민수·석정영·김원주·박경호·황경원 지 음

KyoWooSa 敎友社

머리말

정수의 기본 성질에서 나오는 진법과 p-진 수의 개념에 관한 기초 지식은 수학의 흥미를 이끌어내고 수학적 사고의 폭을 넓혀 왔다. 최근 10여년간 p-진 함수해석학에 관한 흥미로운 연구들을 본 저자들은 지속적으로 저술해오고 있다. 조금은 특이한 영역이면서도 정수론적 계산 방법과 해석학적인 유사 성질들의 유추는 많은 흥미를 유발한다고 보겠다. 본 저자들은 지금까지 비 아르키메디언 해석학입문(2004, 교우사), 초월함수개론(2005, 교우사), q-정수의 세계와 그 응용(2006, 교우사), 비 아르키메디언 적분과 그 응용(2007, 교우사)을 통해, 새로운 수의 개념인 p-진 수에 대한 기초이론 및 비 아르키메디언 적분을 이용한 다양한 연구 결과들, q-정수에 대한 여러 가지 이론과 응용분야를 소개하였다.

p-진 수의 개념과 p-진 불변 q-적분을 이용하여 개발된 여러 가지 새로운 사실들을 매년 소개할 욕심 때문에 부족함이 많음에도 불구하고, 이 책을 구성하게 되었다. 제1장에서는 정수의 기본 성질, 약수와 배수, 유클리드 호제법, 소수 및 진법에 관하여 서술하였다. 제2장에서는 산술함수에 관한 기초이론으로써 가우스 정수함수, 산술함수의 디리클레 합성곱, 뫼비우스 함수, 오일러 파이함수, 시그마함수, 뤼빌함수 등과 관련된 대수적 성질들을 다루었다. 제3장에서는 q-수와 관련된 이론으로써 q-베르누이 수와 q-스털링 수, 푸리에 급수, 제타함수의 몇 가지 양의 값들에 관한 성질, 제타함수의 경이로운 값들의 발견 등을 다루었다. 제4장에서는 제타함수의 기초 이론, 다중 제타함수의 몇 가지 짝수 값들에 관한 계산 및 일반적인 짝수 값들에 관한 계산, 다중 제타함수를 이용한 리만 제타함수의 계산에 관하여 서술하였다. 제5장에서는 오일러 상수와 조화수열에 관한 기초이론을 소개하고 조화급수에 대한 q-확장, 오

일러-마쉬로니 상수에 관한 성질들을 다루었다. 제6장에서는 p-진 볼켄본 적분과 관련된 해석학적인 이론으로써, 볼켄본 적분의 르베그-라돈-니코딤정리, p-진 q-변환 연산자의 성질, 페르미오닉 p-진 적분과 관련된 프로베니어스-오일러 정식의 대칭성 및 푸리에변환 등을 다루었다. 제7장과 제8장은 양자수송이론으로서 수리물리학에서 이용되고 있는 수학적 이론들을 소개하여, p-진 해석학으로의 적용 가능한지를 알아보는 것이 앞으로의 연구 과제들이다. 제9장은 q-베르누이와 q-오일러 수와 다항식의 그래프를 Mathematica를 이용하여 소개하였다.

본 저서는 p-진 함수해석학과 그와 관련된 응용분야의 저변확대를 위해서 지금까지 연구되어오고 있는 결과들을 체계적으로 정리하고 수학사적인 관점에서 의미를 부여하고자 저술된 다섯 번째 저서이다. 따라서 이 책의 잘못된 부분에 대해서는 독자의 서슴없는 지적이나 의견들을 겸허하게 수용하고자 한다.

이 책이 국내의 p-진 q-정수 이론 및 p-진 함수해석학의 연구를 보다 활발하게 만드는 계기가 된다면 저자들에게는 큰 보람일 것이다. 끝으로 출판해주신 교우사 오판근 사장님께 감사를 드린다.

2009년 2월

저자 일동

차 례

제 1 장 정수의 기본 성질 / 1

제 2 장 산술함수 / 21

제 3 장 q-수와 관련된 이론 / 43

제 4 장 제타함수의 응용 / 89

제 5 장 오일러 상수 γ와 조화수열 / 121

제 6 장 q-볼켄본 적분과 관련된 해석학적 이론 / 157

제 7 장 양자수송이론 1 / 185

1 정수의 기본 성질

수학에서 q-정수는 대단히 중요한 역할을 하고 있다. 현대물리와 현대수학의 양대 산맥에 많은 결과들이 그것을 활용하고 그것을 이용하는 가운데 있다. 먼저 편의상 간단한 정수론적인 사실들을 소개하면서 이 장을 시작하고자 한다.

수 집합 중에서 자연수 전체의 집합$\{1, 2, 3, \ldots\}$은 $\mathbb{N}$이라 표현한다. 정수 전체의 집합$\{\ldots, -3, -2, -1, 0, 1, 2, 3, \ldots\}$은 $\mathbb{Z}$로 표시하고, $n\mathbb{Z} = \{nx \mid x \in \mathbb{Z}\}$는 n의 배수의 집합을 의미한다.

자연수 전체의 집합은 덧셈에 대하여 닫혀있고 교환법칙과 결합법칙을 만족한다. 그러나 덧셈에 대한 항등원 0은 가지고 있지 않다. 자연수 전체의 집합에 덧셈에 대한 항등원 0을 넣은 집합이 필요할 때가 있다. 이러한 집합

$$\{0, 1, 2, 3, \ldots\}$$

을 음이 아닌 정수 전체의 집합이라 한다. 기호로 정해진 것은 없으나 꼭 필요하면

$$\mathbb{N} \cup \{0\} \text{ 또는 } \mathbb{Z}_+$$

라 쓴다.

정수 전체의 집합은 덧셈에 대하여 닫혀있고 교환법칙과 결합법칙을 만족하며, 항등원과 역원을 가지고 있다. 또, 곱셈에 대하여 닫혀있고 교환법칙과 결합법칙을 만족하며, 항등원을 가지고 있다. 하지만 곱셈에

대한 역원은 가지고 있지 않다. 예를 들면, $2 \in \mathbb{Z}$ 이지만 $\frac{1}{2} \notin \mathbb{Z}$ 이다.

유리수 전체의 집합을 $\mathbb{Q}$, 실수 전체의 집합을 $\mathbb{R}$, 복소수 전체의 집합을 $\mathbb{C}$ 로 표시한다. 이 집합들은 모두 덧셈에 대하여 닫혀있고 교환법칙과 결합법칙을 만족하며, 항등원과 역원을 가지고 있다. 또, 곱셈에 대하여 닫혀있고 교환법칙과 결합법칙을 만족하며, 항등원과 역원을 가지고 있다. 정수는 그림 1.1과 같이 실직선 위에 크기 순서대로 나열할 수 있다.

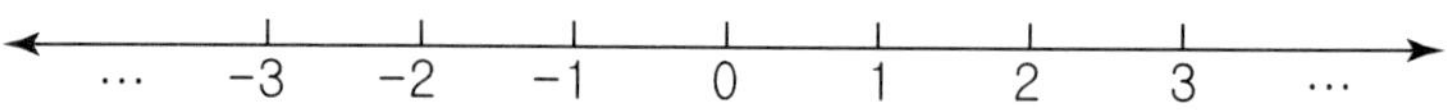

그림 1.1

이를 **정수의 정렬성**(well-ordering principle)이라 한다. 정수의 정렬성은 많은 정수에 대한 기본 성질들을 증명하는 데 필요하다.

1.1 준비

1.1.1 피타고라스

이제 피타고라스학파가 연구한 수와 기하도형을 연결시켜 연구한 부분을 공부하여 보자.

고대의 피타고라스와 그의 학파들은 다음과 같은 관점으로 수를 이해하려고 했다.

(1) 피타고라스학파는 수와 기하도형을 연결했다.

[예제 1.1.1] **삼각수**(triangular numbers) : 1, 3, 6, 10, 15, ...

사각수(squares) : 1, 4, 9, 16, 25, ...

오각수(pentagonal numbers) : 1, 5, 12, 22, 35, ...

(2) 피타고라스 삼각형(Pythagoras triangles)

$x^2 + y^2 = z^2$ 을 만족하는 자연수(x, y, z)를 **피타고라스 세수**(Pythagoras triple)라 한다. 또, 다음 식을 만족하는$(x, y, z) = 1$ 인 피타고라스의 세수

를 **원시적 피타고라스 세수**(primitive Pythagoras triple)라 한다.

$$\begin{cases} x = a^2 - b^2 \\ y = 2ab \\ z = a^2 + b^2 \end{cases} \tag{1.1.1}$$

단, $(a,b) = 1, a \not\equiv b \pmod{2}$

참고 여기서 (a, b)는 a와 b의 최대공약수를 의미하며, $(a, b) = 1$이면 a와 b를 서로 소라고 한다. 정의 1.2.6을 참조하라.

[예제 1.1.2] $x = 3$, $y = 4, z = 5$는 식 (1.1.1)에서 $a = 2$, $b = 1$일 때 이므로 원시적 피타고라스 세수이다.

1.1.2 완전수

[정의 1.1.1] 자연수 n이 자신의 진약수(proper divisor)들의 합과 같을 때, n을 완전수(perfect number)라 한다. 즉, 자연수 n에 대하여 n의 약수의 합을 $\sigma(n)$이라 하면, $\sigma(n) = 2n$일 때 n을 **완전수**라 한다.

[예제 1.1.3] $6 = 1 + 2 + 3$, $28 = 1 + 2 + 4 + 7 + 14$이므로 6, 28은 완전수이다.

유클리드(Euclid)는 $n = 2^{p-1}(2^p - 1)$인 짝수일 때 (단, p, $2^p - 1$은 소수), n은 완전수임을 밝혔고, 오일러(Euler, 2000년 후)는 n이 짝수인 완전수이면, $n = 2^{p-1}(2^p - 1)$이다 (단, p, $2^p - 1$은 소수)라는 것을 보였다.

[예제 1.1.4] $6, 28, 496, 8128, 33550336, \ldots$은 짝수인 완전수이다. 6은 다음과 같이 나타낼 수 있다.

$6 = 2 \cdot 3 = 2^{2-1} \cdot (2^2 - 1)$

[정의 1.1.2] $M_p = 2^p - 1$(p는 소수)라 놓고, M_p 가 소수이면, $n = 2^{p-1}M_p$ 는 완전수이다. 이때, M_p 를 **메르센 소수**(Mersenne prime)라 한다.

[예제 1.1.5] $p = 2, 3, 5, 7, 13, 17, 19, 31, 61, 89, 107, \ldots$ 이면 M_p 는 소수이다. 따라서 M_p 는 메르센 소수이다.

홀수인 완전수는 존재하는지 조차 알려져 있지 않다. 만약 있다면, 그 수는 10^{50} 보다 커야 한다.

1.1.3 페르마

페르마(Fermat, 1601~1665)는 현대 정수론의 아버지라고 불린다. 여기서 페르마의 결과들을 간단히 소개한다.

(1) 모든 자연수는 삼각수 또는 삼각수의 2개, 3개의 합으로 표시된다. 또, 모든 자연수는 사각수 또는 사각수의 2개, 3개, 4개의 합으로 표시된다. 모든 자연수는 오각수 또는 오각수의 2개, 3개, 4개, 5개의 합으로 표시된다.

(2) $4n+1$ 형태의 소수는 두 개의 제곱수의 합이다.
즉, $4n+1 = a^2 + b^2$ 이다. 예를 들면, $5, 13, 17$은 $4n+1$ 형태의 소수로서 다음과 같이 두 개의 제곱수의 합으로 쓸 수 있다.

$$5 = 1^2 + 2^2,\ 13 = 2^2 + 3^2,\ 17 = 1^2 + 4^2$$

(3) **페르마의 소 정리**(Fermat little theorem)
p가 소수이고 $(a, b) = 1$ 이면, $a^{p-1} \equiv 1 \pmod{p}$ 이다.

(4) $n \geqq 0$인 정수이면, $F_n = 2^{2^n} + 1$은 소수이다.(| p | 로 밝혀짐)
$n = 0, 1, 2, 3, 4$일 때 $F_0 = 3,\ F_1 = 5,\ F_2 = 17,\ F_3 = 257,$

$F_4 = 65537$은 소수이지만, $n = 5$일 때 $F_5 = 2^{32} + 1 =$
$641 \cdot 6700417$은 합성수이다.(오일러, 1732)
또, $5 \leq n \leq 19$일 때도 F_n은 합성수이다.

(5) **페르마의 마지막 정리**

$n \geq 3$인 자연수 n에 대하여, $x^n + y^n = z^n$을 만족시키는 자연수 해는 존재하지 않는다.
특정한 자연수 경우에 위 사실을 증명한 학자와 해당년도는 다음과 같다.

$n = 4$: Fermat (1640)
$n = 3$: Euler (1750), Lagrange (1770)
$n = 5$: Legendre, Dirichlet (1825)
$n = 14$: Dirichlet (1832)
$n = 7$: Lame (1837)
1994년 A. Wiles가 증명하였다.

1.1.4 골드바하 가설

1742년 오일러가 골드바하로부터 받은 편지에 하나의 추측이 적혀 있었는데, '모든 짝수는 1 또는 소수로 이루어진 두 수의 합으로 표현될 수 있다'는 것이다. 이것을 골드바하의 가설이라 하고, 수학사의 미해결 난제 중 가장 난해한 문제 중 하나이다.

골드바하 가설(Goldbach, 1742) : 모든 2보다 큰 짝수는 두 소수의 합으로 표시된다.

[예제 1.1.5]

$4 = 2 + 2,\ 6 = 3 + 3,\ 8 = 3 + 5,\ 10 = 3 + 7 = 5 + 5,\ 12 = 5 + 7$
$n \leq 33 \times 10^6$인 짝수 n에 대해서는 골드바하 가설이 사실이다.
$8 \leq n \leq 33 \times 10^6$인 짝수 n에 대해서는, n이 서로 다른 두 소수의 합으로 표시된다.

1.1.5 대수적인 정수

힐버트(Hilbert)는 20세기를 바라보면서 23개의 문제들을 제시하였었다. 그 중에 7번째 문제가 초월수(transcendental number)에 대한 문제이다. 대수적인 정수와 초월수를 소개하기 위하여 몇 가지 기본적인 용어를 소개하고자 한다.

> [정의 1.1.3] $a_1, a_2, \dots, a_n \in Z$ 라 하자.
>
> 다항식 $f(x) = a_n x^n + a_{n-1} x^{n-1} + \cdots + a_1 x + a_0$ 의 근 α, 즉 $f(\alpha) = 0$ 이 되는 α를 **대수적인 수**(algebraic number)라고 부르며 대수적인 수가 아닌 수를 **초월수**(transcendental number)라고 부른다. 특히 $a_n = 1$ 이면서 $f(\alpha) = 0$ 이 되는 α를 **대수적인 정수**(algebraic integer)라고 부른다.

예를 들면, 3은 대수적인 수이면서 대수적인 정수이다. 왜냐하면 $f(x) = x - 3$ 이 존재하여 $f(3)$=0을 만족하는 다항식을 볼 수 있기 때문에 대수적인 수이면서 대수적인 정수이다.

[예제 1.1.6]

(1) $\sqrt{3}, i$ 는 대수적인 수이면서 대수적인 정수이다.

(2) $\frac{1}{3}$ 은 대수적인 수이지만 대수적인 정수는 아니다. 왜냐하면 $\frac{1}{3}$ 은 $f(x) = 3x - 1 = 0$ 의 근이 되기 때문이다.

(3) $\pi, e, e^{\pi}, \ln 2$ 는 대수적인 수가 될 수 없고, 초월수임을 알 수 있다.

1.1.6 open problems

(1) 메르센 소수 $M_p = 2^p - 1$ 은 무한히 존재하는가?

(2) 메르센 합성수는 무한히 존재하는가?

(3) 페르마 소수 $F_n = 2^{2^n} + 1$ 은 무한히 존재하는가?

(4) 페르마 합성수는 무한히 존재하는가?

(5) 홀수인 완전수는 존재하는가?

(6) 쌍둥이 소수는 존재하는가?

(7) n^2+1 형태의 소수는 무한히 존재하는가?

(8) n^2+k 형태의 소수는 무한히 존재하는가?

(9) 모든 자연수 n에 대하여, n^2과 $(n+1)^2$ 사이에 소수는 항상 존재하는가?

(10) $n \geqq 2$인 자연수 n에 대하여, n^2과 n^2+n 사이에 소수는 항상 존재하는가?

(11) 두 소수의 차가 아닌 짝수는 존재하는가?

(12) 골드바하의 가설은 사실인가?

(13) 자리수(digits)가 모두 1인 소수는 무한히 존재하는가?

예) 11

11,111,111,111,111,111,111,111

(14) π^e가 초월수인가?

1.2 약수와 배수

[정의 1.2.1] $a,b \in \mathbb{Z}$ 일 때, $b=ac$ 인 정수 c가 존재하면, a가 b를 나눈다고 하고, $a \mid b$로 표시한다. 이 때, a를 b의 약수, b를 a의 **배수**라 한다. 또, a가 b의 약수가 아닐 경우, $a \nmid b$로 표시한다.

[예제 1.2.1] (1) 6의 약수는 1, 2, 3, 6, -1, -2, -3, -6 이다.

(2) 6의 양의 약수는 1, 2, 3, 6 이다.

(3) 0은 모든 정수의 배수이다.

[정리 1.2.2] $a, b \in \mathbb{Z}$ 일 때, 다음이 성립한다.

$$a \mid b \Leftrightarrow b\mathbb{Z} \subseteq a\mathbb{Z}$$

[예제 1.2.2] $6\mathbb{Z} \subset 2\mathbb{Z}$

<배수판별법>

다음 각 정수의 배수를 판별하는 방법이다.

2의 배수 : 1의 자리수가 짝수
3의 배수 : 자리수들의 합이 3의 배수
4의 배수 : 십자리 이하의 수가 4의 배수
5의 배수 : 1의 자리수가 0 또는 5
6의 배수 : 1의 자리수가 짝수이고, 각 자리수들의 합이 3의 배수
8의 배수 : 백자리 이하의 수가 8의 배수
9의 배수 : 각 자리수들의 합이 9의 배수

[정의 1.2.3] x가 실수일 때, $[x]$는 x를 넘지 않는 최대 정수라고 정의한다. 이때 $[x]$를 **최대 정수함수**(greatest integer function) 또는 **가우스 정수함수**라고 한다. [ ]를 **가우스**(Gauss) 기호라고 한다.

정의 1.2.3에 의하여 x가 정수일 때는 $[x] = x$임을 알 수 있다.

[예제 1.2.3] $[2.3] = 2$, $[-\sqrt{2}] = -2$, $[3] = 3$

[정의 1.2.4] $[x]_q = \dfrac{1-q^x}{1-q}$를 x의 **q-수**(q-number)라고 정의한다.

이렇게 정의하면 다음과 같이 된다는 것을 쉽게 알 수 있다.

[예제 1.2.4] $[0]_q = 0, [1]_q = 1,\ [2]_q = 1+q,$

$$[t]_q = 1 + q + q^2 + \cdots q^{t-1}$$

[정리 1.2.5] a,b가 자연수일 때, $1,2,\cdots,b$ 중 a의 배수의 개수는 $\left[\frac{b}{a}\right]$이다.

[예제 1.2.5] 100에서 300사이의 자연수 중, 13의 배수의 개수는 $\left[\frac{300}{13}\right]-\left[\frac{100}{13}\right]=23-7=16$이다.

[정의 1.2.6] $a,b,c\in\mathbb{Z}$일 때, $c\mid a$, $c\mid b$이면, c를 a,b의 **공약수**(common divisor)라 한다. 또, 그 중 가장 큰 것을 **최대공약수**(greatest common divisor)라 하고, (a,b)로 표시한다. $(a,b)=1$일 때, a,b는 서로 소(coprime)라 한다. 또, $a\mid c$, $b\mid c$이면, c를 a,b의 **공배수**(common multiple)라 한다. 또, 가장 작은 공배수를 **최소 공배수**(least common multiple)라 하고, [a, b]로 표시한다.

참고 위의 정의에서 두 정수 a와 b는 동시에 영은 아니다. a와 b가 모두 영인 경우는 최대공약수를 구할 수 없다. 즉, $(0,0)$은 구할 수 없다.

[정의 1.2.7] $a,b\in\mathbb{Z}$일 때, $ab=(a,b)[a,b]$이다.

증명 $a=da'$, $b=db'$, $(a',b')=1$이라 하면, $(a,b)=d$이고, $[a,b]=da'b'$이다.

그러므로 $ab=d\cdot da'b'=(a,b)[a,b]$ □

[정리 1.2.8] (**나머지정리**, remainder theorem)

$a\in\mathbb{N}$, $b\in\mathbb{Z}$이면, $b=qa+r$인 정수 q,r이 유일하게 존재한다.(단, $0\leq r<a$)

이때, q를 몫(quotient), r을 나머지(remainder)라 한다.

증명 $\mathbb{R} = \cup_{n=-\infty}^{\infty} [na, (n+1)a)$이므로, $b \in [qa, (q+1)a)$인 $q \in \mathbb{Z}$가 유일하게 존재한다. $r = b - qa$라 하면, $0 \leqq r < a$이고, $b = qa + r$이다. 🕮

> [정리 1.2.9] $a, b \in \mathbb{Z}$에 대하여, $a\mathbb{Z} + b\mathbb{Z} = d\mathbb{Z}$인 $d \in \mathbb{Z}$가 존재한다. (단, $a\mathbb{Z} + b\mathbb{Z} = \{ax + by \mid x, y \in \mathbb{Z}\}$.)

증명 $a, b > 0$이라 가정할 수 있다. d를 $ax + by > 0$인 것 중 가장 작은 자연수라 하자.

$d = ax_1 + by_1$이라 하면, $d \in a\mathbb{Z} + b\mathbb{Z}$이므로,

$d\mathbb{Z} \subseteq a\mathbb{Z} + b\mathbb{Z}$이다.

이제, 임의의 $ax + by \in a\mathbb{Z} + b\mathbb{Z}$에 대해

$ax + by = qd + r$ $(0 \leqq r < d)$인 정수 q와 r이 존재한다. 그러면 다음이 성립한다.

$$r = ax + by - qd = ax + by - q(ax_1 + by_1)$$

$$= a(x - qx_1) + b(y - qy_1) \in a\mathbb{Z} + b\mathbb{Z}$$

만약 $r \neq 0$이면, $0 < r < d$이고 $r = ax' + by'$ 형태이다. 이것은 d가 최소라는데 모순이다.

그러므로 $r = 0$. 즉, $ax + by = qd \in d\mathbb{Z}$이다.

따라서 $a\mathbb{Z} + b\mathbb{Z} \subseteq d\mathbb{Z}$이다. 🕮

> [정리 1.2.10] $a, b \in \mathbb{Z}$에 대하여, 다음이 성립한다.
>
> $$a\mathbb{Z} + b\mathbb{Z} = d\mathbb{Z} \Leftrightarrow d = (a, b)$$

증명 $(\Rightarrow)$ $a = a \cdot 1 + b \cdot 0 \in a\mathbb{Z} + b\mathbb{Z} = d\mathbb{Z}$이므로 $d \mid a$이다.

마찬가지로, $d \mid b$이다.

만약 $c \mid a, c \mid b$이면, 모든 $x, y \in \mathbb{Z}$에 대해 $c \mid ax+by$ 이다.

그러므로 $ax+by > 0$이면, $c \leqq ax+by$ 이다.

$d \in a\mathbb{Z}+b\mathbb{Z}$ 이므로, $d = ax+by$ 형태이다. 따라서 $c \leqq d$ 이다, 즉, $d=(a, b)$이다.

$(\Leftarrow)$ $d=(a,b)$라고 하자.

정리 1.2.9에 의해, $a\mathbb{Z}+b\mathbb{Z}=d_1\mathbb{Z}$ 인 정수 d_1이 존재하므로 $(a,b)=d_1$이다. 따라서 $d=d_1$이고, $a\mathbb{Z}+b\mathbb{Z}=d\mathbb{Z}$ 이다. 🕮

> [정리 1.2.11] $a,b \in \mathbb{Z}$에 대하여,
> $d=(a,b) \Leftrightarrow n \mid a, n \mid b$ 이면, $n \mid d$ 이다. (단, $d>0$)

> [정리 1.2.12] $a,b \in \mathbb{Z}$에 대하여,
> $(a,b)=1 \Leftrightarrow ax+by=1$인 정수 x, y가 존재한다.

증명 정리 1.2.10에 의해 다음이 성립함을 알 수 있다.

$(a, b)=1 \Leftrightarrow a\mathbb{Z}+b\mathbb{Z}=\mathbb{Z} \Leftrightarrow ax+by=1,\ x, y \in \mathbb{Z}$ 🕮

1.3 유클리드 호제법

일반적으로, 두 정수의 최대공약수는 항상 구할 수 있다. 그러나 두 정수가 클 때 최대공약수의 정의에 의하여 그들의 공약수를 구해 그 중 가장 큰 것을 최대공약수로 취하는 방법은 쉽지 않다. 다음 정리는 최대공약수를 쉽게 구할 수 있게 해준다.

[정리 1.3.1] (**Euclid 호제법**)

두 양의 정수 a, b에 대하여,

$b = aq_1 + r_1, \quad 0 < r_1 < a$

$a = r_1 q_2 + r_2, \quad 0 < r_2 < r_1$

$r_1 = r_2 q_3 + r_3, \quad 0 < r_3 < r_2$

$\vdots$

$r_{n-2} = r_{n-1} q_n + r_n, \quad 0 < r_n < r_{n-1}$

$r_{n-1} = r_n q_{n+1}$일 때, a,b 의 최대 공약수는 r_n 이다.

증명 $b = aq_1 + r_1$이면, a, b의 약수는 a, r_1의 약수이므로 $(a, b) = (a, r_1)$이다. 마찬가지로, $(a, b) = (a, r_1) = (r_1, r_2) = \cdots = (r_{n-1}, r_n) = r_n$이다.

따라서 a, b의 최대공약수는 r_n 이다. 🕮

또, 다음 알고리즘을 이용하면 컴퓨터를 이용하여 두 정수 a와 b의 최대공약수를 쉽게 구할 수 있다. 인류 최초의 알고리즘이다.

[알고리즘 1]

음이 아닌 두 정수 a, b $(a \geq b)$가 주어졌을 때, 이들의 최대공약수 d를 구한다.

INPUT : $a \geq b$ 인 음이 아닌 두 정수

OUTPUT : a 와 b 의 최대공약수 d

1. While $b \neq 0$ do the following :

   Set $r \leftarrow a \% b$, $a \leftarrow b$, $b \leftarrow r$. (%는 나머지 연산자이다.)

2. Return a

[예제 1.3.1] (1) 22와 56의 최대 공약수를 구하라.

풀이 $56 = 22 \cdot 2 + 12$

$$22 = 12 \cdot 1 + 10$$
$$12 = 10 \cdot 1 + 2$$
$$10 = 2 \cdot 5$$

따라서 $(22, 56) = 2$이다.

(2) $$\frac{56}{22} = 2 + \cfrac{1}{1 + \cfrac{1}{1 + \cfrac{1}{5}}}$$

참고 역으로 계산하면, 위의 정리에서 $d = ax + by$ 을 만족하는 x 와 y 를 구할 수 있다.

$$\begin{aligned} 2 &= 8 - 6 \cdot 1 = 8 - (30 - 8 \cdot 3) \cdot 1 \\ &= 8 \cdot 4 + 30 \cdot (-1) = (68 - 30 \cdot 2) \cdot 4 + 30 \cdot (-1) \\ &= 68 \cdot 4 + 30 \cdot (-9) = 68 \cdot 4 + (710 - 68 \cdot 10)(-9) \\ &= 710 \cdot (-9) + 68 \cdot 94 \end{aligned}$$

그러므로 $2 = 710 \cdot (-9) + 68 \cdot 94$이다.

[예제 1.3.2] 유클리드 호제법을 쓰면 다음과 같으므로 $(73, 14) = 1$이다.

$$73 = 14 \cdot 5 + 3$$
$$14 = 3 \cdot 4 + 2$$
$$3 = 2 \cdot 1 + 2$$
$$3 = 2 \cdot 1 + 2$$
$$2 = 1 \cdot 2 + 0.$$

역으로,

$$\begin{aligned} 1 &= 3 - 2 \cdot 1 = 3 - (14 - 3 \cdot 4) \cdot 1 \\ &= 3 \cdot 5 - 14 = (73 - 14 \cdot 5) \cdot 5 - 14 \\ &= 73 \cdot 5 + 14 \cdot (-26) \end{aligned}$$

이므로 $1 - 73 \cdot 5 + 14 \cdot (-26)$이다

이것을 일반적인 경우에 적용할 수 있는 알고리즘으로 쓰면 다음과 같다.

[알고리즘 2] (Extended Euclidean Algorithm)

음이 아닌 두 정수 a,b $(a \geqq b)$가 주어졌을 때, 이들의 최대공약수d 와$d = ax + by$ 를 만족하는 정수 x 와 y를 구한다.

INPUT : $a \geqq b$ 인 음이 아닌 두 정수

OUTPUT : a 와 b 의 최대공약수 d 와 $d = ax + by$ 를 만족하는 정수 x 와 y

1. If $b = 0$, then set $d \leftarrow a$, $x \leftarrow 1$, $y \leftarrow 0$, and return(d,x,y)
2. Set $x_2 \leftarrow 1, x_1 \leftarrow 0, y_2 \leftarrow 0, y_1 \leftarrow 1$
3. While $b > 0$ do the following:
   3.1 $q \leftarrow [a/b], r \leftarrow a - qb, x \leftarrow x_2 - qx_1, y \leftarrow y_2 - qy_1$,
   ([ ]는 가우스정수함수)
   3.2 $a \leftarrow b$, $b \leftarrow r, x_2 \leftarrow x_1, x_1 \leftarrow x, y_2 \leftarrow y_1$, and $y_1 \leftarrow y$
4. Set $d \leftarrow a, x \leftarrow x_2$, $y \leftarrow y_2$, and return (d, x, y)

[예제 1.3.3] $22x + 56y = 2$ 인 정수 x, y 는 무엇인가?

풀이 2를 다음과 같이 나타낼 수 있다.

$$\begin{aligned} 2 &= 12 - 10 \cdot 1 \\ &= 12 - (22 - 12 \cdot 1) \cdot 1 \\ &= 22(-1) + 12 \cdot 2 \\ &= 22(-1) + (56 - 22 \cdot 2) \cdot 2 \\ &= 22 \cdot (-5) + 56 \cdot 2 \end{aligned}$$

따라서 $x = -5$, $y = 2$ 이다.

[정의 1.3.2] 유리수 r 을 $r = \frac{a}{b}$, $(a,b) = 1$로 표시했을 때, $\frac{a}{b}$를 **기약분수**(irreducible fraction)라 한다.

[예제 1.3.4] $\frac{5}{10}$는 기약분수가 아니고, $\frac{1}{2}$은 기약분수이다.

[예제 1.3.5] n 이 임의의 자연수일 때, $\dfrac{5n^2+15n+7}{3n^2+9n+4}$ 는 기약분수임을 보여라.

풀이 $a = 5n^2+15n+7,\ b = 3n^2+9n+4$ 라 하면,

$3a-5b=1$ 이므로, a, b 는 서로 소이다.

따라서 $\dfrac{a}{b}$ 는 기약분수이다.

1.4 소수

[정의 1.4.1] $p>1$ 인 정수 p 에 대하여, p 의 약수가 $\pm 1,\ \pm p$ 밖에 없을 때, p 를 **소수**(prime number)라 한다. 소수가 아닌 정수 $a>1$ 을 **합성수**(composite number)라 하고, $p \mid a$ 인 소수 p 를 a 의 **소인수**(prime divisor)라 한다. 단, 1은 소수도 아니고, 합성수도 아니다.

[정리 1.4.2] 임의의 정수 $a>1$ 은 다음과 같이 표시할 수 있다.

$a = p_1^{e_1} p_2^{e_2} \cdots p_r^{e_r}$ (단, $p_1, \cdots, p_r$ 은 서로 다른 소수, $e_1, \cdots, e_r$ 은 1 이상인 정수).

이것을 a 의 **소인수분해**(prime factorization)라 한다.

<소수 구하는 법 (Seive method)>

다음과 같이 먼저 2의 배수, 즉 짝수들 지우고, 3의 배수인 6, 9, 12, 15, 18을 지운다. 아직 지워지지 않은 수의 배수를 차례로 지워 나가면, 최종적으로 남는 수가 소수이다 20까지 소수는 2, 3, 5, 7, 11, 19, 17, 19 이다.

1 ② ③ ~~4~~ ⑤ ~~6~~ ⑦ ~~8~~ ~~9~~ ~~10~~
⑪ ~~12~~ ⑬ ~~14~~ ~~15~~ ~~16~~ ⑰ ~~18~~ ⑲ ~~20~~

<소수 판별법>

a가 소수인가를 판별하기 위해서는, $\sqrt{a}$ 보다 작은 소수에 대해서만 a의 약수인가를 판별하면 된다.

[예제 1.4.1] $\sqrt{211} < 16$이므로, 16보다 작은 소수 $2, 3, 5, 7, 11, 13$에 대해서만 211의 약수인가를 보면 된다. 211은 위의 어떤 소수로도 나누어지지 않으므로, 소수이다.

[정리 1.4.3] (**유클리드 정리, Euclid Theorem**) 소수는 무한히 존재한다.

증명 소수가 r개만 있다고 하고, 이것을 $p_1, p_2, \ldots, p_r$이라 하자. $n = p_1, p_2, \ldots, p_r + 1$ 이라하면, $p_1 \nmid n, \ldots, p_r \nmid n$ 이다. 즉, n은 어떤 소수로도 나누어지지 않는다. 그러므로 n은 소수이다. 그런데, $n > p_1, \ldots, n > p_r$이므로 모순이다. 🕮

[정리 1.4.4] 임의의 자연수 n에 대하여, 연속되는 n개의 합성수는 항상 존재한다.

증명 임의의 자연수 n에 대하여, $(n+1)!+2, (n+1)!+3, \ldots, (n+1)!+(n+1)$은 연속되는 n개의 합성수이다. 🕮

[정리 1.4.5] $n! = p_1^{e_1} p_2^{e_2} \cdots p_r^{e_r}$가 $n!$의 소인수분해일 때, $e_1, e_2, \ldots, e_r$은 다음과 같다.

$$e_1 = \sum_{k=1}^{\infty} \left[\frac{n}{p_1^k} \right], \ \ldots \ , \ e_r = \sum_{k=1}^{\infty} \left[\frac{n}{p_r^k} \right]$$

[예제 1.4.2] $100 \neq 5^l \cdot a, \quad 5 \nmid a$ 이면,

$$l = \left[\frac{100}{5}\right] + \left[\frac{100}{5^2}\right] + \left[\frac{100}{5^3}\right] + \cdots = 20 + 4 = 24 \text{ 이다.}$$

[참고 1.4.6] (소인수분해, prime factorization)

소인수분해는 암호학에서 중요한 의미를 갖는다. 특히, 뒤에서 소개할 RSA 암호법은 큰 수의 소인수분해가 어렵다는 것에 기초를 두고 있다. 물론 작은 수의 소인수분해는 여러 가지 기초적인 방법들로 쉽게 할 수 있다. 그러나 암호학에서 쓰는 수는 대단히 큰 수이고 이의 소인수분해는 매우 어렵다. 현재 소인수분해법에 대한 연구가 활발하게 진행되고 있다.

'모든 1 보다 큰 자연수는 소수의 곱으로 유일하게 소인수분해된다'는 사실은 자연수의 성질을 규명하는데 소수가 매우 중요한 위치를 차지하고 있음을 보여 준다. 따라서 자연수의 성질을 규명하기 위하여 소수의 여러 성질들을 알아내는 것은 매우 중요한 것처럼 보인다.

[참고 1.4.7] (소수판정, primality test)

어떤 주어진 자연수가 소수인지 아닌지를 판정하는 것은 어렵다. 작은 자연수에 대한 소수 판정은 여러 가지 초보적인 방법을 사용하면 쉽게 할 수 있지만 일반적으로 큰 수에 대한 소수 판정은 어렵다. 소수 판정에 대해서도 현재 활발히 연구가 진행 중이다. 일반적으로, 비슷한 크기의 수에 대해 소수 판정이 소인수분해보다 쉽다.

1.5 진법

[정의 1.5.1] p가 소수이고 $a \neq 0 \in \mathbb{Z}$ 이면, $a = p^n b$, $(p, b) = 1$로 표시된다.(단, $n \geq 0$)

이때, $\mathrm{ord}_p(a) = n$으로 정의한다.(편이상, $a = 0$에 대해서는, $\mathrm{ord}_p(0) = \infty$라 정의한다.)

[예제 1.5.1] $\mathrm{ord}_3(54) = 3$

[정리 1.5.2] p가 소수이고 $a, b \in \mathbb{Z}$일 때, 다음이 성립한다.

(1) $\mathrm{ord_p}(ab) = \mathrm{ord_p}(a) + \mathrm{ord_p}(b)$

(2) $\mathrm{ord_p}(a+b) \geqq \min\{\mathrm{ord_p}(a), \mathrm{ord_p}(b)\}$

(3) $\mathrm{ord_p}(a) \neq \mathrm{ord_p}(b)$이면,

$\mathrm{ord_p}(a+b) = \min\{\mathrm{ord_p}(a), \mathrm{ord_p}(b)\}$

(4) $\mathrm{ord_p}[a, b] = \max\{\mathrm{ord_p}(a), \mathrm{ord_p}(b)\}$

증명 $a = p^m c,\ (p, c) = 1,\quad b = p^n d,\ (p, d) = 1$이라 하자.

그러면, $\mathrm{ord_p}(a) = \mathrm{m}$, $\mathrm{ord_p}(b) = \mathrm{n}$이므로 다음이 각각 성립한다.

(1) $ab = p^{m+n}cd,\quad (p, cd) = 1$이므로,

$\mathrm{ord_p}(ab) = \mathrm{m} + \mathrm{n} = \backslash\mathrm{or}d_p(a) + \mathrm{ord_p}(b)$이다.

(2) $m \geqq n$이라 하자.

$a + b = p^n(p^{m-n}c + d)$이므로,

$\mathrm{ord_p}(a+b) \geqq \mathrm{n} = \mathrm{ord_p}(b) = \min\{\mathrm{ord_p}(a), \mathrm{ord_p}(b)\}$ 이다.

(3) $m > n$이라 하면, $a + b = p^n(p^{m-n}c + d)$이고,

$(a,\ p^{m-n}c + d) = (p, d) = 1$이다.

따라서 $\mathrm{ord_p}(a+b) = \mathrm{n} = \min\{\mathrm{ord_p}(a), \mathrm{ord_p}(b)\}$ 이다.

(4) $m \geqq n$이라 하면, $[a, \mathrm{b}] = \mathrm{p^m}[\mathrm{c}, \mathrm{d}]$이고 $(p, [\mathrm{c}, \mathrm{d}]) = 1$이다.

그러므로 $\mathrm{ord_p}([a, \mathrm{b}]) = \mathrm{m} = \max\{\mathrm{ord_p}(a), \mathrm{ord_p}(b)\}$ 이다.

[정리 1.5.3] p가 소수이고 $n \in \mathbb{N}$일 때, $\mathrm{ord_p}(\mathrm{n}!) = \sum_{\mathrm{k}=1}^{\infty}\left[\frac{\mathrm{n}}{\mathrm{p^k}}\right]$ 이다.

[정의 1.5.4] p가 소수일 때, $a \in \mathbb{N}$는 $a = a_0 + a_1 p + \cdots + a_l p^l$ $(0 \leqq a_i \leqq p-1)$로 유일하게 표시된다. 이때, a를 p **진법으로 표시했다**고 한다.

정의 1.5.4에서 $a_0 = a_1 = \cdots = a_{n-1} = 0$ 이고, $a_n \neq 0$ 이면, $\mathrm{ord_p}(a) = \mathrm{n}$ 이다.

[정의 1.5.5] p가 소수이고 $r \in \mathbb{Q}$, $r \neq 0$ 일 때, $r = \dfrac{a}{b}$ $(a, b \in \mathbb{Z})$ 로 표시된다.
이때, $\mathrm{ord_p}(\mathrm{r}) = \mathrm{ord_p}(a) - \mathrm{ord_p}(\mathrm{b})$ 로 정의한다.

[예제 1.5.2] $\mathrm{ord}_5\left(\dfrac{2}{75}\right) = -2$

[정의 1.5.6] p가 소수이고 $r \in \mathbb{Q}$, $r = \dfrac{b_m}{p^m} + \dfrac{b_{m-1}}{p^{m-1}} + \cdots + \dfrac{b_1}{p} + a_0 + a_1 p + \cdots + a_l p^l$ $(b_m \neq 0)$일 때, $\mathrm{ord_p}(r) = -\mathrm{m}$ 이다.

[정의 1.5.7] $r \in \mathbb{Q}$ 일 때, 다음과 같이 $|\cdot|_p$를 정의한다.

$$|r|_p = \begin{cases} p^{-\mathrm{ord_p}(r)}, & r \neq 0, \\ 0, & r = 0 \end{cases}$$

[정의 1.5.8] $r, s \in \mathbb{Q}$ 일 때, 다음이 성립한다.

(1) $|r|_p = 0 \Leftrightarrow r = 0$

(2) $|rs|_p = |r|_p |s|_p$

(3) $|r+s|_p \leqq |r|_p + |s|_p$

[정리 1.5.9] $r \in \mathbb{Z} \Leftrightarrow$ 임의의 p에 대하여 $|r|_p \leqq 1$ 이다.

2 산술함수

2.1 가우스 정수함수

$x \in \mathbb{R}$에 대하여, $x = n + \alpha,\ n \in \mathbb{Z},\ 0 \leqq \alpha < 1$로 표시할 때, $[x] = n$이다. 여기서 $[x]$는 가우스 정수함수이고, 그래프로 나타내면 그림 2.1과 같다.

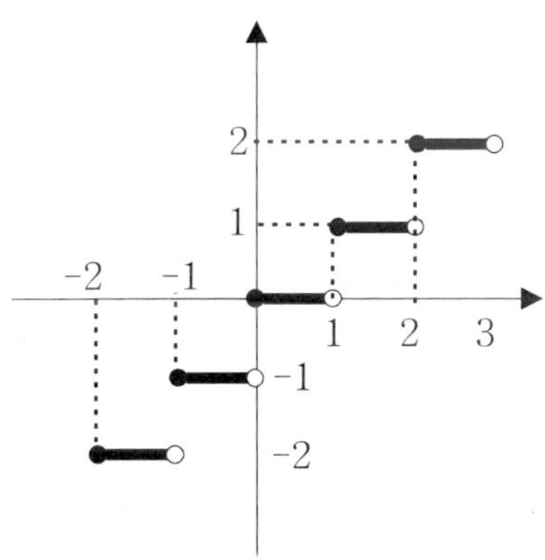

그림 2.1 가우스 정수함수

예를 들면, $[3.7] = 3$, $[-2.5] = -3$이다.

[정리 2.1.1] 가우스 정수함수에 대하여 다음이 성립한다.

(1) $x \in \mathbb{R}$ 에 대하여 $[x] \leqq x < [x]+1$ 이고, $x-1 < [x] \leqq x$ 이다.

(2) $x,\ y \in \mathbb{R}$ 에 대하여 $x \leqq y$ 이면, $[x] \leqq [y]$ 이다.

(3) $x \in \mathbb{R}$, $n \in \mathbb{Z}$ 일 때, $[x+n] = [x]+n$ 이다.

(4) $x,\ y \in \mathbb{R}$ 일 때, $[x]+[y] \leqq [x+y] \leqq [x]+[y]+1$ 이다.

(5) $m \in \mathbb{N}, n \in \mathbb{Z}, n = mq+r, q,\ r \in \mathbb{Z}, 0 \leqq r < m$ 이면, $\left[\dfrac{n}{m}\right] = q$ 이다.

[정리 2.1.2] $x, y \geqq 0$ 이고 $m \in \mathbb{N}$ 일 때, 다음이 성립한다.

(1) $[x][y] \leqq [xy]$

(2) $\left[\dfrac{[x]}{m}\right] = \left[\dfrac{x}{m}\right]$

(3) $[x] + \left[x+\dfrac{1}{m}\right] + \cdots + \left[x+\dfrac{m-1}{m}\right] = [mx]$

증명 (1) $[x] \leqq x \Rightarrow [x]y \leqq xy$, $[y] \leqq y \Rightarrow [x][y] \leqq [x]y$ 이므로 $[x][y] \leqq [x]y \leqq xy$ 이다.

(2) $[x] = mq+r, q,\ r \in \mathbb{Z}, 0 \leqq r < m$ 이라 하면, 정리 2.1.1(5)에 의하여 $\left[\dfrac{[x]}{m}\right] = q$ 이다.

한편, $x = [x]+\alpha, 0 \leqq \alpha < 1$ 이라 하면, $x = mq+r+\alpha$ 이다. 그러므로 $\dfrac{x}{m} = q + \dfrac{r+\alpha}{m}$ 이다.

$\beta = \dfrac{r+\alpha}{m}$ 라 하면, $0 \leqq r+\alpha < (m-1)+1 = m$ 이다.

$0 \leqq \dfrac{r+\alpha}{m} = \beta < 1$ 이고, $\left[\dfrac{x}{m}\right] = q$ 이다.

따라서 $\left[\frac{[x]}{m}\right]=\left[\frac{x}{m}\right]$ 이다.

(3) $x=n+\alpha,\ n\in\mathbb{Z},\ 0\leqq\alpha<1$ 이라 하면,

$\frac{k}{m}\leqq\alpha<\frac{k+1}{m}$ 인 정수 $k(0\leqq k\leqq m-1)$가 존재한다.

정리 2.1.1(3)에 의하여 다음 식이 성립한다.

$$[x]+\left[x+\frac{1}{m}\right]+\cdots+\left[x+\frac{m-1}{m}\right]$$

$$=\sum_{i=0}^{m-1}\left[n+\alpha+\frac{i}{m}\right]=\sum_{i=0}^{m-1}\left(n+\left[\alpha+\frac{i}{m}\right]\right)$$

$$=nm+\sum_{i=o}^{m-k-1}\left[\alpha+\frac{i}{m}\right]+\sum_{i=m-k}^{m-1}\left[\alpha+\frac{i}{m}\right]$$

$$=mn+(m-1-m+k+1)$$

$$=mn+k$$

한편, $mx=mn+m\alpha=mn+k+(m\alpha-k)$이고,

$0\leqq m\alpha-k<1$이므로, $[mx]=mn+k$이다.

따라서 $[x]+\left[x+\frac{1}{m}\right]+\cdots+\left[x+\frac{m-1}{m}\right]=[mx]$ 이다.

[예제 2.1.1] $\sum_{k=1}^{n}\left[\frac{k}{2}\right]=\left[\frac{n^2}{4}\right]$ 임을 보여라.

풀이 (i) $n=2l,\ l\in\mathbb{Z}$ 이면,

$$\sum_{k-1}^{n}\left[\frac{k}{2}\right]=0+(1+1)+(2+2)+\cdots$$

$$\uparrow \quad \uparrow \quad \uparrow$$

$$k=1 \quad k=2 \quad k=3$$

$$+(\underline{l-1}+\underline{l-1})+l=2\cdot\frac{(l-1)l}{2}+l-l^2$$

$$\uparrow \quad \uparrow \quad \uparrow$$

$$k=2l-2 \quad k-2l-1 \quad k-2l$$

$\left[\frac{n^2}{4}\right]=\left[\frac{4l^2}{4}\right]=l^2$ 이므로 성립한다.

(ii) $n=2l+1,\ l\in\mathbb{Z}$ 이면,

$$\sum_{k=1}^{n}\left[\frac{k}{2}\right]=0+(1+1)+(2+2)+\cdots+(l+\ l)$$

$\uparrow$ $k=1$, $\uparrow$ $k=2$, $\uparrow$ $k=3$, $\uparrow$ $k=2l$, $\uparrow$ $k=2l+1$

$$=2\frac{l(l+1)}{2}=l(l+1)$$

$\left[\frac{n^2}{4}\right]=\left[\frac{4l^2+4l+1}{4}\right]=l^2+l$ 이므로 성립한다.

> [정리 2.1.2]
>
> (1) $m\in\mathbb{N},\ x\in\mathbb{R}^+$ 일 때, $1\leqq k\leqq x$ 인 정수 k 중에서 m의 배수의 개수는 $\left[\frac{x}{m}\right]$ 이다.
>
> (2) p가 소수이고 $n\in\mathbb{N}$ 일 때, $n!=p^e\cdot m,\ (m,\ p)=1$ 이라 하면, $e=\sum_{k=1}^{\infty}\left[\frac{n}{p^k}\right]$ 이다.

증명 (1) $1\leqq k\leqq x$ 인 정수 중 m의 배수는 $m, 2m, \ldots, lm$ 이다.

여기서 $[x]\leqq lm<[x]+1$ 이다.

즉, $\frac{[x]}{m}\leqq l<\frac{[x]}{m}+\frac{1}{m}\leqq\frac{[x]}{m}+1$ 이다.

따라서 $l=\left[\frac{[x]}{m}\right]=\left[\frac{x}{m}\right]$ 이다. 그런데 m의 배수의 개수는 l이므로, $1\leqq k\leqq x$ 인 정수 중 m의 배수의 개수는 $\left[\frac{x}{m}\right]$ 이다.

(2) 1에서 n까지 정수 중에서 p의 배수의 개수는 $\left[\dfrac{n}{p}\right]$, p^2의 배수의 개수는 $\left[\dfrac{\left[\frac{n}{p}\right]}{p}\right]=\left[\dfrac{n}{p^2}\right]$, …이다. 그런데 $e=$ (p의 배수의 개수) + (p^2의 배수의 개수) + … 이므로, 다음 식이 성립한다.

$$e=\left[\frac{n}{p}\right]+\left[\frac{n}{p^2}\right]+\cdots=\sum_{k=1}^{\infty}\left[\frac{n}{p^k}\right]$$ 🕮

[예제 2.1.2] 1000!에서 7의 거듭제곱은 몇 개 있는가?

풀이 $\left[\dfrac{1000}{7}\right]+\left[\dfrac{1000}{7^2}\right]+\cdots=142+20+2+0+\cdots=164$

[예제 2.1.3] p가 소수이고, a, b가 정수일 때, $p \mid a^p-b^p$이면, $p^2 \mid a^p-b^p$임을 증명하라.

풀이 $p=2$일 때 자명하다.

$p \geq 3$이라 가정하면,

$$(a-b)^p=a^p-b^p+\sum_{k=1}^{p-1}{}_pC_k a^k b^{p-k}$$

이제, $1 \leq k \leq p-1$인 모든 k에 대해, $p \mid {}_pC_k$이므로, $p \mid a^p-b^p$이면, $p \mid (a-b)^p$이다.

그러므로 $p \mid a-b$이다. $a=b+pl$이라 하면,

$$a^p-b^p=(b+pl)^p-b^p=\sum_{k=1}^{p}{}_pC_k b^{p-k}p^k l^k \text{ 이므로,}$$

$p^2 \mid a^p-b^p$이다.

[예제 2.1.4] 모든 자연수 n에 대하여, $\dfrac{(2n)!}{(n!)^2}$은 항상 짝수임을 보여라.

증명 $(2n) \neq 2^e a$, $(a, 2) = 1$, $n \neq 2^f b$, $(b, 2) = 1$라 하고, $e > 2f$임을 보이면 된다.

(i) $n = 2^k$ 일 때,

$$e = \sum_{i=1}^{\infty} \left[\frac{2n}{2^i}\right] = 2^k + 2^{k-1} + \cdots + 1$$

$$f = \sum_{i=1}^{\infty} \left[\frac{n}{2^i}\right] = 2^{k-1} + \cdots + 1$$

$e - 2f = 1$이므로 성립한다.

(ii) $n = 2^k l$ (l은 $l \geqq 3$인 홀수)일 때,

$$e = \sum_{i=1}^{\infty} \left[\frac{2n}{2^i}\right] = \sum_{i=1}^{\infty} \left[\frac{2^{k+1} l}{2^i}\right]$$

$$= 2^k l + 2^{k-1} l + \cdots + l + \left[\frac{l}{2}\right] + \left[\frac{l}{2^2}\right] + \cdots,$$

$$\uparrow \quad \uparrow \quad \uparrow \quad \uparrow$$

$$i = 1 \quad i = 2 \quad i = k+1 \quad i = k+2$$

$$f = 2^{k-1} l + 2^{k-2} l + \cdots + l + \left[\frac{l}{2}\right] + \left[\frac{l}{2^2}\right] + \cdots$$

그러므로 $e - 2f = l - \left(\left[\dfrac{l}{2}\right] + \left[\dfrac{l}{2^2}\right] + \cdots\right) > 0$이다.

이제 $2^m \leqq l < 2^{m+1}$이라 하면, 다음 부등식이 성립한다.

$$\left[\frac{l}{2}\right] + \left[\frac{l}{2^2}\right] + \cdots = \left[\frac{l}{2}\right] + \left[\frac{l}{2^2}\right] + \cdots + \left[\frac{l}{2^m}\right]$$

$$\leqq \left[\frac{l}{2} + \frac{l}{2^2} + \cdots + \frac{l}{2^m}\right] \ (\because \text{정리 } 2.1.1(4))$$

$$= \left[\frac{l}{2} \cdot \frac{1-\left(\frac{1}{2}\right)^m}{1-\frac{1}{2}} \right] = \left[l - \frac{l}{2^m} \right] < l$$

따라서 $e-2f>0$이다. 🕮

2.2 산술함수의 디리클레 합성곱

[정의 2.2.1] $f:\mathbb{N}\to\mathbb{R}$ (또는 $\mathbb{C}$)인 함수를 **산술함수**(arithmetic function)라고 한다.

[정의 2.2.2] f, g가 산술함수일 때, f, g의 **디리클레 합성곱**(Dirichlet convolution) $f*g:\mathbb{N}\to\mathbb{R}$은 다음과 같이 정의한다.

$$(f*g)(n) = \sum_{d\mid n} f(d)\,g\left(\frac{n}{d}\right)$$

[예제 2.2.1] $(f*g)(1) = f(1)g(1)$

$(f*g)(2) = f(1)g(2) + f(2)g(1)$

$(f*g)(6) = f(1)g(6) + f(2)g(3) + f(3)g(2) + f(6)g(1)$

[정리 2.2.3] f, g, h가 산술함수일 때, 다음이 성립한다.

(1) $f*g = g*f$.

(2) $(f*g)*h = f*(g*h)$

증명 (1) $n\in\mathbb{N}$일 때, 디리클레 합성곱의 정의에 의하여 다음이 성립한다.

$$(f * g)(n) = \sum_{ab=n} f(a)g(b)$$
$$= \sum_{ab=n} g(a)f(b) = (g * f)(n)$$

(2) $H = g * h$라 하자. $n \in \mathbb{N}$에 대하여 다음 식이 성립한다.

$$(f * H)(n) = \sum_{ad=n} f(a)H(d)$$
$$= \sum_{ad=n} f(a) \sum_{bc=d} g(b)h(c)$$
$$= \sum_{abc=n} f(a)g(b)h(c)$$

마찬가지로, $F = f * g$라 하면,

$(F * h)(n) = \sum_{abc=n} f(a)g(b)h(c)$이다. 따라서

$F * h = f * H$, 즉 $(f * g) * h = f * (g * h)$이다. 🕮

[정의 2.2.4] $f: \mathbb{N} \to \mathbb{R}$이 산술함수라고 하자.

(1) $(m, n) = 1$일 때, $f(mn) = f(m)f(n)$이면, f는 **승법적** (multiplicative) 또는 **곱셈적**이라고 한다. (단, $f \neq 0$)

(2) $f(mn) = f(m)f(n)$(단, $f \neq 0$)이면 f는 **완전승법적**이라고 한다.

[정리 2.2.5]

(1) f가 완전승법적이면, f는 승법적이다.

(2) f가 승법적이면, $f(1) = 1$이다.

증명 (1) 정의 2.2.4에 의하여 자명하게 성립한다.

(2) f가 승법적이면, $f(1 \cdot 1) = f(1)f(1)$이므로 $f(1) = 0$

또는 $f(1)=1$이다.

그런데 $f(1)=0$이면, $f(n)=f(1\cdot n)=f(1)f(n)=0$ 이다. 정의 2.2.4에 의하면 $f\neq 0$이므로 $f(1)\neq 0$이다. 따라서 $f(1)=1$이다.

[정의 2.2.6] f, g가 승법적이면, $f*g$도 승법적이다.

증명 $h=f*g$라 하고, $(m,\ n)=1$이라 하자.

그러면 $h(mn)=\sum_{c\mid mn} f(c)g\left(\frac{mn}{c}\right)$이다.

$c\mid mn$이면, $(m, n)-1$이다.

그러므로 $c=ab\ (a\mid m, b\mid n)$으로 표시된다.

또, $(a,\ b)=1$이고, $\left(\frac{m}{a},\ \frac{n}{b}\right)=1$이다. 따라서 다음 식이 성립한다.

$$
\begin{aligned}
h(mn) &= \sum_{a\mid m,\, b\mid n} f(ab)g\left(\frac{mn}{ab}\right)\\
&= \sum_{a\mid m,\, b\mid n} f(a)f(b)g\left(\frac{m}{a}\right)g\left(\frac{m}{b}\right)\\
&= \sum_{a\mid m} f(a)g\left(\frac{m}{a}\right)\sum_{b\mid m} g(b)g\left(\frac{n}{b}\right)\\
&= h(m)h(n)
\end{aligned}
$$

[정의 2.2.7] I는 다음과 같이 정의된 함수이다.

$$I(n)-\left[\frac{1}{n}\right]=\begin{cases}1, & n=1,\\ 0, & n>1.\end{cases}$$

$n=1, 2, \ldots$에 대하여 $u(n)=1$이면, u와 I는 완전승법적이다.

[정리 2.2.8] f가 승법적이면, $F(n)=\sum_{d \mid n} f(d)$도 승법적이다.

증명 $F=f * u$이므로, 정리 2.2.6에 의해 F도 승법적이다.

[정리 2.2.9] $I * f=f * I=f$

증명 $n \in \mathbb{N}$에 대하여 $(f * I)(n)=\sum_{d \mid n} f(d) I\left(\frac{n}{d}\right)$

$=\sum_{d \mid n} f(d)\left[\frac{n}{d}\right]=f(n)$이므로 $f * I=f$이다. 같은 방법으로 $I * f=f$이다. 🕮

[정리 2.2.10] f가 산술함수일 때, $f * f^{-1}=f^{-1} * f=I$가 되는 산술함수 f^{-1}가 유일하게 존재한다.

증명 주어진 $n \in \mathbb{N}$에 대하여, $(f * f^{-1})(n)=I(n)$을 만족시키는 산술함수값 $f^{-1}(n)$가 유일하게 존재함을 보이면 된다.

(i) $n=1$일 때, $(f * f^{-1})(1)=I(1)$이므로 $f(1) f^{-1}(1)=1$이다. 여기서 $f(1) \neq 0$이므로, $f^{-1}(1)=\frac{1}{f(1)}$로 유일하게 존재한다.

(ii) $k<n$인 모든 k에 대해, $f^{-1}(k)$가 유일하게 존재함을 가정하자.

방정식 $(f^* f^{-1})(n)=I(n)$에서 $\sum_{d \mid n} f\left(\frac{n}{d}\right) f^{-1}(d)=0$이다.

즉, $f(1)f^{-1}(n)+\sum_{d\mid n,\ d<n} f\left(\frac{n}{d}\right)f^{-1}(d)=0$이다. 따라서

$$f^{-1}(n)=-\frac{1}{f(1)}\sum_{d\mid n, d<n} f\left(\frac{n}{d}\right)f^{-1}(d)$$

로 유일하게 존재한다. 🕮

[정리 2.2.11] g와 $f*g$가 승법적이면, f도 승법적이다.

증명 $h=f*g$라 놓고, f가 승법적이 아니라고 가정하자. 그러면 $(m, n)=1$이고, $f(mn)\neq f(m)f(n)$인 자연수 m, n이 존재한다. 이런 m, n 중에서 mn이 최소가 되는 m, n을 택할 수 있다.

(i) $mn=1$이면, $m=n=1$이다. f가 승법적이 아니므로 $f(1)\neq f(1)f(1)$이고, $f(1)\neq 1$이다. g가 승법적이면, $g(1)=1$이므로 $h(1)=f(1)g(1)=f(1)\neq 1$이다. 그러므로 h는 승법적이 아니고, 이것은 가정에 모순이다.

(ii) $mn>1$이면, $(a, b)=1, ab<mn$인 모든 자연수 a, b에 대하여 $f(ab)=f(a)f(b)$이다.
그러면 다음 식이 성립한다.

$$h(mn)=\sum_{a\mid m, b\mid n, ab<mn} f(ab)g\left(\frac{mn}{ab}\right)+f(mn)g(1)$$

$$=\sum_{a\mid m, b\mid n, ab<mn} f(a)f(b)g\left(\frac{m}{a}\right)g\left(\frac{n}{b}\right)+f(mn)$$

$$=\sum_{a\mid m} f(a)g\left(\frac{m}{a}\right)\sum_{b\mid n}f(b)g\left(\frac{n}{b}\right)-f(m)f(n)+f(mn)$$

$= h(m)h(n) - f(m)f(n) + f(mn)$

그런데 $f(mn) \neq f(m)f(n)$이므로 $h(mn) \neq h(m)h(n)$이다. 따라서 h는 승법적이 아니므로 가정에 모순이다. 따라서 f는 승법적이다. 🕮

[정리 2.2.12] f가 승법적이면, f^{-1}도 승법적이다.

증명 f와 $f^{-1} * f = I$가 승법적이므로 정리 2.2.11에 의하여 f^{-1}도 승법적이다. 🕮

2.3 뫼비우스 함수

[정의 2.3.1] **뫼비우스(Möbius) 함수** $\mu: \mathbb{N} \to \mathbb{R}$은 다음과 같이 정의한다.

$\mu(1) = 1,$

$$\mu(n) = \begin{cases} (-1)^r, & n = p_1 \cdots p_r,\ (p_i:\ \text{서로 다른 소수}) \\ 0, & \text{otherwise} \end{cases}$$

[예제 2.3.1] 1에서 10까지 뫼비우스 함수값은 다음과 같다.

n	1	2	3	4	5	6	7	8	9	10
$\mu(n)$	1	-1	-1	0	-1	1	-1	0	0	1

[정리 2.3.2] $\mu * u = I$이다. 즉, 다음이 성립한다.

$$\sum_{d \mid n} \mu(d) = \begin{cases} 1, & n = 1 \\ 0, & \text{otherwise} \end{cases}$$

증명 $n=1$일 때는 자명하다.

$n>1$일 때, $n=p_1^{e_1}\cdots p_r^{e_r}$ 이라면 다음 식이 성립한다.

$$\begin{aligned}\sum_{d\mid n}\mu(d)&=\mu(1)+\{\mu(p_1)+\cdots+\mu(p_r)\}\\&\quad+\{\mu(p_1p_2)+\cdots+\mu(p_{r-1}p_r)\}+\cdots+\mu(p_1\cdots p_r)\\&=1+{}_rC_1(-1)+{}_rC_2(-1)^2+\cdots+(-1)^r\\&=\{1+(-1)\}^r=0\end{aligned}$$

[예제 2.3.2]

$$\begin{aligned}\sum_{d\mid 20}\mu(d)&=\mu(1)+\mu(2)+\mu(4)+\mu(5)+\mu(10)+\mu(20)\\&=1-1+0-1+1-0=0\end{aligned}$$

정리 2.3.2로부터 다음 정리를 얻는다.

[정리 2.3.3] $\mu=u^{-1},\quad u=\mu^{-1}$

[정리 2.3.4] (**뫼비우스 역 공식**, Möbius inversion formula)

산술함수 f에 대하여 $F(n)=\sum_{d\mid n}f(d)$이면,

$f(n)=\sum_{d\mid n}F(d)\,\mu\left(\frac{n}{d}\right)$ 이다.

즉, $f=F*\mu$이다.

증명 $F=f*u$이므로,

$F*\mu=(f*u)*\mu=f*(u*\mu)=f*I=f$ 이다.

따라서 $f(n)=(F*\mu)(n)=\sum_{d\mid n}F(d)\mu\left(\frac{n}{d}\right)$이다.

[정리 2.3.5] f가 승법적함수이면,
$\sum_{d \mid n} \mu(d) f(d) = \prod_{p \mid n} (1 - f(p))$이다.

증명 μ와 f가 승법적이므로, $\mu \cdot f$도 승법적이다.
(단, $(\mu \cdot f)(n) = \mu(n) f(n)$)
$n \in \mathbb{N}$에 대하여 $F(n) = \sum_{d \mid n} \mu(d) f(d)$라 하면, F도 승법적이다. $n = p_1^{e_1} \cdots p_r^{e_r}$이면, $F(n) = F(p_1^{e_1}) \cdots F(p_r^{e_r})$이다.
그런데 p가 소수일 때, 다음이 성립한다.

$$
\begin{aligned}
F(p^e) &= \sum_{d \mid p^e} \mu(d) f(d) \\
&= \mu(1) f(1) + \mu(p) f(p) + \mu(p^2) f(p^2) + \cdots \\
&= f(1) - f(p) \\
&= 1 - f(p)
\end{aligned}
$$

그러므로 $F(n) = \prod_{p \mid n} (1 - f(p))$이다. □

[예제 2.3.3] $\sum_{d \mid n} d \mu(d) = \prod_{p \mid n} (1 - p)$.

[정리 2.3.6] f를 승법적함수라 하자. 그러면 다음이 성립한다.
f: 완전승법적 $\Leftrightarrow f^{-1}(n) = \mu(n) f(n), \quad \forall n \geqq 1$

증명 ($\Rightarrow$) $g(n) = \mu(n) f(n)$이라 하면, 다음이 성립한다.

$$(g * f)(n) = \sum_{d \mid n} \mu(d) f(d) f\left(\frac{n}{d}\right) = f(n) \sum_{d \mid n} \mu(d)$$

$$\left(\because f(n) = f(d) f\left(\frac{n}{d}\right)\right)$$

$$= f(n)I(n)$$
$$= I(n)(\because f(1)=1, I(n)=0, \quad n>1)$$

따라서 $g = f^{-1}$이다.

($\Leftarrow$) f가 완전승법적임을 보이기 위해서는 p는 소수이고 $e \geqq 1$일 때, $f(p^e) = f(p)^e$임을 보이면 된다.

$n \in \mathbb{N}$에 대하여 $f^{-1}(n) = \mu(n)f(n)$이라 하면,

$(\mu \cdot f) * f = I$이므로 다음이 성립한다.

$$\sum_{d \mid n} \mu(d) f(d) f\left(\frac{n}{d}\right) = I(n) = 0, \quad \forall n > 1$$

$n = p^e$이면, 다음 식이 성립한다.

$$\mu(1)f(1)f(p^e) + \mu(p)f(p)f(p^{e-1}) = 0$$

그러므로 $f(p^e) = f(p)f(p^{e-1})$이다. 따라서 $f(p^e) = f(p)^e$이다. 🕮

2.4 오일러 ϕ-함수

[정의 2.4.1] **오일러(Euler) ϕ- 함수**는 다음과 같이 정의한다.

$$\phi(n) = \sum_{1 \leqq k \leqq n, (k, n) = 1} 1$$

즉, $\phi(n)$은 $1 \leqq k \leqq n$인 자연수 k중, n과 서로 소인 k의 개수이다.

[예제 2.4.1] 1에서 10까지 오일러 ϕ- 함수 값은 다음과 같다.

n	1	2	3	4	5	6	7	8	9	10
$\phi(n)$	1	1	2	2	4	2	6	4	6	4

[정리 2.4.2] $\sum_{d \mid n} \phi(d) = n$

증명 $S = \{1, 2, \ldots, \mathrm{n}\}$ 라 하자. $d \mid n$ 인 d 에 대하여

$S_d = \{k \in S : (k, n) = d\}$ 라 하면, $S = \bigcup_{d \mid n} S_d$ 이다. $f(d)$를

S_d 의 개수로 정의하면, $n = \sum_{d \mid n} f(d)$ 이다.

그런데, $(k, n) = d \;\Leftrightarrow\; \left(\frac{k}{d}, \frac{n}{d}\right) = 1$ 이고,

$0 < k \leqq n \;\Leftrightarrow\; 0 < \frac{k}{d} \leqq \frac{n}{d}$ 이다. $q = \frac{k}{d}$ 라 하면, 다음과

같이 일대일 대응한다.

$$S_d \;\overset{1:1}{\longleftrightarrow}\; \left\{q:\; 0 < q \leqq \frac{n}{d},\; \left(q, \frac{n}{d}\right) = 1\right\}$$

$$k \quad \longleftrightarrow \quad q$$

그러므로 $f(d) = \phi\left(\frac{n}{d}\right)$ 이다.

따라서 $n = \sum_{d \mid n} \phi\left(\frac{n}{d}\right) = \sum_{d \mid n} \phi(d)$ 이다. 🕮

[정의 2.4.3] 함수 $N:\; \mathbb{N} \rightarrow \mathbb{R}$ 을 $N(n) = n$ 으로 정의한다.

정의 2.4.3에 의하여 함수 N 은 완전승법적이다.

[정리 2.4.4] $\phi(n) = \sum_{d \mid n} \mu(d) \frac{n}{d}$

증명 정리 2.4.2에서 $\sum_{d \mid n} \phi(d) = n$ 이므로 $\phi * u = N$ 이다.

그러므로 $\phi = N * u^{-1} = N * \mu = \mu * N$ 이다. 따라서 다

음이 성립한다.

$$\phi(n)=\sum_{d\mid n}\mu(d)N\left(\frac{n}{d}\right)=\sum_{d\mid n}\mu(d)\frac{n}{d}$$ 🕮

[정리 2.4.5] ϕ는 승법적이다.

증명 $\phi=N*\mu$ 이고, N 와 μ 는 승법적이므로, 정리 2.4.4에 의하여 $\phi=N*\mu$ 도 승법적이다. 🕮

[정리 2.4.6] $n\in\mathbb{N}$ 이고, p 가 소수이면 다음이 성립한다.

(1) $\phi(p^e)=p^e-p^{e-1}$

(2) $\phi(n)=n\prod_{p\mid n}\left(1-\frac{1}{p}\right)$

증명 (1) 1, 2, ..., p^e 중 p와 서로 소가 아닌 수는 p의 배수이다. p와 서로 소가 아닌 수는 $p, 2p, 3p, \ldots, p^{e-1}p=p^e$ 이므로, 개수는 p^{e-1} 개다. 그러므로 p와 서로 소인 것의 개수는 p^e-p^{e-1} 이다. 즉, $\phi(p^e)=p^e-p^{e-1}$ 이다.

(2) $n=p_1^{e_1}\cdots p_r^{e_r}$ 이면, ϕ 는 승법적이므로 (1)에 의하여 다음이 성립한다.

$$\begin{aligned}\phi(n)&=\phi(p_1^{e_1})\cdots\phi(p_r^{e_r})\\&=(p_1^{e_1}-p_1^{e_1-1})\cdots(p_r^{e_r}-p_r^{e_r-1})\\&=p_1^{e_1}\cdots p_r^{e_r}\left(1-\frac{1}{p_1}\right)\cdots\left(1-\frac{1}{p_r}\right)\\&=n\prod_{p\mid n}\left(1-\frac{1}{p}\right)\end{aligned}$$ 🕮

[예제 2.4.2] $\phi = \mu * N$ 이므로 $\phi^{-1} = \mu^{-1} * N^{-1}$이다. N이 완전 승법적이므로, 정리 2.3.6에 의하여 $N^{-1} = \mu N$ 이다.
$\phi^{-1} = \mu^{-1} * \mu N = u * \mu N$ 이므로 자연수 n에 대하여 다음이 성립한다.

$$\phi^{-1}(n) = \sum_{d \mid n} \mu(d) N(d) = \sum_{d \mid n} d\mu(d) = \prod_{p \mid n}(1-p)$$

2.5 σ-함수

[정의 2.5.1] $\alpha \in \mathbb{R}$ 에 대하여 **σ-함수**를 다음과 같이 정의한다.

$$\sigma_\alpha(n) = \sum_{d \mid n} d^\alpha$$

정의 2.5.1에서 $\sigma_\alpha = u * N^\alpha$ 이므로 승법적이다.

특히, $\alpha = 0$ 이면, $\sigma_0 = \delta$ 이므로 $\delta(n) = \sum_{d \mid n} 1 = (n$의 약수의 개수$)$이다.

또한, $\alpha = 1$ 이면, $\sigma_1 = \sigma$ 이므로 $\sigma(n) = \sum_{d \mid n} d = (n$의 약수의 합$)$이다.

[정리 2.5.2] $n = p_1^{e_1} \cdots p_r^{e_r}$ 일 때, n의 약수의 개수와 합은 각각 다음과 같다.

(1) $\delta(n) = (e_1 + 1) \cdots (e_r + 1)$

(2) $\sigma(n) = \dfrac{p_1^{e_1+1} - 1}{p_1 - 1} \cdots \dfrac{p_r^{e_r+1} - 1}{p_r - 1}$

증명 (1) n의 약수의 개수는 $(1+p_1+\cdots+p_1^{e_1})\cdots$

$(1+p_r+\cdots+p_r^{e_r})$의 항의 개수이므로,

$\delta(n)=(e_1+1)\cdots(e_r+1)$이다.

(2) n의 약수의 합은 다음과 같다.

$$\sigma(n)=(1+p_1+\cdots+p_1^{e_1})\cdots(1+p_r+\cdots+p_r^{e_r})$$
$$=\frac{p_1^{e_1+1}-1}{p_1-1}\cdots\frac{p_r^{e_r+1}-1}{p_r-1}$$ 🕮

[정리 2.5.3] $n=p_1^{e_1}\cdots p_r^{e_r}$ 이면, $\sum_{d\mid n}\mu(d)\delta(d)=(-1)^r$ 이다.

증명 정리 2.3.6에 의해, 다음이 성립한다.

$$\sum_{d\mid n}\mu(d)\delta(d)=\prod_{p\mid n}(1-\delta(p))=\prod_{p\mid n}(1-2)=(-1)^r$$ 🕮

[정리 2.5.4] $n=p_1^{e_1}\cdots p_r^{e_r}$ 이면, $\sum_{d\mid n}\frac{\mu^2(d)}{\sigma(d)}=\prod_{i=1}^{r}\frac{p_i+2}{p_i+1}$ 이다.

증명 $$\sum_{d\mid n}\frac{\mu^2(d)}{\sigma(d)}=\sum_{d\mid n}\mu(d)\frac{\mu(d)}{\sigma(d)}=\prod_{d\mid n}\left(1-\frac{\mu(p)}{\sigma(p)}\right)$$
$$=\prod_{p\mid n}\left(1-\frac{-1}{p+1}\right)=\prod_{p\mid n}\frac{p+2}{p+1}=\prod_{i=1}^{n}\frac{p_i+2}{p_i+1}$$ 🕮

[정리 2.5.5] $\sum_{d\mid n}\sigma(d)=\sum_{d\mid n}\frac{n}{d}\delta(d)$

증명 $\sum_{d \mid n} \frac{n}{d}\delta(d) = \sigma * N$ 이고, σ, N은 승법적이므로 $\sigma * N$ 도 승법적이다.

그러므로 위 식은 $n = p^e$ 인 경우만 증명하면 된다.

$$\text{(좌변)} = \sum_{d \mid p^e} \sigma(d) = \sigma(1) + \sigma(p) + \cdots + \sigma(p^e)$$
$$= \frac{p-1}{p-1} + \frac{p^2-1}{p-1} + \cdots + \frac{p^{e+1}-1}{p-1}$$
$$= \frac{1}{p-1}\left(\frac{p(p^{e+1}-1)}{p-1} - (e+1)\right)$$

$$\text{(우변)} = \sum_{d \mid p^e} \frac{p^e}{d}\delta(d) = \sum_{i=0}^{e} \frac{p^e}{p^i}\delta(p^i)$$
$$= \sum_{i=0}^{e} p^{e-i}(i+1) = \sum_{j=0}^{e} p^j(e-j+1)$$
$$= (e+1)\sum_{j=0}^{e} p^j - \sum_{j=0}^{e} jp^j$$

마지막 식에서 $\sum_{j=0}^{e} jp^j = (e+1)\frac{p^{e+1}}{p-1} - \frac{p^{e+2}-p}{(p-1)^2}$ 이므로 좌변과 우변이 같다. 따라서 식이 성립한다. 🕮

[정리 2.5.6] $\sum_{d \mid n} \frac{1}{d} = \frac{\sigma(n)}{n}$

증명 양변 모두 승법적이므로, $n = p^e$ 인 경우만 보이면 된다.

$$\text{(좌변)} = \sum_{d \mid p^e} \frac{1}{d} = \sum_{j=0}^{e} \frac{1}{p^j} = \frac{1-\left(\frac{1}{p}\right)^{e+1}}{1-\frac{1}{p}} = \frac{p^{e+1}-1}{p^e(p-1)}$$

$$(\text{우변}) = \frac{\sigma(p^e)}{p^e} = \frac{1}{p^e}\frac{p^{e+1}-1}{p-1}$$

따라서 좌변과 우변이 같으므로 식이 성립한다. 🕮

[예제 2.5.1] $\dfrac{\sigma(n!)}{n!} \geqq 1 + \dfrac{1}{2} + \cdots + \dfrac{1}{n}$ 임을 보여라.

풀이 정리 2.5.6에 의하여 다음이 성립한다.

$$\frac{\sigma(n!)}{n!} = \sum_{d \mid n!} \frac{1}{d} \geqq 1 + \frac{1}{2} + \cdots + \frac{1}{n}$$

2.6 뤼빌 함수

[정의 2.6.1] **뤼빌(Liouvillle)함수** $\lambda : \mathbb{N} \to \mathbb{R}$ 을 다음과 같이 정의한다.

$\lambda(1) = 1,$

$\lambda(n) = (-1)^{e_1 + \cdots + e_r}, \qquad n = p_1^{e_1} \cdots p_r^{e_r}$

정의 2.6.1에 의하여 뤼빌함수 λ는 완전승법적이다.

[정리 2.6.2] 다음이 성립한다.

(1) $\displaystyle\sum_{d \mid n} \lambda(d) = \begin{cases} 1, & n : \text{square}, \\ 0, & \text{otherwise}. \end{cases}$

(2) $\lambda^{-1}(n) = |\mu(n)|$

증명 (1) $g(n) = \displaystyle\sum_{d \mid n} \lambda(d) = (\lambda * u)(n)$ 라 하면, g는 승법적이다.

$n = p^e$ 인 경우이면,

$$g(p^e) = \sum_{d \mid p^e} \lambda(d) = 1 + \lambda(p) + \lambda(p^2) + \cdots + \lambda(p^e)$$

$$= 1 - 1 + 1 - 1 + \cdots + (-1)^e$$

$$= \begin{cases} 0, & e: \text{홀수}, \\ 1, & e: \text{짝수}. \end{cases}$$

만약 $n = p_1^{e_1} \cdots p_r^{e_r}$ 이면,

$$g(n) = g(p_1^{e_1}) \cdots g(p_r^{e_r}) = \begin{cases} 1, & e_1, \cdots, e_r: \text{짝수}, \\ 0, & \text{otherwise} \end{cases}$$

따라서 $g(n) = \begin{cases} 1, & n: \text{square}, \\ 0, & \text{otherwise} \end{cases}$

(2) 정리 2.3.6에 의해, $\lambda^{-1} = \mu\lambda$ 이다.

즉, $\lambda^{-1}(n) = \mu(n)\lambda(n)$ 이다. $n = p_1^{e_1} \cdots p_r^{e_r}$ 일 때,

$e_1 = \cdots = e_r = 1$ 이면,

$\mu(n)\lambda(n) = (-1)^r(-1)^r = 1 = |\mu(n)|$ 이다.

그렇지 않으면, $\mu(n)\lambda(n) = 0 \cdot \lambda(n) = 0 = |\mu(n)|$ 이다.

따라서 $\mu(n)\lambda(n) = |\mu(n)|$ 이고,

$\lambda^{-1}(n) = |\mu(n)|$ 이다. 🕮

3 q-수와 관련된 이론

3.1 q−베르누이 수와 q−스털링 수

[정의 3.1.1] 임의의 집합 A가 주어져 있을 때, A의 부분집합들 $A_i(i \in I)$가 다음 조건들을 만족할 때, $A_i(i \in I)$를 A의 **분할** (partition)이라 한다.

(1) $A = \bigcup_{i \in I} A_i$

(2) $i \neq j$ 인 모든 i, j에 대하여 $A_i \cap A_j = \varnothing$

[예제 3.1.1] $A = 1, 2, 3, 4, 5$, $\mathrm{A}_1 = 1, 3$, $\mathrm{A}_2 = 2, 4$, $\mathrm{A}_3 = 5$라 하면, $\mathrm{A}_1, \mathrm{A}_2, \mathrm{A}_3$은 A의 분할이다.

[예제 3.1.2] A는 정수 전체의 집합 $\mathbb{Z}$, n을 임의의 자연수 라 하자. $0 \leq i \leq n-1$인 i에 대하여 $A_i = \{\mathrm{x} \in \mathbb{Z} \mid \mathrm{x} \equiv \mathrm{i} \pmod{\mathrm{n}}\}$이라 하면, $\mathrm{A}_0, \mathrm{A}_1, \ldots, \mathrm{A}_{\mathrm{n}-1}$은 A의 분할이다.

이제 임의의 유한집합 A에 대하여, A의 원소의 개수를 $|A|$로 표시하자. 그러면 다음 정리가 성립한다.

[정의 3.1.2] 유한집합 A, B에 대하여 다음이 성립한다.
(1) $A \subseteq B$이면, $|A| \leqq |B|$이다.
(2) $f : A \to B$가 단사함수이면, $|A| \leqq |B|$이다.
(3) $f : A \to B$가 전사함수이면, $|A| \geqq |B|$이다.
(4) $f : A \to B$가 전단사함수이면, $|A| = |B|$이다.

증명 (1)은 자명하다.

(2) $|A| = n$ 일 때, $A = a_1, \ldots, a_n$이라 하자.

단, $a_1, \ldots, a_n$은 서로 다른 A의 원소이다. $i \neq j$이면, $a_i \neq a_j$이고, f는 단사함수이므로 $f(a_i) \neq f(a_j)$이다. 즉 $f(a_1), \ldots, f(a_n)$는 서로 다르다. $f(a_1), \ldots, f(a_n)$의 원소의 개수는 n이므로, $n \leqq |B|$ 즉, $|A| \leqq |B|$이다.

(3) $|B| = m$일 때, $B = b_1, \ldots, b_m$이라 하자.

단, $b_1, \ldots, b_m$은 서로 다른 B의 원소이다. f가 전사함수이므로, $f(a_1) = b_1, \ldots, f(a_m) = b_m$인 A의 원소 $a_1, \ldots, a_m$ 존재한다. 만약 $i \neq j$이면 $f(a_i) = b_i \neq b_j = f(a_j)$이므로, $a_i \neq a_j$이다. 즉 $a_1, \ldots, a_n$은 A의 서로 다른 원소들이다. 그러므로 $|\{a_1, \ldots, a_m\}| = m \leqq |A|$,

즉 $|B| \leqq |A|$이다.

(4) (2)와 (3)에 의하여 $|A| \leqq |B|$이고 $|B| \leqq |A|$이므로, $|A| = |B|$이다. 🕮

[정리 3.1.3] A가 유한집합이고, $A_i (i = 1, 2, \ldots, n)$이 A의 분할이면, $|A| = \sum_{i=1}^{n} |A_i|$이다.

증명 수학적 귀납법을 써서 보이면 된다.

(i) $n=1$ 일 때는 $A=A_1$이므로, 자명하다.

(ii) $n-1$ 일 때 성립한다고 가정하고, $A_1, A_2, A_3, \dots, A_n$ 을 A의 분할이라 하자.

그러면, $A_1 \bigcup A_2, A_3, \dots, A_n$는 A의 분할이다. 그러므로 $|A| = |A_1 \bigcup A_2| + |A_3| + \cdots + |A_n|$ 이다.

그런데 $|A_1 \bigcup A_2| = |A_1| + |A_2| - |A_1 \cap A_2|$ 이고 $A_1 \cap A_2 = \varnothing$ 이므로, $|A_1 \bigcup A_2| = |A_1| + |A_2|$ 이다. 따라서

$$|A| = |A_1| + |A_2| + \cdots + |A_n| = \sum_{i=1}^{n} |A_i|$$

이므로 n 일 때도 성립한다. 🕮

[정리 3.1.4] $A = \bigcup_{i=1}^{n} A_i$일 때, 모든 i에 대하여, $B_i \subset A_i$인 A의 분할 $B_i (i=1, \dots, n)$이 존재한다.

증명

$$B_1 = A_1$$
$$B_2 = A_2 - A_1$$
$$B_3 = A_3 - (A_1 \cup A_2)$$
$$\vdots$$
$$B_n = A_n - (A_1 \cup A_2 \cup \cdots \cup A_{n-1})$$

이라 하면, $B_i \subseteq A_i$이고 $B_i (i=1, 2, \dots, n)$은 A의 분할이다. 🕮

[정리 3.1.5] $A_1, \dots, A_n$이 유한집합이고 $A \subseteq \bigcup_{i=1}^{n} A_i$이면, $|A| \leq \sum_{i=1}^{n} |A_i|$ 이다.

증명 정리 3.1.4에 의하여, $B_i \subset A_i$ 인 A의 분할 $B_i (i=1, \dots, n)$이 존재한다. 정리 3.1.3에 의하여 $|A| = \sum_{i=1}^{n} |B_i|$ 이고, $B_i \subset A_i$ 로부터 $|B_i| \le |A_i|$ 이므로 성립한다. 🕮

[정의 3.1.6] A가 공집합이 아닌 임의의 집합이라 할 때, A의 임의의 두 원소들 사이의 관계 $\sim$가 다음을 만족할 때, **동치관계**(equivalence relation)라 한다.

(1) **반사법칙**(reflexive law) ; 모든 $a \in A$에 대하여 $a \sim a$이다.

(2) **대칭법칙**(symmetric law) ; $a, b \in A$에 대하여 $a \sim b$이면 $b \sim a$이다.

(3) **추이법칙**(transitive law) ; $a, b, c \in A$에 대하여 $a \sim b, b \sim c$ 이면 $a \sim c$이다.

[예제 3.1.3] $A = \mathbb{Z}$ 라 하고 m을 임의의 정수라 할 때, 관계 $a \sim b$를 $a \equiv b (\mathrm{mod\, m})$으로 정의하면, 이 관계는 동치관계이다.

[정의 3.1.7] 집합 A 위의 동치관계 $\sim$가 주어져 있을 때, $a \in A$에 대하여,

$$[a] = \{\mathrm{x} \in A \mid x \sim a\}$$

로 표시하고, $[a]$를 a의 **동치류**(equivalence class)라 한다.

[예제 3.1.4] 예제 3.1.3에서, 동치관계 $a \equiv b (\mathrm{mod\, m})$에 대하여 $A_i = \{\mathrm{x} \in \mathbb{Z} \mid \mathrm{x} \equiv \mathrm{i}\ (\mathrm{mod n})\}$는 i의 동치류이다. 즉, $A_i = [i]$이다.

[정리 3.1.8] 집합 A 위에 동치관계 $\sim$가 주어져 있을 때, 서로 다른 동치류를 모은 집합은 A의 분할이다.

증명 $[a] \neq [b]$이면, $[a] \cap [b] = \varnothing$ 임을 보이면 된다.

즉, $[a] \cap [b] \neq \varnothing$ 이면 $[a] = [b]$임을 보이자.

이제 $c \in [a] \cap [b]$라 하면, $c \sim a$이고 $c \sim b$이므로, $a \sim b$이다. 만약 $x \in [a]$이면 $x \sim a$이므로, $a \sim b$로부터 $x \sim b$이다. 즉 $x \in [b]$이다. 따라서 $[a] \subseteq [b]$이다. 마찬가지로 $[b] \subseteq [a]$이므로, $[a] = [b]$이다. 🕮

[정리 3.1.9] A의 분할 A_i에 대하여 다음과 같이 관계를 정의하면, 이 관계 $\sim$는 동치관계이다.

$a \sim b \Leftrightarrow$ 어떤 i 에 대하여, $a, b \in A_i$

증명 반사법칙과 대칭법칙은 자명하게 성립하므로 추이법칙만 보이면 된다.

$a \sim b$, $b \sim c$라 하자. 그러면, 어떤 i, j가 존재하여 $a, b \in A_i$, $b, c \in A_j$이다. $b \in A_i \cap A_j$ 이므로, $A_i \cap A_j \neq \varnothing$ 이다. A_i가 A의 분할이므로, $A_i = A_j$ 이어야 한다. 따라서 a, $c \in A_i$, 즉 $a \sim c$이다. 🕮

정리 3.1.8에서 정의된 분할을, **동치관계 $\sim$에 대응되는 분할**이라 하고, 정리 3.1.9에서 정의된 동치관계를 **주어진 분할에 대응되는 동치관계**라 한다.

[예제 3.1.5] $\mathbb{R}$ 을 모든 실수의 집합이라 하고, $A = \mathbb{R} \times \mathbb{R}$ 이라 하자. 실수 $a, b, c, d \in \mathbb{R}$ 에 대하여 다음과 같이 관계를 정의하자

$$(a, b) \sim (c, d) \Leftrightarrow a^2 + b^2 = c^2 + d^2$$

위 관계가 동치관계임은 자명하다.

[예제 3.1.6] 임의의 음이 아닌 실수 $r \geq 0$에 대하여,

$$A_r = \{(x, y) \in A \mid x^2 + y^2 = r\}$$

이라 하면, A_r은 위 동치관계 $\sim$에 대응되는 분할이다.

q-수와 관련된 이론을 전개하기 위해 공통적으로 사용하는 용어를 소개한다.

소수 p에 대하여 $\mathbb{Z}_p$는 **p-진 정수환**(the ring of p-adic natural numbers), $\mathbb{Q}_p$는 **p-진 유리수체**(the field of p-adic natural numbers), $\mathbb{C}$는 복소수체(the complex number field), $\mathbb{C}_p$는 $\mathbb{Q}_p$의 **대수적 폐포의 완비**(the completion of algebraic closure of $\mathbb{Q}_p$)이다.

양의 정수 d를 p와 서로 소라 하자. 이때, 다음과 같이 정의하자.

$$X = X_d = \lim_{\leftarrow N} \mathbb{Z}/dp^N\mathbb{Z}, \quad X_1 = \mathbb{Z}_p,$$

$$X^* = \bigcup_{0<a<dp,\ (a,p)=1} a + dp^N\mathbb{Z},$$

$$a + dp^N\mathbb{Z} = \{x \in X \mid x \sim a \pmod{dp^N}\}$$

여기서 a는 $0 \leqq a < dp^N$인 정수이고, $\mathbb{C}_p$ 위에서 p-진 절대값은 $|p|_p = 1/p$에 의하여 정규화된다.

q-확장을 말할 때는 q는 복소수나 p-진수를 대상으로 한다. $q \in \mathbb{C}$이면 $|q| < 1$로, $q \in \mathbb{C}_p$이면 $|q-1|_p < p^{-1/(p-1)}$로 가정한다. 그러면 $|x|_p \leqq 1$에 대해 $q^x = \exp(x \log q)$ 이다. 또한 q-기본수들은 다음과 같이 정의한다.

$$[x]_q = [x:q]_q = \frac{1-q^x}{1-q}, \ [x]_{-q} = [x:q]_q = \frac{1-(-q)^x}{1+q}$$

$\mathbb{Z}_p$ 위에서 연속인 함수들의 집합을 $C(\mathbb{Z}_p)$, $\mathbb{Z}_p$ 위에서 강 미분가능 함수(strictly differentiable)들의 집합을 $C^{(1)}(\mathbb{Z}_p) = \{f \mid f' \in C(\mathbb{Z}_p)\}$이

라고 하자. $f \in C^{(1)}(\mathbb{Z}_p)$에 대해 f의 **q-리만합**을 다음과 같이 정의하자.

$$\frac{1}{[p^N]_q} \sum_{0 \le j < p^N} q^j f(j) = \sum_{0 \le j < p^N} f(j) \mu_q (j + p^N Z_p)$$

$\mathbb{Z}_p$ 위에서 f의 적분이란, $N \to \infty$일 때 이 합의 극한이 존재하면 그 극한으로 정의한다.

[정의 3.1.10] 함수 f의 **p-진 q-적분**(p-adic q-integral)을 다음과 같이 정의한다.

$$\int_X f(x) d\mu_q(x) = \int_{Z_p} f(x) d\mu_q(x) = \lim_{N \to \infty} \frac{1}{[p^N]_q} \sum_{x=0}^{N} q^x f(x)$$

다음 정리가 성립함을 쉽게 알 수 있다.

[정리 3.1.11] $f \in C^{(1)}(\mathbb{Z}_p)$에 대하여 다음이 성립한다.

$$\left| \int_{Z_p} f(x) d\mu_q(x) \right|_p \le p \, \|f\|_1$$

[정의 3.1.12] 다음을 q-가우스 **이항계수**(Gaussian binomial coefficient)라고 한다.

$$\binom{x}{n} = \frac{([x]_q [x-1]_q \cdots [x-n+1]_q)}{[n]_q!}$$

q-가우스 이항계수에 대하여 다음이 성립한다.

[보조정리 3.1.13]

$$\binom{x+1}{n}=\binom{x}{n-1}+q^n\binom{x}{n}=q^{x-n}\binom{x}{n-1}+\binom{x}{n}$$

[예제 3.1.7]

(1) $$\int_{Z_p}\binom{x}{n}d\mu_q(x)=(-1)^{n/[n+1]_q}q^{k+1-\binom{k+1}{2}}$$

(2) $$\int_{Z_p}\sum_{k\geqq 0}a_{k,q}\binom{x}{n}d\mu_q(x)=\sum_{k\geqq 0}a_{k,q}\frac{(-1)^k}{[k+1]_q}q^{k+1-\binom{k+1}{2}}$$

[정의 3.1.13] **칼리즈 q-베르누이 수**(Carlitz q-Beroulli number)를 다음과 같이 정의한다.

$$\beta_{0,q}=1,\quad q(q\beta+1)^k-\beta_{k,q}=\begin{cases}1, & k=1,\\ 0, & k>1\end{cases}$$

편의상 우리는 β^i를 $\beta_{i,q}$로 정의한다.

[정의 3.1.14] **r번째 기본 대칭함수**는 $E_r(x_1,x_2,\dots,x_n)$은 가능한 r개의 모든 값을 곱해서 더하는 값이라 정의한다.

[정의 3.1.15] $a_1,a_2,\dots,a_n$이 다항식 $p(x)=x^n+c_1x^{n-1}+\cdots+c_n$의 근이라고 가정하면,

$$c_r=(-1)^rE_r(a_1,a_2,\dots,a_n),\quad 1\leqq r\leqq n$$

[예제 3.1.8] 만약 $a_i=i\ (1\leqq i\leqq 4)$이면, r번째 기본 대칭함수는 다음과 같다.

$E_0(1,2,3,4)=1,$
$E_1(1,2,3,4)=1+2+3+4,$
$E_2(1,2,3,4)=1\times2+1\times3+1\times4+2\times3+2\times4+3\times4=35,$
$E_3(1,2,3,4)=1\times2\times3+1\times2\times4+1\times3\times4+2\times3\times4=50,$
$E_4(1,2,3,4)=1\times2\times3\times4=24$

[정의 3.1.16] **제 1종의 스털링 수**(Sirling number of the first kind)

$$s(n,r)=E_{n-r}(1,2,\ldots,n-1)$$

다음과 같이 기본수를 정의한다.

$$e(n,t)=\begin{cases}0, & t<0,\ t>n,\\ E_t(1,2,\ldots,n), & 0\leq t\leq n\end{cases}$$

그러면 다음이 성립함을 알 수 있다.

[보조정리 3.1.17] 만약 $n>t>1$이면, 다음이 성립한다.

$$e(n,t)=e(n-1,t)+ne(n-1,t-1)$$

[정의 3.1.18] **제 1종의 스털링 수**(Sirling number of the first kind)는 치환군 S_m에서 서로 소인 n-순환마디(disjoint n-cycle)를 갖는 치환들의 수라 정의한다.

[예제 3.1.9] $S_3=(1)(2)(3),(1)(2\ 3),(1\ 2)(3),(1\ 2\ 3),(1\ 3\ 2),(1\ 3)(2)$에 대하여 제 1종의 스털링 수를 알아보면 다음과 같다.

(1) $s(3,1)=2,$
$s(3,2)=3,$
$s(3,3)=1$

(2) $s(m,1)=\dfrac{m!}{m}=(m-1)!$

(3) $s(m,m)=1$

[정리 3.1.19]

(1) $1 \leqq n \leqq m$이라 하면,
$s(m+1,n) = s(m,n-1) + ms(m,n)$

(2) $\sum_{k=1}^{n} \frac{1}{k} = \frac{s(n+1,2)}{n!}$

(3) 모든 $m \geqq 1$에 대하여 $g_m(x) = \sum_{n=1}^{m} s(m,n)x^n$이라 하면,
$g_m(x) = x(x+1)(x+2)\cdots(x+m-1)$

(4) $s(n,r) = E_{n-r}(1,2,\ldots,n-1)$

(5) $m! = s(m,1) + s(m,2) + \cdots + s(m,m)$

(6) $n \neq s(n,n)n^n - s(n,n-1)n^{n-1} + s(n,n-2)n^{n-2} - \cdots + (-1)^{n-1}s(n,1)n$

[정의 3.1.20] $\{1,2,3,\ldots,m\}$에서 n개의 블럭으로 나누는 분할의 수 $S(m,n)$을 **제 2종의 스털링 수**(Sirling number of the second kind)라 부른다.

[예제 3.1.10] $1,2,3$에서 분할들은 $1,2,3$, $1\cup 2,3$, $1,2\cup 3$, $1,3\cup 2$, $1\cup 2\cup 3$임으로 제 2종의 스털링 수는 $S(3,1)=1$, $S(3,2)=3$, $S(3,3)=1$이다.

[정리 3.1.21] $2 \leqq n \leqq m$이라 하면,
$S(m+1,n) = S(m,n-1) + nS(m,n)$이다.

[정의 3.1.22] **낙점된 계승함수**(falling factorial function)는 다음과 같이 정의한다.

$x^{(0)} = 1$,

$x^{(n+1)} = x(x-1)(x-2)\cdots(x-n)$, $n \geqq 0$

[정리 3.1.23]

(1) $m \geqq 1$ 이라 가정하면,

$$x^{(m)} = x^m - e(m-1,1)x^{m-1} + e(m-1,2)x^{m-2} - \cdots$$
$$+ (-1)^{m-1}e(m-1,m-1)x$$

이다. 여기서 $e(m-1,r) = E_r(1,2,\ldots,m-1)$, $1 \leqq r < m$ 이다.

(2) $x^m = \sum_{r=1}^{m} S(m,r)x^{(r)}$

(3) 임의의 양의 정수 k, m에 대하여 다음이 성립한다.

$$k^m = \sum_{r=1}^{m} r!\binom{k}{r} S(m,r)$$

[정리 3.1.24] (**스털링 항등식**, Stirling identity) 임의의 양의 정수 m, r에 대하여 다음이 성립한다.

$$r!\, S(m,r) = \sum_{t=1}^{r} (-1)^{r+1}\binom{r}{t} t^m$$

[정의 3.1.25] 다음과 같이 **벨 수**(Bell number) B_n을 정의한다.

$$B_0 = 1,$$
$$B_n = \sum_{r=1}^{n} S(n,r), \quad n \geqq 1$$

[정리 3.1.26] 벨 수 B_n에 대하여 다음이 성립한다.

$$B_{n+1} = \sum_{r=0}^{n} \binom{n}{r} B_r$$

3.2 푸리에 급수

함수 $f(x)$가 폐구간 $[-L, L]$에서 정의되고, 이 구간이 아닌 영역에 대해서는 함수 $f(x)$에 대하여 $f(x+2L)=f(x)$가 성립한다고 하자. 즉, $2L$을 주기로 하는 함수$f(x)$를 생각하자. 이때, 함수 $f(x)$에 대응하는 **푸리에 급수**(Fourier series) 혹은 **푸리에 전개**(Fourier expansion)는 다음과 같이 주어진다.

$$\frac{a_0}{2}+\sum_{n=1}^{\infty}\left(a_n\cos\frac{n\pi x}{L}+b_n\sin\frac{n\pi x}{L}\right)$$

단, **푸리에 계수**(Fourier coefficient) a_n, b_n은 모든 $n=0, 1, 2, \ldots$ 에 대하여

$$a_n=\frac{1}{L}\int_{-L}^{L}f(x)\cos\frac{n\pi x}{L}\,dx$$

이고,

$$b_n=\frac{1}{L}\int_{L}^{-L}f(x)\sin\frac{n\pi x}{L}\,dx$$

이다.

[예제 3.2.1] 함수 $f(x)=x\ (-\pi\leqq x\leqq\pi)$의 푸리에 계수를 계산하면, 다음과 같다.

$$a_n=\frac{1}{\pi}\int_{-\pi}^{\pi}t\cos nt\,dt=0,\quad (n=0, 1, 2, \ldots),$$

$$b_n=\frac{1}{\pi}\int_{-\pi}^{\pi}t\sin nt\,dt=\frac{2(-1)^{n+1}}{n},\quad (n=1, 2, \ldots)$$

따라서 f의 푸리에 급수는

$$\sum_{n=1}^{\infty}\frac{2(-1)^{n+1}}{n}\sin nx$$

이다.

[정리 3.2.1] $\alpha \neq 0, \pm 1, \pm 2, \cdots, \pm n, \ldots$ 와 $-\pi \leqq x \leqq \pi$일 때, 함수 $f(x) = \cos \alpha x$ 에 대한 푸리에 급수 전개는 다음과 같다.

$$\cos \alpha x = \frac{\sin \alpha \pi}{\pi}\left(\frac{1}{\alpha} - \frac{2\alpha \cos x}{\alpha^2 - 1^2} + \frac{2\alpha \cos 2x}{\alpha^2 - 2^2} - \frac{2\alpha \cos 3x}{\alpha^2 - 3^2} + \cdots\right)$$

증명 푸리에 급수 식에서 2π을 주기로 택하면 즉, $2L = 2\pi$라 하면 $L = \pi$이다. 여기서 위에서 언급한 푸리에 전개의 계수 식에서 함수 $f(x) = \cos \alpha x$ 는 우함수이기 때문에 $b_n = 0$ $(n = 0, 1, 2, \ldots)$이다. 한편,

$$a_n = \frac{1}{L}\int_{-L}^{L} f(x)\cos\frac{n\pi x}{L}dx = \frac{1}{\pi}\int_{\pi}^{\pi} \cos \alpha x \cos nx\, dx$$

$$= \frac{2}{\pi}\int_0^{\pi} \cos \alpha x \cos nx\, dx$$

$$= \frac{1}{\pi}\int_0^{\pi} [\cos(\alpha + n)x + \cos(\alpha - n)x]dx$$

$$= \frac{1}{\pi}\int_0^{\pi} \cos(\alpha + n)x dx + \frac{1}{\pi}\int_0^{\pi} \cos(\alpha - n)x dx$$

$$= \frac{1}{\pi}\left[\frac{1}{\alpha + n}\sin(\alpha + \mathrm{n})x\right]_0^{\pi} + \frac{1}{\pi}\left[\frac{1}{\alpha - n}\sin(\alpha - \mathrm{n})x\right]_0^{\pi}$$

$$= \frac{(\alpha - n)\sin(\alpha + n)\pi + (\alpha + n)\sin(\alpha - n)\pi}{\pi(\alpha^2 - n^2)}$$

$$= \frac{2\alpha \sin \alpha\pi \cos n\pi}{\pi(\alpha^2 - n^2)}$$

이다. 따라서

$$f(x) = \cos \alpha x = \frac{\sin \alpha\pi}{\alpha\pi} + \frac{2\alpha \sin \alpha\pi}{\pi}\sum_{n=1}^{\infty}\frac{\cos n\pi \cos nx}{(\alpha^2 - n^2)}$$

$$= \frac{\sin\alpha\pi}{\pi}\left[\frac{1}{\alpha} - \frac{2\alpha\cos x}{\alpha^2 - 1^2} + \frac{2\alpha\cos 2x}{\alpha^2 - 2^2} - \frac{2\alpha\cos 3x}{\alpha^2 - 3^2} + \cdots\right]$$

이다. 📖

[따름정리 3.2.2] $\dfrac{\sin z}{z} = \prod_{n=1}^{\infty}\left(1 - \dfrac{z^2}{n^2\pi^2}\right)$

증명 정리 3.2.1에서 $x = \pi$라 두면,

$$\cos\alpha\pi = \frac{\sin\alpha\pi}{\pi}\left[\frac{1}{\alpha} + \frac{2\alpha}{\alpha^2 - 1^2} + \frac{2\alpha}{\alpha^2 - 2^2} + \cdots\right]$$

이고, 이 식의 양변을 $\sin\alpha\pi$로 나누면,

$$\cot\alpha\pi = \frac{1}{\alpha\pi} + \frac{2\alpha}{\pi(\alpha^2 - 1^2)} + \cdots$$

이다. 이 식에서 $z = \alpha\pi$로 치환하여 정리하면

$$\cot z - \frac{1}{z} = 2z\left[\frac{1}{z^2 - \pi^2} + \frac{1}{z^2 - 4\pi^2} + \cdots\right]$$

이다. 여기서 우리는 위 식의 양변을 각각 적분해보자.

$$(\text{좌변}) = \int\left(\cot t - \frac{1}{t}\right)dt = \int \cot t\, dt - \int \frac{1}{t}dt$$

$$= \ln\sin t - \ln t + C = \ln\frac{\sin t}{t} + C$$

이다. 여기서 C는 적분상수이다. 따라서

$$(\text{좌변}) = \int_0^z\left(\cot t - \frac{1}{t}\right)dt = \left[\ln\frac{\sin t}{t}\right]_0^z = \ln\frac{\sin z}{z} \text{ 이고,}$$

$$(\text{우변}) = \int\left[\frac{2t}{t^2 - \pi^2} + \frac{2t}{t^2 - 4\pi^2} + \cdots\right]dt$$

$$= \left[\ln(t^2 - \pi^2) + \ln(t^2 - 4\pi^2) + \cdots\right] + C$$

이다. 여기서 C는 적분상수이다. 그러면, 우변은 다음과 같다.

$$\int_0^z \left[\frac{2t}{t^2-\pi^2}+\frac{2t}{t^2-9\pi^2}+\cdots\right]dt$$

$$= \left[\ln(t^2-\pi^2)\right]_0^z + \left[\ln(t^2-4\pi^2)\right]_0^z + \cdots$$

$$= [\ln(z^2-\pi^2)-\ln(-\pi^2)] + [\ln(z^2-4\pi^2)-\ln(-4\pi^2)] + \cdots$$

$$= \sum_{n=1}^{\infty} \ln\left(1-\frac{z^2}{n^2\pi^2}\right) = \ln\prod_{n=1}^{\infty}\left(1-\frac{z^2}{n^2\pi^2}\right)$$

이다. 따라서 양변이 같으므로 다음이 성립한다.

$$\ln\frac{\sin z}{z} = \ln\prod_{n=1}^{\infty}\left(1-\frac{z^2}{n^2\pi^2}\right)$$ 🕮

3.3 제타함수의 몇 가지 양의 값들

이 절에서 제타(ζ)함수라 불리는 중요한 함수를 소개하고, 몇 가지 양의 값들을 계산한다.

다음과 같은 형태는 1735년경 오일러에 의해 발견되어졌다.

$$1+\frac{1}{2^2}+\frac{1}{3^2}+\frac{1}{4^2}+\frac{1}{5^2}+\cdots=\frac{\pi^2}{6} \tag{3.3.1}$$

그는 몇 해 동안 좌변의 무한급수의 합을 구하려고 시도했고, 합이 수 π와 관계된다는 신비한 사실을 발견하고 매우 기뻐했다.

다음과 같은 형태는 **라이프니츠(Leibniz)의 형태**라 부른다

$$1-\frac{1}{3}+\frac{1}{5}-\frac{1}{7}+\frac{1}{9}-\frac{1}{11}+\cdots=\frac{\pi}{4} \tag{3.3.2}$$

그는 1673년에 이것을 발견했고, 자연의 신비함을 발견했다고 느꼈다. 그는 이 같은 발견으로 순수과학을 하기 위해 법률가와 외교관을 그만두기로 결정했다. 그러나 라이프니츠의 형태는 그레고리(Gregory)에 의

해 라이프니츠의 증명보다 짧게 발견되어졌고, 또한 인도 수학자 마다와(Madhava)에 의해 1400년경에도 발견되어졌다.

오일러의 형태와 다음의 형태들

$$1+\frac{1}{2^4}+\frac{1}{3^4}+\frac{1}{4^4}+\frac{1}{5^4}+\cdots=\frac{\pi^4}{90} \tag{3.3.3}$$

$$1-\frac{1}{3^3}+\frac{1}{5^3}-\frac{1}{7^3}+\frac{1}{9^3}-\frac{1}{11^3}+\cdots=\frac{\pi^3}{32} \tag{3.3.4}$$

$$1-\frac{1}{2}+\frac{1}{4}-\frac{1}{5}+\frac{1}{7}-\frac{1}{8}+\cdots=\frac{\pi}{3\sqrt{3}} \tag{3.3.5}$$

그리고 **디리클레(Dirichlet)의 형태**

$$1-\frac{1}{3}-\frac{1}{5}+\frac{1}{7}+\frac{1}{9}-\frac{1}{11}-\frac{1}{13}+\frac{1}{15}+\cdots$$
$$=\frac{1}{\sqrt{2}}\log(1+\sqrt{2}) \tag{3.3.6}$$

들은 제타함수들로 불려지는 함수값 위에서의 형태이다. 이 같은 형태들은 그들을 더욱더 연구함으로써 그들의 신비로움이 드러난다.

[정의 3.3.1] **제타함수**(zeta function)는 다음과 같이 정의한다.

$$\zeta(s)=\sum_{n=1}^{\infty}\frac{1}{n^s}=1+\frac{1}{2^s}+\frac{1}{3^s}+\frac{1}{4^s}+\frac{1}{5^s}+\cdots$$

함수 $\zeta(s)$를 리만이 19세기에 이 함수의 연구에 중요한 공헌을 한 후 리만 제타(Riemann ζ)함수라 부른다. 형태 (3.3.1)과 (3.3.3)은

$$\zeta(2)=\frac{\pi^2}{6},\quad \zeta(4)=\frac{\pi^4}{90}$$

로 표현된다. 따라서 리만 제타함수 $\zeta(s)$의 값들의 형태로서 생각한다.

N을 자연수라 두고, $(\mathbb{Z}/N\mathbb{Z})^{\times}$를 환 $\mathbb{Z}/N\mathbb{Z}$ 에서 단위원의 곱셈군이라 둔다. $(\mathbb{Z}/N\mathbb{Z})^{\times}$에서 영이 아닌 복소수의 곱셈군 $\mathbb{C}^{\times}$로의 준동형사상

$$\chi : (\mathbb{Z}/N\mathbb{Z})^{\times} \to \mathbb{C}^{\times}$$

를 **디리클레 지표**(modulo N)라 부른다.

[정의 3.3.2] **디리클레(Dirichlet) L-함수**를 다음과 같이 정의한다.

$$L(s, \chi) = \sum_{n=1}^{\infty} \frac{\chi(n)}{n^s}$$

여기서 $\chi(n) = \begin{cases} \chi(n \bmod N), & (n, N) = 1, \\ 0 \quad , & (n, N) \neq 1 \end{cases}$

형태 (3.3.2)와 (3.3.4)는 디리클레 L-함수를 사용하면,

$$L(1, \chi) = \frac{\pi}{4}, \quad L(3, \chi) = \frac{\pi^3}{32}$$

으로 각각 표현된다. 여기서 지표 χ는

$$\chi : (\mathbb{Z}/4\mathbb{Z})^{\times} = \{1 \bmod 4, 3 \bmod 4\} \to \mathbb{C}^{\times}$$

$$\chi(1 \bmod 4) = 1, \quad \chi(3 \bmod 4) = -1$$

로 주어진다. 형태 (3.3.5)는 디리클레 L-함수 $L(s, \chi)$

$$L(1, \chi) = \frac{\pi}{3\sqrt{3}}$$

값에 대한 형태로 표현된다. 여기서 디리클레 지표 χ는

$$\chi : (\mathbb{Z}/3\mathbb{Z})^{\times} = \{1 \bmod 3, 2 \bmod 3\} \to \mathbb{C}^{\times}$$

$$\chi(1 \bmod 3) = 1, \quad \chi(2 \bmod 3) = -1$$

로 주어진다. 형태 (3.3.6)은 디리클레 L-함수 $L(s, \chi)$

$$L(1, \chi) = \frac{1}{\sqrt{2}} \log(1 + \sqrt{2})$$

값에 대한 형태로 표현된다. 여기서 디리클레 지표 χ 는

$$\chi : (\mathbb{Z}/8\mathbb{Z})^{\times} = \{1 \bmod 8, 3 \bmod 8, 5 \bmod 8, 7 \bmod 8\} \to \mathbb{C}^{\times}$$
$$\chi(1 \bmod 8) = \chi(7 \bmod 8) = 1 ,$$
$$\chi(3 \bmod 8) = \chi(5 \bmod 8) = -1,$$

로 주어진다. 이 같은 $\zeta(s)$와 $L(s, \chi)$는 제타함수라 불려지는 함수족의 보기들이다.

따름정리 3.2.2를 이용하면 리만 제타함수의 양의 짝수의 값을 산술적으로 계산할 수 있다. $\zeta(2)$, $\zeta(4)$, $\zeta(6)$의 값은 조금은 복잡하지만 멱급수 전개의 식으로 계산할 수 있다. 그러나 일반적인 짝수에서 제타함수의 값을 따름정리 3.2.2를 이용하여 구한다는 것은 계산이 매우 복잡하므로 다음 절에서 베르누이수를 이용하여 계산하는 것을 알아본다.

먼저 $\zeta(2)$, $\zeta(4)$, $\zeta(6)$의 값을 계산하기 위해 테일러 정리를 먼저 소개한다.

> [정리 3.3.3] (**테일러 정리**, Taylor's Theorem) 폐구간 $[a, x]$ 에서 연속이고 개구간 (a, x) 에서 $n+1$ 번 미분 가능한 함수 f에 대하여
>
> $$f(x) = f(a) + f'(a)(x-a) + \cdots + \frac{f^{(n)}(a)}{n!}(x-a)^n + \frac{f^{(n+1)}(c)}{(n+1)!}(x-a)^{n+1}$$
>
> 을 만족하는 c 가 구간 (a, x) 에 적어도 하나 존재한다. 여기서 $f^{(n)}$ 은 f 의 n 번째 미분이다.

테일러 정리에서 c 는 단순히 존재성만 의미함으로, 우리는 주어진 함수 $f(x)$를 위의 식으로부터 각 계수가 확실한 n 차 근사다항식

$$f(a)+f'(a)(x-a)+\frac{f''(a)}{2!}(x-a)^2+\cdots$$

$$+\frac{f^{(n)}(a)}{n!}(x-a)^n$$

을 얻을 수 있다. 결론적으로 주어진 함수 $f(x)$를 $x=a$ 근처에서 우리가 잘 이해할 수 있는 유리수 계수를 갖는 n 차 다항식으로 보겠다는 것이다. 이 식의 증명은 상당한 기술이 필요하기 때문에 다음과 같은 멱급수로 표현하고 그냥 넘어가도록 한다.

$$\begin{aligned} f(x) &= f(a)+f'(a)(x-a)+\cdots+\frac{f^{(n)}(a)}{n!}(x-a)^n+\cdots \\ &= \sum_{n=0}^{\infty}\frac{f^{(n)}(a)}{n!}(x-a)^n \end{aligned}$$

특히, 이 식은 함수가 양의 수렴반경을 갖는 멱급수로 나타내어진다면, 그 급수는 유일하며 그것은 함수의 테일러 급수임이 틀림없다는 사실을 말하여준다. 위의 식을 좀 더 간략하게 표현하면 $a=0$일 때, 즉

$$f(x)=\sum_{n=0}^{\infty}\frac{f^{(n)}(0)}{n!}x^n$$

로 쓸 수 있다. 여기서 $\dfrac{f^{(n)}(0)}{n!}$을 $f(x)$의 **테일러 계수**(Taylor coefficients)라 부른다.

예를 들면, $f(x)=\sqrt[3]{1+x}$ 에서 $x=0$ 근처에서 $f(x)\approx 1+\frac{1}{3}x-\frac{2}{9}x^2$ 이다. 따라서

$$\sqrt[3]{0.9}\approx 1+\frac{1}{3}(-0.1)-\frac{2}{9}(-0.1)^2\approx 0.9644$$

다른 예를 들면, 지수함수 e^x 는 $x=0$ 근처에서 테일러 급수 전개로 부터 일차다항식 입장에선 $1+x$ 이고, 이차다항식 입장에 선 $1+x+\frac{x^2}{2}$ 이

다. 즉, 무리수인 오일러 수 e 란 일차다항식 시각에선 $1+1$, 이차다항식 시각에선 $1+1+\frac{1}{2}$로 표현된다. 본질적으로 테일러 정리는 실수(=무리수)를 우리가 잘 알고 있는 유리수들의 합(근사값)으로 이해하겠다는 것이다. 1, 2, ... , n차 다항식에서 1, 2, ... , n은 무리수를 유리수의 몇 번의 합으로 이해하는가를 결정한다.

그러면 여기서 $\zeta(2)$, $\zeta(4)$, $\zeta(6)$의 값을 따름정리 3.2.2를 이용하여 계산한다.

> [정리 3.3.4] $\zeta(2)=\frac{\pi^2}{6}$

증명 정리 3.3.3을 이용하여 먼저 sine 함수의 테일러 급수 전개식을 계산한다.

$$\begin{aligned}\sin\pi z &= \sum_{n=0}^{\infty}(-1)^n\frac{1}{(2n+1)!}(\pi z)^{2n+1}\\ &= \pi z-\frac{1}{3!}\pi^3z^3+\frac{1}{5!}\pi^5z^5-\frac{1}{7!}\pi^7z^7+\cdots\end{aligned}$$

이다. 따라서 sine 함수의 멱급수 전개식에서 양변을 πz로 나누면

$$\frac{\sin\pi z}{\pi z}=1-\frac{\pi^2}{3!}z^2+\frac{\pi^4}{5!}z^4-\frac{\pi^6}{7!}z^6+\cdots$$

이다. 여기서 따름정리 3.2.2를 이용하면

$$\frac{\sin\pi z}{\pi z}=\prod_{n=1}^{\infty}\left(1-\frac{z^2}{n^2}\right)=(1-z^2)\left(1-\frac{z^2}{4}\right)\left(1-\frac{z^2}{9}\right)\cdots$$

$$=1-\left(\sum_{n=1}^{\infty}\frac{1}{n^2}\right)z^2+\left(\begin{aligned}&\frac{1}{2^2}+\frac{1}{3^2}+\frac{1}{4^2}+\cdots\\ &\quad+\frac{1}{2^23^2}+\frac{1}{2^24^2}+\cdots\\ &\qquad\quad+\frac{1}{3^24^2}+\cdots\end{aligned}\right)z^4+\cdots$$

이다. 이 식을 다시 쓰면

$$\frac{\sin\pi z}{\pi z}=1-\left(\sum_{n=1}^{\infty}\frac{1}{n^2}\right)z^2+\left[\sum_{m=1}^{\infty}\left(\sum_{n=m+1}^{\infty}\frac{1}{m^2n^2}\right)\right]z^4-\cdots$$

위의 멱급수 전개식과 비교하면, $\sum_{n=1}^{\infty}\frac{1}{n^2}=\frac{\pi^2}{3!}=\frac{\pi^2}{6}$ 이다.

따라서 $\zeta(2)=\frac{\pi^2}{6}$ 이다. 📖

[정리 3.3.5] $\zeta(4)=\frac{\pi^4}{2\cdot 3^2\cdot 5}$

증명 다음 식의 대칭성을 주목하자.

$$\left(\frac{1}{1^2}+\frac{1}{2^2}+\cdots\right)^2=\left(\frac{1}{1^2}+\frac{1}{2^2}+\cdots\right)\left(\frac{1}{1^2}+\frac{1}{2^2}+\cdots\right)$$

$$=\left(\begin{array}{cccc} \frac{1}{1^21^2}+ & \frac{1}{1^22^2}+ & \frac{1}{1^23^2}+ & \cdots \\ +\frac{1}{2^21^2}+ & \frac{1}{2^22^2}+ & \frac{1}{2^23^2}+ & \cdots \\ +\frac{1}{3^21^2}+ & \frac{1}{3^22^2}+ & \frac{1}{3^23^2}+ & \cdots \\ + & + & + & \\ \vdots & \vdots & \vdots & \end{array}\right)$$

$$=\left(\frac{1}{1^4}+\frac{1}{2^4}+\frac{1}{3^4}+\cdots\right)+2$$

$$\left(\begin{array}{cccc} \frac{1}{2^2}+ & \frac{1}{3^2}+ & \frac{1}{4^2}+ & \cdots \\ & +\frac{1}{2^23^2}+ & \frac{1}{2^24^2}+ & \cdots \\ & & +\frac{1}{3^24^2}+ & \cdots \\ & & + & \\ & & \vdots & \end{array}\right)$$

위 식에서 정리 3.3.4의 결과를 이용하면 다음이 성립한다.

$$\left(\sum_{n=1}^{\infty}\frac{1}{n^2}\right)^2=\frac{\pi^4}{36}$$

위의 식들과 정리 3.3.4의 증명과정에 있는 식을 여기서 다시 이용하면

$$\frac{\pi^4}{36}=\left(\sum_{n=1}^{\infty}\frac{1}{n^2}\right)^2=\sum_{n=1}^{\infty}\frac{1}{n^4}+\frac{2\pi^4}{5!}=\zeta(4)+\frac{\pi^4}{60}$$

이다. 따라서 $\zeta(4)=\dfrac{\pi^4}{90}$ 임을 알 수 있다. 🕮

> [정리 3.3.6] $\zeta(6)=\dfrac{\pi^6}{3^3\cdot 5\cdot 7}$

증명 다음은 식의 대칭성을 이용하여 다소 복잡한 계산에 의하여 얻어진다.

$$\begin{aligned}\left(\frac{1}{1^2}+\frac{1}{2^2}+\cdots\right)^3&=\left(\frac{1}{1^2}+\frac{1}{2^2}+\cdots\right)\\&\quad\left(\frac{1}{1^2}+\frac{1}{2^2}+\cdots\right)\left(\frac{1}{1^2}+\frac{1}{2^2}+\cdots\right)\\&=3\left(\frac{1}{1^2}+\frac{1}{2^2}+\cdots\right)\left(\frac{1}{1^4}+\frac{1}{2^4}+\cdots\right)\\&\quad-2\left(\frac{1}{1^6}+\frac{1}{2^6}+\cdots\right)+6\left(\begin{array}{l}\dfrac{1}{1^22^23^2}+\dfrac{1}{1^22^24^2}+\cdots\\+\dfrac{1}{1^23^24^2}+\dfrac{1}{1^23^25^2}+\cdots\\\qquad\vdots\\+\dfrac{1}{2^23^24^2}+\dfrac{1}{2^23^25^2}+\cdots\\+\dfrac{1}{2^24^25^2}+\dfrac{1}{2^24^26^2}+\cdots\\\qquad\vdots\end{array}\right)\end{aligned}$$

정리 3.3.4와 정리 3.3.5, 그리고 위의 전개식을 이용하면

$$\zeta(2)^3 = 3\zeta(2)\cdot\zeta(4) - 2\zeta(6) + 6\cdot\frac{\pi^6}{7}$$

이다. 따라서 $\zeta(6) = \dfrac{\pi^6}{3^3\cdot 5\cdot 7}$임을 알 수 있다. 🕮

3.4 베르누이 수를 이용한 일반적 합의 공식들과 리만 제타함수의 양의 값들

앞의 3.2절에서 우리는 $\zeta(2)$, $\zeta(4)$, $\zeta(6)$의 값이 조금은 복잡하지만 멱급수 전개의 식과 따름정리 3.2.2를 이용하여 계산할 수 있었다. 그러나 일반적인 짝수에서 제타함수의 값을 따름정리 3.2.2를 이용하여 구한다는 것은 계산이 매우 복잡하므로 여기서 베르누이 수를 이용한 방법을 따라서 계산한다.

이제 오일러에 의해 유도되는 해석적 방법을 소개한다. 변수 t에 대하여 함수를 $G(t)$를 다음과 같이 두자.

$$\begin{aligned} G(t) &= \frac{t}{e^t-1} \\ &= \frac{t}{t+\frac{1}{2!}t^2+\frac{1}{3!}t^3+\cdots+\frac{1}{4!}t^n+\cdots} \\ &= \frac{1}{1+\frac{1}{2!}t+\frac{1}{3!}t^2+\cdots+\frac{1}{4!}t^{n-1}+\cdots} \end{aligned}$$

$t=0$에서 함수 $G(t)$의 테일러 전개를 생각하면

$$G(t) = B_0 + B_1\frac{t}{1!} + B_2\frac{t^2}{2!} + B_3\frac{t^3}{3!} + \cdots + B_n\frac{t^n}{n!} + \cdots$$

이고, 수렴 반경은 2π이다. 위 식의 계수 B_n을 n**-번째 베르누이 수**

(Bernoulli number)라고 부른다. 함수 $G(t)+\frac{1}{2}t$ 는 우함수임으로 $k>1$인 홀수에 대하여 $B_k=0$이다. 따라서 어떤 수학자들은 B_{2n} 을 n-번째 베르누이 수라고 부르기도 한다.

먼저 이 수들에 대한 순환적 형태를 구한다.

[보조정리 3.4.1] 자연수 $n=1,2,3,\ldots$에 대하여 다음의 순환적 형태를 얻는다.

$$B_n = -\sum_{k=0}^{n-1}\frac{n!}{k!(n-k+1)!}B_k$$

특히, $B_0=1$이다.

증명 e^t 의 멱급수 전개식을 구하면 다음과 같다.

$$\frac{e^t-1}{t} = \sum_{n=0}^{\infty}\frac{1}{(n+1)!}t^n$$

$G(t)$의 정의에 의하여

$$\begin{aligned}1 = G(t)\frac{e^t-1}{t} &= \left(\sum_{n=0}^{\infty}\frac{B_n}{n!}t^n\right)\times\left(\sum_{n=0}^{\infty}\frac{1}{(n+1)!}t^n\right)\\ &= \sum_{n=0}^{\infty}\left(\sum_{k=0}^{n}\frac{B_k}{k!}\frac{1}{(n-k+1)!}\right)t^n\end{aligned}$$

이다. 이 식의 계수를 비교하면 $B_0=1$임을 알 수 있고, 다음이 성립함을 알 수 있다.

$$\sum_{k=0}^{n}\frac{B_k}{k!}\frac{1}{(n-k+1)!} = 0 \qquad (n>0)$$

즉, $$\frac{B_n}{n!}+\sum_{k=0}^{n-1}\frac{B_k}{k!}\frac{1}{(n-k+1)!} = 0$$

이다. 따라서 위 식의 양변에 $n!$을 곱하면

$$B_n = -\sum_{k=0}^{n-1} \frac{n!}{k!(n-k+1)!} B_k \quad (n > 0)$$

임을 알 수 있다.

보조정리 3.4.1에서 베르누이 수는 유리수임을 알 수 있다. 보조정리 3.4.1을 이용하면 다음의 베르누이 수를 구할 수 있다.

$$\begin{aligned} B_0 &= 1, \\ B_1 &= -\frac{1}{1 \cdot 2!} B_0 = -\frac{1}{2}, \\ B_2 &= -\sum_{k=0}^{1} \frac{2!}{k!(2-k+1)!} B_k, \\ &= -\left(\frac{2!}{3!} B_0 + \frac{2!}{2!} B_1 \right) = \frac{1}{6} \\ B_4 &= -\frac{1}{30}, \\ B_6 &= \frac{1}{42}, \\ B_8 &= -\frac{1}{30}, \\ &\cdots\cdots\cdots \end{aligned} \tag{3.4.1}$$

x를 t와 다른 변수라 하고,

$$F(t, x) = \frac{te^{tx}}{e^t - 1} = G(t) e^{tx} = \sum_{n=0}^{\infty} B_n(x) \frac{t^n}{n!}$$

라 하면, 베르누이 수의 생성함수 $G(t)$로부터 다음의 보조성리를 얻는다.

[보조정리 3.4.2] 자연수 $n = 0, 1, 2, \ldots$에 대하여

$$B_n(x) = \sum_{k=0}^{n} \binom{n}{k} B_k x^{n-k}$$

이다. 여기서 $B_n(x)$를 **베르누이 다항식**(Bernoulli polynomial)이라 부른다.

증명 $F(t, x) = G(t)e^{tx}$ 이므로 다음이 성립한다.

$$\begin{aligned} F(t, x) &= \left(\sum_{n=0}^{\infty} B_n \frac{t^n}{n!}\right) \times \left(\sum_{n=0}^{\infty} x^n \frac{t^n}{n!}\right) \\ &= \sum_{n=0}^{\infty}\left(\sum_{k=0}^{n} B_k \frac{1}{k!} x^{n-k} \frac{1}{(n-k)!}\right) t^n \\ &= \sum_{n=0}^{\infty}\left(n! \sum_{k=0}^{n} B_k \frac{1}{k!} x^{n-k} \frac{1}{(n-k)!}\right) \frac{t^n}{n!} \\ &= \sum_{n=0}^{\infty}\left(\sum_{k=0}^{n} \frac{n!}{(n-k)!k!} B_k x^{n-k}\right) \frac{t^n}{n!} \\ &= \sum_{n=0}^{\infty}\left(\sum_{k=0}^{n} \binom{n}{k} B_k x^{n-k}\right) \frac{t^n}{n!} \end{aligned}$$

함수 $F(t, x) = \sum_{n=0}^{\infty} B_n(x) \frac{t^n}{n!}$ 임으로 계수 비교에 의하여

$$B_n(x) = \sum_{k=0}^{n} \binom{n}{k} B_k x^{n-k}$$

임을 알 수 있다. 🕮

보조정리 3.3.2를 이용하면 베르누이 다항식을 구할 수 있다.

$$B_0(x) = 1,$$

$$B_1(x) = x - \frac{1}{2},$$

$$B_2(x) = x^2 - x + \frac{1}{6},$$

$$B_3(x) = x^3 - \frac{2}{3}x^2 + \frac{1}{2}x,$$

$$B_4(x) = x^4 - 2x^3 + x^2 - \frac{1}{30},$$

$$B_5(x) = x^5 - \frac{5}{2}x^4 + \frac{5}{3}x^3 - \frac{1}{6}x, \tag{3.4.2}$$

$$B_6(x) = x^6 - 3x^5 + \frac{5}{2}x^4 - \frac{1}{2}x^2 + \frac{1}{42},$$

$$B_7(x) = x^7 - \frac{7}{2}x^6 + \frac{7}{2}x^5 - \frac{7}{6}x^5 + \frac{1}{6}x,$$

$$B_8(x) = x^8 - 4x^7 + \frac{14}{3}x^6 - \frac{7}{3}x^4 + \frac{2}{3}x^2 - \frac{1}{30},$$

$$B_9(x) = x^9 - \frac{9}{2}x^8 + 6x^7 - \frac{21}{5}x^5 + 2x^3 - \frac{3}{10}x,$$

$$B_{10}(x) = x^{10} - 5x^9 + \frac{15}{2}x^8 - 7x^6 + 5x^4 - \frac{3}{2}x^2 + \frac{5}{66},$$

....

위의 보조정리 3.4.2와 베르누이 다항식 (3.4.2)에서 우리는 $B_n(0) = B_n$임을 알 수 있다.

두 가지 방법으로 $\dfrac{e^{(n+1)t}-1}{t}\dfrac{t}{e^t-1}$의 테일러 전개를 계산해 보도록 하자.

$$\frac{e^{(n+1)t}-1}{t}\frac{t}{e^t-1} = \frac{e^{(n+1)t}-1}{e^t-1} = \sum_{r=0}^{n} e^{tr} \tag{3.4.3}$$

$$= \sum_{r=0}^{n}\sum_{k=0}^{\infty}\frac{(tr)^k}{k!} = \sum_{k=0}^{\infty}\left(\sum_{r=0}^{n} r^k\right)\frac{t^k}{k!}$$

$$\frac{e^{(n+1)t}-1}{t}\frac{t}{e^t-1} = \frac{1}{t}\frac{e^{(n+1)t}t-t}{e^t-1} \tag{3.4.4}$$

$$= \frac{1}{t}\left[\, F(t,n+1) - G(t) \,\right]$$

$$= \frac{1}{t}\left(\sum_{k=0}^{\infty} B_k(n+1)\frac{t^k}{k!} - \sum_{k=0}^{\infty} B_k\frac{t^k}{k!}\right)$$

$$= \frac{1}{t}\sum_{k=0}^{\infty}\left(B_k(n+1) - B_k\right)\frac{t^k}{k!}$$

$$= \sum_{k=0}^{\infty}\left(\frac{B_{k+1}(n+1) - B_{k+1}}{k+1}\right)\frac{t^k}{k!}$$

여기서 식 (3.4.3)과 식 (3.4.4)의 계수를 비교하면, 다음과 같다.

$$\sum_{r=0}^{n} r^k = \frac{B_{k+1}(n+1) - B_{k+1}(0)}{k+1}$$

$$= \frac{1}{k+1}\left(B_{k+1}(n+1) - B_{k+1}(0)\right)$$

이 식과 베르누이 다항식 (3.4.2)를 이용하면, 다음의 식을 계산할 수 있다.

$$\sum_{r=0}^{n} r^2 = \frac{1}{3}\left(B_3(n+1) - B_3(0)\right) = \frac{2n^3+3n^2+n}{6},$$

$$\sum_{r=0}^{n} r^3 = \frac{1}{4}\left(B_4(n+1) - B_4(0)\right) = \frac{n^2(n+1)^2}{4},$$

$$\sum_{r=0}^{n} r^4 = \frac{1}{5}\left(B_5(n+1) - B_5(0)\right)$$

$$= \frac{n(n+1)(2n+1)(3n^2+3n-1)}{30},$$

$$\sum_{r=0}^{n} r^5 = \frac{1}{6}\left(B_6(n+1) - B_6(0)\right) = \frac{n^2(n+1)^2(2n^2+2n-1)}{12},$$

$$\begin{aligned}\sum_{r=0}^{n} r^6 &= \frac{1}{7}(B_7(n+1)-B_7(0)) \\ &= \frac{n(n+1)(2n+1)(3n^4+6n^3-3n+1)}{42},\end{aligned}$$

$$\begin{aligned}\sum_{r=0}^{n} r^7 &= \frac{1}{8}(B_8(n+1)-B_8(0)) \\ &= \frac{n^2(n+1)^2(3n^4+6n^3-n^{2-4n}+2)}{42},\end{aligned}$$

$$\sum_{r=0}^{n} r^8 = \frac{n(n+1)(2n+1)(5n^6+15n^5+5n^4-15n^3-n^2+9n-3)}{42},$$

$$\sum_{r-0}^{n} r^9 = \frac{n^2(n+1)^2(n^2+n-1)(2n^4+4n^3-n^2-3n-3)}{42}$$

리만 제타함수의 양의 짝수의 값들은 이미 알려져 있다. 여기서 우리는 오일러의 창조적인 작업을 소개한다.

먼저 $z\cot z$을 두 가지 방법으로 멱급수 전개한다. 다음의 식을 $z\cot z$의 부분분수 전개라 두자.

$$z\cot z = 1 + 2\sum_{n=1}^{\infty} \frac{z^2}{z^2 - n^2\pi^2}$$

$1/(1-r) = 1 + r + r^2 + \cdots \ (|r| < 1)$와 위의 멱급수의 절대수렴성을 이용하면, 다음 식을 얻는다.

$$\begin{aligned}z\cot z &= 1 - 2\sum_{n=1}^{\infty} \frac{z^2}{n^2\pi^2}\left(\frac{1}{1-\dfrac{z^2}{n^2\pi^2}}\right) \\ &= 1 - 2\sum_{n=1}^{\infty} \frac{z^2}{n^2\pi^2}\sum_{k=0}^{\infty} \frac{z^{2k}}{n^{2k}\pi^{2k}} \\ &= 1 - 2\sum_{k=0}^{\infty}\left(\sum_{n=1}^{\infty} \frac{1}{n^{2k+2}}\right)\frac{z^{2k+2}}{\pi^{2k+2}}\end{aligned}$$

$$= 1 - 2\sum_{k=1}^{\infty}\left(\frac{1}{\pi^{2k}}\sum_{n=1}^{\infty}\frac{1}{n^{2k}}\right)z^{2k}$$

반면에 오일러의 정리와 $G(z)$ 의 테일러 전개

$$G(z) = B_0 + B_1\frac{z}{1!} + B_2\frac{z^2}{2!} + B_3\frac{z^3}{3!} + \cdots + B_n\frac{z^n}{n!} + \cdots$$

을 이용하면 다음과 같다.

$$z\cot z = z\frac{\cos z}{\sin z} = z\frac{\dfrac{e^{iz}+e^{-iz}}{2}}{\dfrac{e^{iz}-e^{-iz}}{2i}}$$

$$= iz\frac{e^{iz}+e^{-iz}}{e^{iz}-e^{-iz}} = iz\frac{e^{2iz}+1}{e^{2iz}-1}$$

$$= iz\left(\frac{2}{e^{2iz}-1}+1\right) = \frac{2iz}{e^{2iz}-1} + iz$$

$$= G(2iz) + iz$$

$$= 1 + \sum_{k=1}^{\infty}\frac{(-1)^k 2^{2k} B_{2k}}{(2k)!}z^{2k}$$

여기서 두 가지 멱급수 전개의 계수를 비교하면 다음의 정리를 얻는다.

[정리 3.4.3] 임의의 자연수 k에 대하여

$$\zeta(2k) = \frac{2^{2k-1}\pi^{2k}(-1)^{k+1}B_{2k}}{(2k)!}$$

이다. 특히 $\zeta(2k)$이 양수이므로 $(-1)^{k+1}B_{2k}$도 양수이다.

여기서 우리는 유리함수들을 이용하여 $\zeta(2k)$의 값을 다른 방법으로 계산하겠다. 우선 유리함수들 $h_r(t)$ $(r=1, 2, 3, \ldots)$을 다음과 같이 정의한다.

$$h_1(t) = \frac{1+t}{2(1-t)},$$

$$h_r(t) = \left(t\frac{d}{dt}\right)^{r-1}(h_1(t)) \quad (r \geqq 1)$$

예를 들어 $r = 2, 3, 4$일 때, 유리함수들은 다음을 나타낸다.

$$h_2(t) = \frac{t}{(1-t)^2},\ h_3(t) = \frac{t+t^2}{(1-t)^3},\ h_4(t) = \frac{t+4t^2+t^3}{(1-t)^4}$$

[정리 3.4.4] $x \in \mathbb{C}$, $x \notin \mathbb{Z}$ 이고 $t = e^{2\pi ix}$라 두면, 다음이 성립한다.

(1) $h_1(t) = -\dfrac{1}{2}\dfrac{1}{2\pi i}\displaystyle\sum_{n\in\mathbb{Z}}\left(\frac{1}{x+n} + \frac{1}{x-n}\right).$

(2) $r \geqq 2$일 때, $h_r(t) = (r-1)!\left(-\dfrac{1}{2\pi i}\right)^r \displaystyle\sum_{n\in\mathbb{Z}}\frac{1}{(x+n)^r}$

증명 (1) 따름정리 3.2.2에 의해서 sine 함수의 곱 형태는 다음과 같다.

$$\frac{\sin(\pi x)}{\pi x} = \prod_{n=1}^{\infty}\left(1 - \frac{x^2}{n^2}\right)$$

위 식의 양변에 $\dfrac{1}{\pi}\dfrac{d}{dx}\log(\ )$를 택하면,

$$\cot(\pi x) = \frac{1}{\pi x} + \frac{1}{\pi}\sum_{n=1}^{\infty}\left(\frac{1}{x+n} + \frac{1}{x-n}\right)$$

$$= \frac{1}{2\pi}\sum_{n\in\mathbb{Z}}\left(\frac{1}{x+n} + \frac{1}{x-n}\right)$$

이고 $\cot y = \dfrac{\cos y}{\sin y}$ 임은 이미 알고 있다. 또 다음 식이 성립한다.

$$\sin y = \frac{e^{yi} - e^{-yi}}{2i}, \quad \cos y = \frac{e^{yi} + e^{-yi}}{2}$$

그러므로

$$\cot(\pi x) = \frac{i(e^{\pi xi} + e^{-\pi xi})}{e^{\pi xi} - e^{-\pi xi}} = -2ih_1(t), \quad (t = e^{2\pi ix})$$

이다.

(2) 위의 형태의 양변에 $\left(t\frac{d}{dt}\right)^{r-1} = \left(\frac{d}{2\pi i dx}\right)^{r-1}$을 적용하면, 다음 식을 얻는다.

$$\begin{aligned}\left(t\frac{d}{dt}\right)^{r-1}(h_1(t)) &= \left(t\frac{d}{dt}\right)^{r-1}\left[-\frac{1}{2\pi i}\sum_{n\in \mathbb{Z}}\frac{1}{x+n}\right] \\ &= \left(\frac{d}{2\pi i dx}\right)^{r-1}\left[-\frac{1}{2\pi i}\sum_{n\in \mathbb{Z}}\frac{1}{x+n}\right] \\ &= -\frac{1}{2\pi i}\left(\frac{1}{2\pi i}\right)^{r-1}\sum_{n\in \mathbb{Z}}\left(\frac{d}{dx}\right)^{r-1}\left(\frac{1}{x+n}\right) \\ &= (r-1)!\left(-\frac{1}{2\pi i}\right)^{r}\sum_{n\in \mathbb{Z}}\frac{1}{(x+n)^r}\end{aligned}$$

여기서 좌변은 $h_r(t)$이므로 식이 성립한다. 🕮

정리 3.4.4로부터 정리 3.4.5와 정리 3.4.6을 유도한다.

[정리 3.4.5] $1 \leqq N$, χ를 디리클레 지표 (mod N), 자연수 r에 대하여 $x(-1) = (-1)^r$이라 가정하면, 다음이 성립한다.

$$L(r, \chi) = \frac{1}{(r-1)!}\cdot\left(-\frac{2\pi i}{N}\right)^r\cdot\frac{1}{2}\sum_{a\in(\mathbb{Z}/N\mathbb{Z})^\times}\chi(a)h_r(\zeta_N^a)$$

여기서 $\zeta_N = e^{\frac{2\pi i}{N}}$이다.

증명 정리 3.4.4를 사용하여, 우변의 합

$$\sum_{a\in(\mathbb{Z}/N\mathbb{Z})^\times}\chi(a)\,h_r(\zeta_N^a)$$

을 다시 쓴다. 만약 $n\geq 0$이면, 다음이 성립한다.

$$\sum_{a=1}^{N-1}\frac{\chi(a)}{\left(\frac{a}{N}+n\right)^r}=N^r\sum_{Nn<m<N(n+1)}\frac{\chi(m)}{m^r}$$

만약 $n<0$일 때는 $n'=-n-1\geqq 0$으로 두면,

$$\begin{aligned}\sum_{a=1}^{N-1}\frac{\chi(a)}{\left(\frac{a}{N}+n\right)^r}&=(-1)^r\sum_{a=1}^{N-1}\frac{\chi(a)}{\left(\frac{N-a}{N}+n'\right)^r}\\&=N^r\sum_{Nn'<m<N(n'+1)}\frac{\chi(m)}{m^r}\end{aligned}$$

이다. 정리 3.4.4에 의해

$$\sum_{a\in(\mathbb{Z}/N\mathbb{Z})^\times}\chi(a)\,h_r(\zeta_N^a)=(r-1)!\left(-\frac{N}{2\pi i}\right)^r\cdot 2\cdot L(r,\chi)$$

이다.

정리 3.4.5로부터 3.3절의 식 (3.3.2), (3.3.4)와 (3.3.5)가 각각 다음과 같이 유도된다.

[예제 3.4.1] $1-\frac{1}{3}+\frac{1}{5}-\frac{1}{7}+\frac{1}{9}-\frac{1}{11}+\cdots$

$$\begin{aligned}&=\frac{1}{(1-1)!}\cdot\left(-\frac{2\pi i}{4}\right)\cdot\frac{1}{2}\cdot(h_1(i)-h_1(i^3))\\&=\left(-\frac{2\pi i}{4}\right)\cdot\frac{1}{2}\cdot\left(\frac{1+i}{2(1-i}\right)-\frac{1-i}{2(1+i})\Big)\\&=\left(-\frac{2\pi i}{4}\right)\cdot\frac{1}{2}i=\frac{\pi}{4}\end{aligned}$$

[예제 3.4.2] $1-\frac{1}{2}+\frac{1}{4}-\frac{1}{5}+\frac{1}{7}-\frac{1}{8}+\cdots$

$$=\frac{1}{(1-1)!}\left(-\frac{2\pi i}{3}\right)\cdot\frac{1}{2}\cdot(h_1(\zeta_3)-h_1(\zeta_3^2))$$

$$=\left(-\frac{2\pi i}{3}\right)\cdot\frac{1}{2}\cdot\frac{i}{\sqrt{3}}=\frac{\pi}{3\sqrt{3}}$$

[예제 3.4.3] $1-\frac{1}{3^3}+\frac{1}{5^3}-\frac{1}{7^3}+\frac{1}{9^3}-\frac{1}{11^3}+\cdots$

$$=\frac{1}{(3-1)!}\cdot\left(-\frac{2\pi i}{4}\right)^3\cdot\frac{1}{2}\cdot(h_3(i)-h_3(i^3))$$

$$=\frac{1}{2}\cdot\left(-\frac{2\pi i}{4}\right)^3\cdot\frac{1}{2}\cdot\left(\frac{i-1}{(1-i)^3}-\frac{-i-1}{(1+i)^3}\right)$$

$$=\frac{1}{2}\cdot\left(-\frac{2\pi i}{4}\right)^3\cdot\frac{1}{2}(-i)=\frac{\pi^3}{32}$$

> [정리 3.4.6] 양의 정수 k에 대하여, 다음 제타함수의 값을 얻는다.
>
> $$\zeta(2k)=\frac{1}{(2k-1)!}\frac{1}{2^{2k}-1}(2\pi i)^{2k}\frac{1}{2}h_{2k}(-1)$$

증명 정리 3.4.4(2)에 의해서

$$h_{2k}(e^{\pi i})=h_{2k}(-1)=(2k-1)!\left(-\frac{1}{2\pi i}\right)^{2k}\sum_{n\in\mathbb{Z}}\frac{1}{\left(\frac{1}{2}+n\right)^{2k}}$$

이다. 여기서 0 이상의 정수와 음의 정수로 나누어 위 식을 계산하자. 만약 $n\geqq 0$이라 두면,

$$\frac{1}{\left(\frac{1}{2}+n\right)^{2k}}=2^{2k}\sum_{2n<m<2(n+1)}\frac{1}{m^{2k}}$$

이다. 만약 $n < 0$이고 $n' = -n-1 \geq 0$라고 두면, 다음 식을 얻는다.

$$\begin{aligned}\frac{1}{\left(\frac{1}{2}+n\right)^{2k}} &= (-1)^{2k}\frac{1}{\left(\frac{1}{2}+n'\right)^{2k}} \\ &= (-2)^{2k}\sum_{2n' < m < 2(n'+1)}\frac{1}{m^{2k}} \\ &= 2^{2k}\sum_{2n' < m < 2(n'+1)}\frac{1}{m^{2k}}\end{aligned}$$

따라서 다음 식이 성립한다.

$$h_{2k}(-1) = (2k-1)!\left(-\frac{1}{2\pi i}\right)^{2k} 2^{2k}\sum_{n=1,\, n:\, \mathrm{odd}}\frac{1}{n^{2k}}.$$

즉,

$$\sum_{n=1,\, n:\, \mathrm{odd}}\frac{1}{n^{2k}} = \frac{1}{(2k-1)!}\left(-\frac{2\pi i}{2}\right)^{2k}\frac{1}{2}h_{2k}(-1)$$

이다. 반면에

$$\sum_{n=1,\, n:\, \mathrm{odd}}\frac{1}{n^{2k}} = \zeta(2k) - \sum_{n=1}^{\infty}\frac{1}{(2n)^{2k}} = \left(1-\frac{1}{2^{2k}}\right)\zeta(2k)$$

임을 알 수 있다. 따라서 위 두 식을 비교하고 $\zeta(2k)$에 대하여 풀면, 다음 식을 얻는다.

$$\zeta(2k) = \frac{1}{(2k-1)!}\frac{1}{2^{2k}-1}(2\pi i)^{2k}\frac{1}{2}h_{2k}(-1)$$ 🕮

[예제 3.4.4] 정리 3.4.6으로부터 제타함수의 양의 짝수들의 값을 유도할 수 있다.

$$\zeta(2) = \frac{1}{(2-1)!}\frac{1}{2^2-1}(2\pi i)^2\frac{1}{2}\frac{-1}{(1+1)^2} = \frac{\pi^2}{6},$$

$$\zeta(4) = \frac{1}{(4-1)!}\frac{1}{2^4-1}(2\pi i)^4\frac{1}{2}\frac{-1+4-1}{2^4} = \frac{\pi^4}{90},$$

$$\zeta(6) = \frac{1}{(6-1)!}\frac{1}{2^6-1}(2\pi i)^6\frac{1}{2}h_6(-1) = \frac{\pi^6}{945},$$

$$\zeta(8) = \frac{1}{(8-1)!}\frac{1}{2^8-1}(2\pi i)^8\frac{1}{2}h_8(-1) = \frac{\pi^8}{9450}$$

[따름정리 3.4.7] k가 임의의 자연수이면, $\pi^{-2k}\zeta(2k)$은 유리수이다.

증명 $h_{2k}(t)$는 유리수 계수를 갖는 유리함수이므로, -1에서 $h_{2k}(-1)$의 값은 유리수이다. 따라서 정리 3.4.6에 의하여 성립한다. 🕮

즉, r이 양의 짝수일 때, $\zeta(r)=$(유리수)$\times\pi^r$ 임을 알 수 있다.

[따름정리 3.4.8] k을 임의의 자연수라 두면, 다음 식이 성립한다.

$$B_{2k} = -\frac{2k}{2^{2k}-1}h_{2k}(-1)$$

특히, B_{2k}가 유리수임을 알 수 있다.

증명 정리 3.4.3과 정리 3.4.6로부터 쉽게 계산된다. 🕮

참고 정리 3.4.3과 정리 3.4.6는 양의 홀수 값, 즉,

$$\zeta(3),\ \zeta(5),\ \zeta(7),\ \zeta(9),\ \ldots$$

에 관하여 어떠한 것도 말할 수 없다. Apérys는 1978년에 $\zeta(3)$이 무리수임을 증명했다. $\zeta(5)$, $\zeta(7)$, $\zeta(9)$, ... 등이 무리수가 된다는 것이 가설되어 졌다. 그리고 만약 r이 3 이상인 홀수 정수이면, $\zeta(r)$은 r이 짝수인 경우와는 다르게 π와 유리수들의 합 또는 곱으로서 표현될 수 없다는 것도 가설되어 졌다. 그러나 이 가설은 아직도 증명되지 않았다.

3.5 제타함수의 경이로운 값들

제타함수는 어떤 사람들이 수론의 연구는 제타함수의 연구라고 주장하는 것 같이 수론에서 매우 중요하다. 이 절에서 제타함수 값의 세 가지 흥미로운 성질을 소개한다.

제타함수의 값에 대한 **첫 번째 신비로움**은 3.3절에서 소개한 식 (3.3.1)~(3.3.6)과 같이 기대하지 않은 형태가 존재한다는 것이다. 여기서 항등식의 한 변의 성질은 다른 변과 매우 다르다는 것이다.

다음 형태의 많은 형태들은 알려져 있다.

정수 s 에서 제타 함수의 값

= (유리수)×(π 의 지수승 또는 $\log(1+\sqrt{2})$와 유사한 어떤 수)

예를 들어, r 이 양의 짝수일 때, 오일러는

$$\zeta(r) = (\text{유리수}) \times \pi^r$$

의 형태를 증명했다. 따름정리 3.4.7을 참조하라.

제타함수의 **두 번째 신비로움**은 정수 s 에서 값들이 전혀 기대하지 않은 점에서 p-진수의 세상과 관계가 된다는 것이다. 예를 들어, r 이 양의 짝수일 때, $\zeta(r)\pi^{-r}$ 은 위에서 언급했듯이 유리수이고, 이 유리수는 어떤 p-진 성질들을 가진다. 이것은 19세기 쿰머(Kummer)에 의해 처음으로 연구되어졌고, Kubota와 Leopoldt는 1964년경에 이것을 분명히 했다. 제타함수가 나타나는 세상은 p-진 세상과 실수 세상 둘 다를 넘나드는 알려지지 않은 세상이다.

제타함수의 **세 번째 신비로움**은 제타함수의 어떤 값들이 미묘한 산술적 의미를 갖는다는 것이다. 예를 들어, 라이프니츠(Leibniz)의 형태 (2)는 $\mathbb{Z}[i]$가 **주 아이디얼 정역**(principal ideal domain)이 된다는 것을 말한다.(4.3절에서 보일 것이다)

이것은 류수(class number)형태에 의해 설명되어 질 수 있고, 이것은

19세기에 디리클레(Dirichlet)에 의해서 발견되어졌다. 20세기 말에 류수 형태보다 더 깊이 제타함수의 값들의 의미를 이해하기 위한 노력으로 "이와사와(Iwasaw)이론"이 나타났다.

3.3절에서 우리는 양의 정수 s 에서 $L(s, \chi)$와 ζ(s)의 값들에 관한 첫 번째 신비로움을 토론하고 (3.3.1)~(3.3.5)를 증명했다. 이 절의 나머지 부분에서는 복소수 전 평면에 제타함수의 해석적 연속을 소개하고, 음의 정수 s 에서 제타함수의 값들의 첫 번째 신비로움을 토론한다. 두 번째와 세 번째의 신비로움을 언급한다.

만약 s 를 복소수라 두면, $\zeta(s)$와 $L(s, \chi)$는 처음의 무한급수의 수렴 영역을 넘어서 확장할 수 있고, 명제 3.15에서와 같이 음의 정수에서의 값을 생각할 수 있다. 음의 정수에서의 값들을 연구하기 위해 부분 리만 제타함수와 허비쯔 제타함수를 소개하는 것이 편리하다.

[정의 3.5.1] 자연수 N과 정수 a 에 대하여,

$$\zeta_{\equiv a(N)}(s) = \sum_{n=1,\ n \equiv a \bmod N}^{\infty} \frac{1}{n^s}$$

을 $a \bmod N$에 관한 **부분 리만제타함수**라고 부른다. 여기서 합은 $n \equiv a \pmod N$을 만족하는 모든 자연수를 움직인다.

예를 들어, 다음 함수는 $1 \bmod 4$ 에 관한 부분 리만제타함수이다.

$$\zeta_{\equiv 1(4)}(s) = 1 + \frac{1}{5^s} + \frac{1}{9^s} + \frac{1}{13^s} + \frac{1}{17^s} + \cdots$$

[정의 3.5.2] 양의 실수 x에 대하여, 다음 함수를 **허비쯔 제타함수**라고 부른다.

$$\zeta(s, x) = \sum_{n=0}^{\infty} \frac{1}{(x+n)^s}$$

여기서의 기호 $\zeta_{\equiv a(N)}(s)$는 일반적으로 사용되지 않는다.

위의 정의들로부터 다음이 성립함을 알 수 있다.

$$\zeta_{\equiv a(1)}(s)=\zeta(s),\quad \zeta(s,1)=\zeta(s)$$

mod N의 디리클레 지표 χ에 대해 다음이 성립한다.

$$L(s,\chi)=\sum_{a=1}^{N}\chi(a)\zeta_{\equiv a(N)}(s) \tag{3.5.1}$$

여기서 N와 서로 소가 아닌 a일 때, $\chi(a)=0$이다. 그리고 자연수 N과 $a\,(1\leqq a\leqq N)$에 대하여 다음이 성립한다.

$$\zeta\left(s,\frac{a}{N}\right)=N^{s}\cdot\zeta_{\equiv a(N)}(s) \tag{3.5.2}$$

위의 기호들을 사용하면 다음 정리를 얻는다. 증명은 생략한다.

[정리 3.5.3] 다음이 성립한다.

(1) $\zeta(s)$, $L(s,\chi)$, $\zeta_{\equiv a(N)}(s)$, $\zeta(s,x)$는 모두 $\mathrm{Re(s)}>1$에서 절대수렴한다. 이 함수들은 $\mathrm{Re(s)}>1$에서 해석적 함수이다.

(2) $\zeta(s)$, $L(s,\chi)$, $\zeta_{\equiv a(N)}(s)$, $\zeta(s,x)$는 전 복소수 공간으로 해석적 접속이 된다. 그리고 이 함수들은 유리형 함수들이다. $s\neq 1$에서 해석적이고,

$$\lim_{s\to 1}(s-1)\zeta(s)=1,$$
$$\lim_{s\to 1}(s-1)\zeta_{\equiv a(N)}(s)=\frac{1}{N},$$
$$\lim_{s\to 1}(s-1)\zeta(s,x)=1$$

이다.

(3) $\chi:(\mathbb{Z}/N\mathbb{Z})^{\times}\to\mathbb{C}^{\times}$의 상이 $\{1\}$이 아니면, 함수 $L(s,\chi)$는 $\mathrm{Re(s)}>0$에서 수렴한다. 그리고 이 함수는 $\mathrm{Re(s)}>0$에서 해석적이다. 이 같은 χ에 대하여, $L(s,\chi)$는 전 복소수 공간에서 해석적이다.

이제 정리 3.5.4에서 리만 제타함수는 양이 아닌 정수에서 유리수 값을 갖는다는 것을 보인다. 그 값들은 3.4절에서 정의한 베르누이 수와 다항식으로 표현되어 진다. 여기서 간단히 베르누이 수와 다항식을 다시 살펴보자.

베르누이 수(Bernoulli number) $B_n (n = 0, 1, 2, \ldots)$은

$$\frac{x}{e^x - 1} = \sum_{n=0}^{\infty} B_n \frac{x^n}{n!}$$

으로 정의되어진다. 멱급수를 보면 다음의 형태

$$\frac{x}{e^x - 1} = \frac{x}{x + \frac{x^2}{2!} + \frac{x^3}{3!} + \cdots} = \frac{1}{1 + \frac{x^1}{2!} + \frac{x^2}{3!} + \cdots}$$

$$= 1 - \left(\frac{x^1}{2!} + \frac{x^2}{3!} + \cdots\right) + \left(\frac{x^1}{2!} + \frac{x^2}{3!} + \cdots\right)^2 - \cdots$$

이므로, 베르누이 수는 다음과 같다.

$$B_0 = 1,\ B_1 = -\frac{1}{2}, B_2 = \frac{1}{6}, B_4 = -\frac{1}{30},$$

$$B_6 = \frac{1}{42}, B_8 = -\frac{1}{30}, B_{10} = \frac{5}{66},$$

$$B_{12} = -\frac{691}{2730}, B_{14} = \frac{7}{6}, B_{16} = -\frac{3617}{510},$$

$$B_{18} = \frac{43867}{798}, B_{20} = -\frac{174611}{330}, B_{22} = \frac{854513}{139},$$

$$B_{24} = -\frac{236364091}{2730}, B_{26} = \frac{8553103}{6},$$

$$B_{28} = -\frac{23749461029}{870}, B_{30} = \frac{8615841276005}{14322}, \cdots$$

특히, B_n은 모두 유리수이다. $\frac{x}{e^x - 1} - 1 + \frac{x}{2}$는 우함수이므로 (즉,

$x \to -x$ 에 불변) n 이 3 이상의 홀수에 대하여 $B_n = 0$ 임을 알 수 있다.

베르누이 다항식 $B_n(x)$ $(n=0, 1, 2, \ldots)$는

$$B_n(x) = \sum_{i=0}^{n} \binom{n}{i} B_i x^{n-i}$$

로 정의되어 진다. 여기서 $\binom{n}{i} = \dfrac{n!}{i!(n-i)!}$ 이다. 베르누이 수로부터 베르누이 다항식은

$$B_0(x) = 1,\ B_1(x) = x - \frac{1}{2},\ \ B_2(x) = x^2 - x + \frac{1}{6},$$

$$B_3(x) = x^3 - \frac{3}{2}x^2 + \frac{1}{2}x, \quad B_4(x) = x^4 - 2x^3 + x^2 - \frac{1}{30}, \cdots$$

이다. 특히, $B_n(x)$는 유리수를 계수로 갖는 다항함수이고, $B_n(0) = B_n$ 이다.

위의 기호들을 사용하면 다음 정리를 얻는데, 어려운 부분이 있으므로 증명은 다음 기회로 미룬다.

[정리 3.5.4]

(1) 자연수 r과 실수 x에 대하여, 다음 식이 성립한다.

$$\zeta(1-r, x) = -rB_r(x)$$

(2) 자연수 r, N, 그리고 $1 \leqq a \leqq N$을 만족하는 a에 대하여

$$\zeta_{\equiv a(N)}(1-r) = -\frac{1}{r} N^{r-1} B_r\left(\frac{a}{N}\right)$$

이다.

[정리 3.5.5] N을 자연수, a를 정수, m을 양의 정수라 두면,

$\zeta_{\equiv a(N)}(m) \in \mathbb{Q}$ 이다.

특히, 임의의 양이 아닌 정수 m에 대하여 $\zeta(m) \in \mathbb{Q}$ 이다.

증명 정리 3.5.4(2)로부터 쉽게 보여 진다.

[예제 3.5.1] 정리 3.5.4(2)와 베르누이 다항식으로부터 다음 식을 얻는다.

$$\zeta_{\equiv a(N)}(0) = -\frac{a}{N} + \frac{1}{2},$$

$$\zeta_{\equiv a(N)}(-1) = -\frac{a^2}{2N} + \frac{a}{2} - \frac{N}{12},$$

$$\zeta_{\equiv a(N)}(-2) = -\frac{a^3}{3N} + \frac{a^2}{2} - \frac{Na}{6}$$

> [보조정리 3.5.6] 자연수 N에 대하여, 디리클레 지표
> $\chi : (\mathbb{Z}/n\mathbb{Z})^{\times} \to \mathbb{C}^{\times}$의 상이 $\{1\}$이 아니면 다음이 성립한다.
>
> $$L(0, \chi) = -\frac{1}{N}\sum_{a=1}^{N} a\chi(a)$$

증명 이것은 예제 3.5.1과 $\sum_{a=1}^{N}\chi(a) = 0$라는 사실로부터 쉽게 보여 진다. 🕮

정리 3.5.4(2)는 부분 리만 제타함수와 허비쯔 제타함수 사이의 관계식 (3.5.2)와 정리 3.5.4(1)로부터 따른다. 정리 3.5.4(1)의 증명은 이 절의 마지막 부분에서 주어지고, 정리 3.5.4(1)은 베르누이 다항식과 허비쯔 제타함수의 성질의 견해에서 자연스러운 성질이라는 것을 먼저 설명한다.

베르누이 다항식은 $k-$승의 합에 대한 형태에서 처음으로 나타났다. 자연수 r, x에 대해

$$\sum_{n=0}^{x-1} n^{r-1} = \frac{1}{r}(B_r(x) - B_r) \tag{3.5.3}$$

이다. 예를 들면,

$$\begin{aligned} 1+2+3+\cdots+(x-1) &= \frac{1}{2}(x^2-x) \\ &= \frac{1}{2}(B_2(x)-B_2), \end{aligned}$$

$$\begin{aligned} 1^2+2^2+3^2+\cdots+(x-1)^2 &= \frac{1}{3}\left(x^3-\frac{3}{2}x^2+\frac{1}{2}x\right) \\ &= \frac{1}{3}(B_3(x)-B_3) \end{aligned}$$

반면에, 허비쯔 제타함수는 정의에 의해

$$\zeta(s,x+1)-\zeta(s,x)=-\frac{1}{x^s}$$

이고, 따라서 임의의 자연수 x에 대해

$$\sum_{n=1}^{x-1}\frac{1}{n^s}=-\zeta(s,x)+\zeta(s) \tag{3.5.4}$$

이다. 다른 말로 k승의 합에 대한 형태를 고려할 때, k가 양수이면 베르누이 다항식이 나타나고, k가 음수이면 허비쯔 제타함수가 나타난다. 그러므로 $\zeta(1-r,x)=-\frac{1}{r}B_r(x)$는 매우 자연스럽다.

여기서 식 (3.5.3)이 성립하는 이유를 간단히 설명하면, 다항식 환(polynomial ring) $\mathbb{C}[x]$에서 선형작용소

$$\begin{aligned} D:\ \mathbb{C}[x] &\to \mathbb{C}[x] \\ f(x) &\mapsto \frac{d}{dx}f(x) \end{aligned}$$

에 대하여 테일러 전개로부터 선형작용소 $e^D=\sum_{n=0}^{\infty}\frac{D^n}{n!}$는

$$e^D(f(x))=f(x+1),\quad f(x)\in\mathbb{C}[x]$$

을 만족한다. B_n의 정의로부터

$$D=(e^D-1)\sum_{n=0}^{\infty}\frac{B_n}{n!}D^n \tag{3.5.5}$$

이다. 작용소 (3.5.5)를 x^r 에 적용하고, 다음의 식

$$\sum_{n=0}^{\infty}\frac{B_n}{n!}D^n(x^r)=\sum_{n=0}^{r}\binom{r}{n}B_n x^{r-n}=B_r(x)$$

을 이용하면,

$$rx^{r-1}=B_r(x+1)-B_r(x) \tag{3.5.6}$$

이다. 이 식으로부터 (3.5.3)은 쉽게 증명된다.

[보조정리 3.5.7]

(1) $\zeta(0)=-\dfrac{1}{2}$ 이다.

(2) r 이 2 이상인 자연수 일 때, $\zeta(1-r)=-\dfrac{1}{2}B_r$ 이다.

(3) 만약 m 이 음의 짝수이면, $\zeta(m)=0$ 이다.

증명 (1) 정리 3.5.4(2)로부터 자연수 r에 대해

$$\zeta(1-r)=-\frac{1}{2}B_r(1)$$

이다. $B_1(x)=x-\dfrac{1}{2}$ 이므로 $\zeta(0)=-\dfrac{1}{2}$ 이다.

(2) 만약 $r\geqq 2$ 이면 (3.5.4)으로부터 $B_r(1)=B_r(0)=B_r$ 이 성립한다. r 이 3 이상의 홀수일 때 $B_r=0$ 이므로 $\zeta(1-r)=0$ 이다. □

[예제 3.5.2] 보조정리 3.5.7과 (3.5.2)로부터

$$\zeta(0)=-\frac{1}{2},\quad \zeta(-1)=-\frac{1}{2^2\times 3},\quad \zeta(-3)=\frac{1}{2^3\times 3\times 5},$$

$$\zeta(-5)=-\frac{1}{2^2\times 3^2\times 7},\quad \zeta(-7)=\frac{1}{2^4\times 3\times 5},$$

$$\zeta(-9)=-\frac{1}{2^2\times3\times11},\quad \zeta(-11)=\frac{691}{2^3\times3^2\times5\times7\times13},$$
$$\zeta(-13)=-\frac{1}{2^2\times3},\quad \cdots$$

이다.

$\chi:(\mathbb{Z}/N\mathbb{Z})^\times\to\mathbb{C}^\times$가 디리클레 지표일 때, 디리클레 지표 $\chi^{-1}:(\mathbb{Z}/N\mathbb{Z})^\times\to\mathbb{C}^\times$을 $\chi^{-1}(a)=\chi(a)^{-1}$로 정의한다면, $L(s,\chi)$와 $L(1-s,\chi^{-1})$의 **함수 방정식**이라 불리는 관계식이 존재한다. r이 2 이상인 짝수에 대하여,

$$\zeta(1-r)=2(r-1)!\frac{\zeta(r)}{(2\pi i)^r}$$

이 성립한다. 예를 들어 $r=2$를 대입하면, 다음과 같다.

$$\zeta(-1)=2\cdot1\cdot\frac{1}{(2\pi i)^2}\cdot\zeta(2)=-2\cdot\frac{1}{4\pi^2}\cdot\frac{\pi^2}{6}=-\frac{1}{12}$$

여기서 우리는 제타함수 값의 두 번째와 세 번째 신비로움에 대해 언급하면서 이 장을 마치고자 한다.
두 번째 신비로움은 19세기 쿰머(Kummer)에 의하여 "**쿰머(Kummer)의 합동식**"이라 불려지는 다음의 정리를 말한다.

[정리 3.5.5] 소수 p에 대하여, $\mathbb{Z}_{(p)}=\left\{\frac{a}{b}:a,b\in\mathbb{Z},\ p\nmid b\right\}$라 두면 다음이 성립한다.

(1) m이 $m\not\equiv1\ (\mathrm{mod}\ p-1)$을 만족하는 양이 아닌 정수일 때, $\zeta(m)\in\mathbb{Z}_{(p)}$이다.

(2) m과 m'이 $m\equiv m'\not\equiv1\ (\mathrm{mod}\ p-1)$을 만족하는 음의 정수일 때,

$$\zeta(m)\equiv\zeta(m')\ (\mathrm{mod}\ p\mathbb{Z}_{(p)})$$

이다.

세 번째의 신비로움은 또 다른 수학적 정의가 필요하므로 다음으로 미룬다. 제타함수들의 값들은 기대하지 않은 방법으로 전반적 수학의 영역에 나타난다.

4 제타함수의 응용

이 장에서는 제타함수의 응용에 대하여 알아본다.

4.1 준비

4.4절에서는 일반적인 리만 제타함수와 디리클레 L-함수의 더 많은 성질들을 관찰한다. 이제 일반적인 리만 제타함수와 디리클레 L-함수를 정의하자.

[정의 4.1.1] **리만 제타함수와 디리클레 L-함수**를 각각 다음과 같이 정의한다.

$$\zeta(z, s) = \sum_{n=1}^{\infty} \frac{z^n}{n^s}, \quad L(z, s, \chi) = \sum_{n=1}^{\infty} \frac{\chi(n) z^n}{n^s}$$

여기서 χ는 디리클레 지표이고, $|z| < 1$, $\mathrm{Re}(s) > 1$이다.

[정의 4.1.2] **허비츠 리치(Hurwitz-Lerch) 제타함수** $\Phi(z, s, \alpha)$를 다음과 같이 정의한다.

$$\Phi(z, s, \alpha) = \sum_{n=0}^{\infty} \frac{z^n}{(n+\alpha)^s}$$

여기서 $\mathrm{Re}(s) > 1$, $|z| < 1$이고 $0 \le \alpha < 1$이다

먼저 $L(z, s, \chi)$를 Hurwitz-Lerch 제타함수로 표현하자. 만약 χ가 지표 mod k라 두면, mod k에 대한 잉여류 집합에 의해 $L(z, s, \chi)$의 항을 다시 정열 할 수 있다. 즉, 임의의 $n \geqq 0$에 대하여

$$n = qk + r \ (1 \leqq r \leqq k, \ q = 0, 1, 2, \ldots)$$

로 나타낼 수 있다. 그러면 다음 식을 얻는다.

$$\begin{aligned} L(z, s, \chi) &= \sum_{n=1}^{\infty} \frac{\chi(n) z^n}{n^s} = \sum_{q=0}^{\infty} \sum_{r=1}^{k} \frac{z^{qk+r} \chi(qk+r)}{(qk+r)^s} \\ &= \sum_{q=0}^{\infty} \sum_{r=1}^{k} \frac{z^{qk} z^r \chi(r)}{(qk+r)^s} \\ &= \frac{1}{k^s} \sum_{r=1}^{k} z^r \chi(r) \sum_{q=0}^{\infty} \frac{z^{qk}}{\left(q + \frac{r}{k}\right)^s} \\ &= k^{-s} \sum_{r=1}^{k} \chi(r) z^r \Phi\left(z^k, s, \frac{r}{k}\right) \end{aligned}$$

위 식에서 우리는 $L(z, s, \chi)$는 Hurwitz-Lerch 제타함수의 일차 결합으로서 이 표현은 일반적인 디리클레 L-함수의 특성이 궁극적으로 $\Phi(z^k, s, a)$의 특성에 의존함을 보여준다.

함수 $F(z, t) = \dfrac{1-z}{1-ze^t}$의 테일러 전개를

$$F(z, t) = \sum_{k=0}^{\infty} H_k(z) \frac{t^k}{k!}$$

이라 하자. 이때, 다음 식이 성립한다.

$$\frac{1-z}{1-ze^t} = (1-z) \sum_{n=0}^{\infty} z^n e^{nt}$$

이 식에서 중요한 점은 이 수열이 넓은 관점에서 균등수렴을 한다는 것이다. 따라서 우리는

$$\begin{aligned} H_k(z) &= \left[\frac{d^k}{dt^k}F(z, t)\right]_{t=0} \\ &= (1-z)\left[\frac{d^k}{dt^k}\sum_{n=0}^{\infty} z^n e^{nt}\right]_{t=0} \\ &= (1-z)\sum_{n=0}^{\infty} n^k z^n \end{aligned}$$

을 얻는다. 즉,

$$H_k(z) = (1-z)\zeta(z, -k)$$

라 할 수 있다. 따라서 $\zeta(z, -k) = \dfrac{1}{1-z}H_k(z)$이다.

특히 ξ를 r 번째 1 의 원시근이라 하면,

$$\begin{aligned} \sum_{\substack{\xi^r = 1 \\ \xi \neq 1}} \zeta(\xi, s) &= \sum_{\substack{\xi^r = 1 \\ \xi \neq 1}} \sum_{n=1}^{\infty} \frac{\xi^n}{n^s} \\ &= \sum_{n=1}^{\infty} \frac{1}{n^s} \sum_{\substack{\xi^r = 1 \\ \xi \neq 1}} \xi^n \\ &= \sum_{\substack{n=1 \\ r \mid n}}^{\infty} \frac{1}{n^s}(r-1) - \sum_{\substack{n=1 \\ r \nmid n}}^{\infty} \frac{1}{n^s} \\ &= \sum_{\substack{n=1 \\ r \mid n}}^{\infty} \frac{r}{n^s} - \sum_{\substack{n=1 \\ r \mid n}}^{\infty} \frac{1}{n^s} - \left(\sum_{n=1}^{\infty} \frac{1}{n^s} - \sum_{\substack{n=1 \\ r \mid n}}^{\infty} \frac{1}{n^s}\right) \\ &= \sum_{n=1}^{\infty} \frac{r}{(nr)^s} - \zeta(s) \\ &= r^{1-s}\zeta(s) - \zeta(s) = (r^{1-s}-1)\zeta(s) \end{aligned}$$

이다. 즉, 다음이 성립한다.

$$\sum_{\substack{\xi^r = 1 \\ \xi \neq 1}} \zeta(\xi, -n) = (r^{n+1}-1)\zeta(-n)$$

따라서 우리는 베르누이 수와 수 $H_k(z)$ 사이의 관계를 알 수 있다. 위의 식에 의해

$$\sum_{\substack{\xi^r=1\\ \xi\neq 1}} \frac{H_n(\xi)}{1-\xi} = (r^{n+1}-1)\zeta(-n) = (1-r^{n+1})\frac{B_{n+1}(1)}{n+1}$$

$$= (1-r^{n+1})\cdot\begin{cases} \dfrac{1}{2}, & n=0, \\ \dfrac{B_{n+1}}{n+1}, & n\geqq 1, \end{cases}$$

이다. 따라서 일반적인 리만 제타함수와 디리클레 $L-$함수가 어떠한 적당히 정의되는 수로서 관계된다는 사실을 알 수 있다.

이중 제타함수

$$\zeta(s_1,s_2)=\sum_{n_1=1}^{\infty}\sum_{n_2=n_1+1}^{\infty}\frac{1}{n_1^{s_1}n_2^{s_2}} \tag{4.1.1}$$

의 계산 문제는 1742~1743년 오일러와 골드바하에 의하여 논의되어졌다. 오일러는 리만 제타함수

$$\zeta(s)=\sum_{n=1}^{\infty}\frac{1}{n^s}$$

의 항 들로 식 (4.1.1)의 몇 개의 특별한 경우의 값을 구하였다. 오일러는

$$\zeta(s_1,s_2)+\zeta(s_2,s_1)=\zeta(s_1)\zeta(s_2)-\zeta(s_1+s_2)$$

를 얻었고, 짝수 s_1과 홀수 s_2에 대하여 항등식

$$\zeta(s_1,s_2)=-\frac{1}{2}\zeta(s_1+s_2) + \sum_{j=1,\ j:\text{odd}}^{s_1+s_2}\left\{\binom{j-1}{s_1-1}+\binom{j-1}{s_2-1}\right\}\zeta(j)\zeta(s_1+s_2-j)$$

을 얻었다.

$s_1, \dots, s_k \in \mathbb{N}$일 때 다중 제타함수는

$$\zeta(s_1, \ldots, s_k) = \sum_{n_1=1}^{\infty} \sum_{n_2=n_1+1}^{\infty} \cdots \sum_{n_k=n_{k-1}+1}^{\infty} \frac{1}{n_1^{s_1} n_2^{s_2} \cdots n_k^{s_k}} \tag{4.1.2}$$

와 같이 정의된다. $s_k > 1$인 실수일 때 다중제타함수가 수렴함은 쉽게 알 수 있다. Moen의 가설

$$\zeta(\underbrace{2, \ldots, 2}_{k}) = \frac{\pi^{2k}}{(2k+1)!}$$

을 Hoffman은 자신이 얻은 정리의 따름정리로서 증명하였다.

이후에 다중 제타함수의 성질들은 Hoffman, Zagier, Ohno, Borwein, Bradley and Broadhurst, Son and Jang 등에 의하여 연구되어 오고 있다. 우리의 연구는 다중 제타함수의 오일러의 정리를 관찰하고, 이 정리를 통하여 쉬운 방법으로 양의 짝수 값에서 몇 개의 다중 제타함수의 값을 계산하며 그 과정에서 나타나는 규칙과 항등식을 통하여 일반적인 양의 짝수 값을 구하는 것을 목적으로 한다.

4.2 다중제타함수의 몇 가지 짝수 값들의 정확한 계산

4.2.1 $\zeta(\underbrace{2, \ldots, 2}_{k})$의 형태의 값 계산

오일러는 다음과 같은 중요한 형태의 관계식을 발견했다.

[정리 4.2.1] $\dfrac{\sin z}{z} = \displaystyle\prod_{n=1}^{\infty}\left(1 - \frac{z^2}{n^2\pi^2}\right)$

증명 cosine 함수의 푸리에급수 전개식을 구하면, 다음과 같다.

$$\cos\alpha\pi = \frac{\sin\alpha\pi}{\pi}\left(\frac{1}{\alpha}+\frac{2\alpha}{\alpha^2-1^2}+\frac{2\alpha}{\alpha^2-2^2}+\cdots\right)$$

이 식의 양변을 $\sin\alpha\pi$로 나누면

$$\cot\alpha\pi = \frac{1}{\alpha\pi}+\frac{2\alpha}{\pi(\alpha^2-1^2)}+\cdots$$

이다. 이 식에서 $z=\alpha\pi$로 치환하여 정리하면

$$\cot z-\frac{1}{z}=2z\left(\frac{1}{z^2-\pi^2}+\frac{1}{z^2-4\pi^2}+\cdots\right)$$

이다. 여기서 우리는 위 식의 양변을 각각 적분해보자. 좌변의 부정적분은

$$\int\left(\cot t-\frac{1}{t}\right)dt = \int\cot t\,dt-\int\frac{1}{t}dt$$

$$= \ln\sin t-\ln t+C=\ln\frac{\sin t}{t}+C$$

이다. 여기서 C는 적분상수이다. 따라서

$$(\text{좌변}) = \int_0^z\left(\cot t-\frac{1}{t}\right)dt = \left[\ln\frac{\sin t}{t}\right]_0^z = \ln\frac{\sin z}{z}$$

이다. 우변의 부정적분은

$$\int\left(\frac{2t}{t^2-\pi^2}+\frac{2t}{t^2-4\pi^2}+\cdots\right)dt$$

$$= \left[\ln(t^2-\pi^2)+\ln(t^2-4\pi^2)+\cdots\right]+C$$

이다. 여기서 C는 적분상수이다. 따라서

$$(\text{우변}) = \int_0^z\left(\frac{2t}{t^2-\pi^2}+\frac{2t}{t^2-9\pi^2}+\cdots\right)dt$$

$$= \left[\ln(t^2-\pi^2)\right]_0^z+\left[\ln(t^2-4\pi^2)\right]_0^z+\cdots$$

$$= \sum_{n=1}^{\infty}\ln\left(1-\frac{z^2}{n^2\pi^2}\right) = \ln\prod_{n=1}^{\infty}\left(1-\frac{z^2}{n^2\pi^2}\right)$$

이다. 따라서 (좌변)=(우변)이므로 결과가 성립한다. 🕮

위의 정리 4.2.1을 이용하여 $\zeta(2)$, $\zeta(2,2)$, $\zeta(2,2,2)$, ..., $\zeta(\underbrace{2,2,...,2}_{k})$의 값을 계산하자.

먼저 sine 함수의 테일러급수 전개식을 구한다.

$$\begin{aligned}\sin\pi z &= \sum_{n=0}^{\infty}(-1)^n\frac{1}{(2n+1)!}(\pi z)^{2n+1}\\ &= \pi z - \frac{1}{3!}\pi^3 z^3 + \frac{1}{5!}\pi^5 z^5 - \frac{1}{7!}\pi^7 z^7 + \cdots\end{aligned}$$

따라서 sine 함수의 멱급수 전개식에서 양변을 πz로 나누면

$$\begin{aligned}\frac{\sin\pi z}{\pi z} &= 1 - \frac{\pi^2}{3!}z^2 + \frac{\pi^4}{5!}z^4 - \frac{\pi^6}{7!}z^6 + \frac{\pi^8}{9!}z^8\\ &\quad \cdots + (-1)^k\frac{\pi^{2k}}{(2k+1)!}z^{2k} + \cdots\end{aligned} \tag{4.2.1}$$

이다. 여기서 정리 4.2.1을 이용하면, 다음 식이 된다.

$$\begin{aligned}\frac{\sin\pi z}{\pi z} &= \prod_{n=1}^{\infty}\left(1 - \frac{z^2}{n^2}\right)\\ &= (1-z^2)\left(1-\frac{z^2}{4}\right)\left(1-\frac{z^2}{9}\right)\cdots\\ &= 1 - \left(\sum_{n=1}^{\infty}\frac{1}{n^2}\right)z^2 + \left(\begin{array}{l}\frac{1}{2^2}+\frac{1}{3^2}+\frac{1}{4^2}+\cdots\\ \qquad +\frac{1}{2^2 3^2}+\frac{1}{2^2 4^2}+\cdots\\ \qquad\qquad +\frac{1}{3^2 4^2}+\cdots\end{array}\right)z^4 + \cdots\end{aligned}$$

이 식을 다시 쓰면 다음 식을 얻는다.

$$\frac{\sin\pi z}{\pi z} = 1 - \left(\sum_{n=1}^{\infty}\frac{1}{n^2}\right)z^2 + \left(\sum_{n_1=1}^{\infty}\sum_{n_2=n_1+1}^{\infty}\frac{1}{n_1^2 n_2^2}\right)z^4$$
$$-\left(\sum_{n_1=1}^{\infty}\sum_{n_2=n_1+1}^{\infty}\sum_{n_3=n_2+1}^{\infty}\frac{1}{n_1^2 n_2^2 n_3^2}\right)z^6$$
$$+\left(\sum_{n_1=1}^{\infty}\sum_{n_2=n_1+1}^{\infty}\sum_{n_3=n_2+1}^{\infty}\sum_{n_4=n_3+1}^{\infty}\frac{1}{n_1^2 n_2^2 n_3^2 n_4^2}\right)z^8 \quad (4.2.2)$$
$$- \cdots\cdots$$
$$+(-1)^k\left(\sum_{n_1=1}^{\infty}\sum_{n_2=n_1+1}^{\infty}\cdots\sum_{n_k=n_{k-1}+1}^{\infty}\frac{1}{n_1^2 n_2^2\cdots n_k^2}\right)z^{2k}+\cdots$$

따라서 식 (4.2.1)과 식 (4.2.2)를 비교하면 다음의 정리를 얻는다.

[정리 4.2.2] $k=1,2,3,\ldots$에 대하여, 다음 식이 성립한다.

$$\zeta(\underbrace{2,\ldots,2}_{k}) = \frac{\pi^{2k}}{(2k+1)!}$$

정수 2에서 다중 제타함수의 값들을 표 4.2.1에 나타내었다.

4.2.2 $\zeta(\underbrace{4,\ldots,4}_{k})$의 형태의 값을 계산

$\omega^2=-1$이라 두고, 다음의 식을 생각하자.

$$\frac{\sin\pi z}{\pi z}\,\frac{\sin\pi\omega z}{\pi\omega z} = \frac{1}{2\pi^2\omega z^2}\{\cos((1-\omega)\pi z) - \cos((1+\omega)\pi z)\}$$

위의 식을 계산하면 다음과 같다.

〈표 4.2.1〉 정수 2 에서 다중 제타함수의 값들

k	$\zeta(\underbrace{2, \ldots, 2}_{k})$
1	$\frac{\pi^2}{6}$
2	$\frac{\pi^4}{120}$
3	$\frac{\pi^6}{5040}$
4	$\frac{\pi^8}{362880}$
5	$\frac{\pi^{10}}{39916800}$
6	$\frac{\pi^{12}}{6227020800}$
7	$\frac{\pi^{14}}{1307674368000}$
8	$\frac{\pi^{16}}{355687428096000}$
9	$\frac{\pi^{18}}{121645100408832000}$
10	$\frac{\pi^{20}}{51090942171709440000}$
11	$\frac{\pi^{22}}{25852016738884976640000}$
12	$\frac{\pi^{24}}{15511210043330985984000000}$
13	$\frac{\pi^{26}}{10888869450418352160768000000}$
14	$\frac{\pi^{28}}{8841761993739701954543616000000}$
15	$\frac{\pi^{30}}{8222838654177922817725562880000000}$
16	$\frac{\pi^{32}}{8683317618811886495518194401280000000}$
17	$\frac{\pi^{34}}{10333147966386144929666651337523200000000}$
18	$\frac{\pi^{36}}{13763753091226345046315979581580902400000000}$
19	$\frac{\pi^{38}}{20397882081197443358640281739902897356800000000}$
20	$\frac{\pi^{40}}{33452526613163807108170062053440751665152000000000}$

$$\frac{1}{2\pi^2\omega z^2}[\cos((1-\omega)\pi z)-\cos((1+\omega)\pi z)]$$
$$=\frac{1}{2\pi^2\omega z^2}\sum_{n=0}^{\infty}(-1)^{n+1}\frac{1}{(2n)!}(\pi z)^{2n}[(1+\omega)^{2n}-(1-\omega)^{2n}]$$
$$=\frac{1}{2\pi^2\omega z^2}\sum_{k=0}^{\infty}(-1)^{k}\frac{1}{(4k+2)!}(\pi z)^{4k+2}2(2\omega)^{2k+1} \tag{4.2.3}$$
$$=\sum_{k=0}^{\infty}(-1)^{k}\frac{\pi^{4k}2^{2k+1}}{(4k+2)!}z^{4k}$$

한편 다음 식이 성립함을 알 수 있다.

$$\frac{\sin\pi z}{\pi z}\frac{\sin\pi\omega z}{\pi\omega z}=\prod_{n=1}^{\infty}\left(1-\frac{z^2}{n^2}\right)\left(1+\frac{z^2}{n^2}\right)$$
$$=\prod_{n=1}^{\infty}\left(1-\frac{z^4}{n^4}\right)$$
$$=1-\left(\sum_{n=1}^{\infty}\frac{1}{n^4}\right)z^4+\left(\sum_{n_1=1}^{\infty}\sum_{n_2=n_1+1}^{\infty}\frac{1}{n_1^4n_2^4}\right)z^8$$
$$-\left(\sum_{n_1=1}^{\infty}\sum_{n_2=n_1+1}^{\infty}\sum_{n_3=n_2+1}^{\infty}\frac{1}{n_1^4n_2^4n_3^4}\right)z^{12} \tag{4.2.4}$$
$$+\left(\sum_{n_1=1}^{\infty}\sum_{n_2=n_1+1}^{\infty}\sum_{n_3=n_2+1}^{\infty}\sum_{n_4=n_3+1}^{\infty}\frac{1}{n_1^4n_2^4n_3^4n_4^4}\right)z^{16}$$
$$-\cdots\cdots$$
$$+(-1)^k\left(\sum_{n_1=1}^{\infty}\sum_{n_2=n_1+1}^{\infty}\cdots\sum_{n_k=n_{k-1}+1}^{\infty}\frac{1}{n_1^4n_2^4\cdots n_k^4}\right)z^{4k}+\cdots$$

식 (4.2.3)과 (4.2.4)에서 다음의 결과를 얻는다.

[정리 4.2.3] $k=1,2,3,\ldots$에 대하여 다음이 성립한다.

$$\zeta(\underbrace{4,\ \ldots,\ 4}_{k})=\frac{2^{2k+1}\pi^{4k}}{(4k+2)!}$$

정수 4 에서 다중 제타함수의 값들을 표 4.2.2에 나타내었다.

<표 4.2.2> 정수 4에서 다중 제타함수의 값들

k	$\zeta(\underbrace{4, \ldots, 4}_{k})$
1	$\dfrac{\pi^4}{90}$
2	$\dfrac{\pi^8}{113400}$
3	$\dfrac{\pi^{12}}{681080400}$
4	$\dfrac{\pi^{16}}{12504636144000}$
5	$\dfrac{\pi^{20}}{548828480360160000}$
6	$\dfrac{\pi^{24}}{4922991468830635200000}$
7	$\dfrac{\pi^{28}}{80948748721982134593600000}$
8	$\dfrac{\pi^{32}}{2252447502438386084347676160000000}$
9	$\dfrac{\pi^{36}}{997586474354936812896742294502400000000}$
10	$\dfrac{\pi^{40}}{66995912444728846480519419014192179200000000}$
11	$\dfrac{\pi^{44}}{6559636783375846087754136835098570457651200000000000}$
12	$\dfrac{\pi^{48}}{906410610726874412405866627873920465838242816000000000000}$
13	$\dfrac{\pi^{52}}{171991957231790855878660636159053132745086077281689600000000000000}$
14	$\pi^{56}/$ 4378261661683914385418360886192088357785460200498146 795520000000000000
15	$\pi^{60}/$ 1465434825997237932200223317134695317969298027328133 21948811264000000000000000
16	$\pi^{64}/$ 6337009126756375934972009094751905657100004845535593 04369683525140480000000000000000
17	$\pi^{68}/$ 3486223189966372387737729505601729122645611101338414 5502802458547020824576000000000000000000
18	$\pi^{72}/$ 2406803426506948317007867650108919640083937351453168 7481984549000874629979150745600000000000000000
19	$\pi^{76}/$ 2059874746593104251852768567683969418564038201927951 7389893886185143556440806061375488000000000000000000
20	$\pi^{80}/$ 2161706711565680953647362034595994130740169994478461 9611580680342592313297013749825646624768000000000000 0000000

4.2.3 $\zeta(\underbrace{6, \ldots, 6}_{k})$의 형태의 값 계산

$\omega^3 = 1\,(\omega \neq 1)$이라고 두고, 다음의 식을 생각하자.

$$\frac{\sin\pi z}{\pi z}\frac{\sin\pi\omega z}{\pi\omega z}\frac{\sin\pi\omega^2 z}{\pi\omega^2 z}$$

$$=-\frac{1}{4\pi^3 z^3}[\sin(2\pi z)+\sin(2\pi\omega z)+\sin(2\pi\omega^2 z)]$$

위의 식을 계산하면 다음과 같다.

$$-\frac{1}{4\pi^3 z^3}[\sin(2\pi z)+\sin(2\pi\omega z)+\sin(2\pi\omega^2 z)]$$

$$= -\frac{1}{4\pi^3 z^3}\sum_{n=0}^{\infty}(-1)^n\frac{1}{(2n+1)!}(2\pi z)^{2n+1}(1+\omega^{2n+1}+\omega^{4n+2}) \tag{4.2.5}$$

$$= -\frac{1}{4\pi^3 z^3}\sum_{k=0}^{\infty}(-1)^{3k+1}\frac{3}{(6k+3)!}(2\pi z)^{6k+3}$$

한편

$$\frac{\sin\pi z}{\pi z}\frac{\sin\pi\omega z}{\pi\omega z}\frac{\sin\pi\omega^2 z}{\pi\omega^2 z}$$

$$= \prod_{n=1}^{\infty}\left(1-\frac{z^2}{n^2}\right)\cdot\prod_{n=1}^{\infty}\left(1-\frac{\omega^2 z^2}{n^2}\right)\cdot\prod_{n=1}^{\infty}\left(1-\frac{\omega^4 z^2}{n^2}\right)$$

$$= \prod_{n=1}^{\infty}\left(1-\frac{z^2}{n^2}\right)\left(1-\frac{\omega^2 z^2}{n^2}\right)\left(1-\frac{\omega^4 z^2}{n^2}\right)$$

$$= \prod_{n=1}^{\infty}\left(1-\frac{z^6}{n^6}\right)$$

$$= 1-\left(\sum_{n=1}^{\infty}\frac{1}{n^6}\right)z^6+\left(\sum_{n_1=1}^{\infty}\sum_{n_2=n_1+1}^{\infty}\frac{1}{n_1^6 n_2^6}\right)z^{12} \tag{4.2.6}$$

$$-\left(\sum_{n_1=1}^{\infty}\sum_{n_2=n_1+1}^{\infty}\sum_{n_3=n_2+1}^{\infty}\frac{1}{n_1^6 n_2^6 n_3^6}\right)z^{18}$$

$$+\left(\sum_{n_1=1}^{\infty}\sum_{n_2=n_1+1}^{\infty}\sum_{n_3=n_2+1}^{\infty}\sum_{n_4=n_3+1}^{\infty}\frac{1}{n_1^6 n_2^6 n_3^6 n_4^6}\right)z^{24}$$

$$-\cdots\cdots$$

$$+(-1)^k\left(\sum_{n_1=1}^{\infty}\sum_{n_2=n_{1+1}}^{\infty}\cdots\sum_{n_k=n_{k-1}+1}^{\infty}\frac{1}{n_1^6 n_2^6\cdots n_k^6}\right)z^{6k}+\cdots$$

식 (4.2.5)과 식 (4.2.6)에서 다음의 결과를 얻는다.

> [정리 4.2.4] $k=1,2,3,\ldots$에 대하여 다음 식이 성립한다.
>
> $$\zeta(\underbrace{6,\ \ldots,\ 6}_{k})=\frac{3\cdot 2^{6k+1}\pi^{6k}}{(6k+3)!}$$

4.2.4 $\zeta(\underbrace{8,\ \ldots,\ 8}_{k})$의 형태의 값 계산

$\omega^4=-1$이라고 두고, 다음의 식을 생각하자.

$$\frac{\sin\pi z}{\pi z}\frac{\sin\pi\omega z}{\pi\omega z}\frac{\sin\pi\omega^2 z}{\pi\omega^2 z}\frac{\sin\pi\omega^3 z}{\pi\omega^3 z}=\frac{1}{8\pi^4\omega^6 z^4}$$

$$\times\{\cos((1+\omega+\omega^2+\omega^3)\pi z)-\cos((1-\omega+\omega^2+\omega^3)\pi z)$$

$$-\cos((1+\omega-\omega^2+\omega^3)\pi z)+\cos((1-\omega-\omega^2+\omega^3)\pi z)$$

$$-\cos((1+\omega+\omega^2-\omega^3)\pi z)+\cos((1-\omega+\omega^2-\omega^3)\pi z)$$

$$+\cos((1+\omega-\omega^2-\omega^3)\pi z)-\cos((1-\omega-\omega^2-\omega^3)\pi z)\}$$

$$=\frac{1}{8\pi^4\omega^6 z^4}\sum_{n=0}^{\infty}(-1)^{n+1}\frac{\pi^{2n}z^{2n}}{(2n)!}$$

$$\times\{-(1+\omega+\omega^2+\omega^3)^{2n}+(1-\omega+\omega^2+\omega^3)^{2n}$$

$$+(1+\omega-\omega^2+\omega^3)^{2n}-(1-\omega-\omega^2+\omega^3)^{2n}$$

$$+(1+\omega+\omega^2-\omega^3)^{2n}-(1-\omega+\omega^2-\omega^3)^{2n}$$

$$-(1+\omega-\omega^2-\omega^3)^{2n}+(1-\omega-\omega^2-\omega^3)^{2n}\}$$

$$=\frac{1}{8\pi^4\omega^6}\sum_{k=0}^{\infty}(-1)^{2k+1}\frac{\pi^{8k+4}z^{8k}}{(8k+4)!}$$

$$\times\{-(1+\omega+\omega^2+\omega^3)^{8k+4}+(1-\omega+\omega^2+\omega^3)^{8k+4}$$
$$+(1+\omega-\omega^2+\omega^3)^{8k+4}-(1-\omega-\omega^2+\omega^3)^{8k+4}$$
$$+(1+\omega+\omega^2-\omega^3)^{8k+4}-(1-\omega+\omega^2-\omega^3)^{8k+4}$$
$$-(1+\omega-\omega^2-\omega^3)^{8k+4}+(1-\omega-\omega^2-\omega^3)^{8k+4}\}$$

위의 식에서 ω에 관한 식

$$\begin{aligned}\Omega(k)= & -(1+\omega+\omega^2+\omega^3)^{8k+4}+(1-\omega+\omega^2+\omega^3)^{8k+4}\\ & +(1+\omega-\omega^2+\omega^3)^{8k+4}-(1-\omega-\omega^2+\omega^3)^{8k+4}\\ & +(1+\omega+\omega^2-\omega^3)^{8k+4}-(1-\omega+\omega^2-\omega^3)^{8k+4}\\ & -(1+\omega-\omega^2-\omega^3)^{8k+4}+(1-\omega-\omega^2-\omega^3)^{8k+4}\end{aligned}$$

을 $k=0,1,2,\ldots$에 대하여 생각하여 보자.

(i) $\Omega(0)=-192\omega^6=-2^6\cdot 3\cdot\omega^6$

(ii) $$\begin{aligned}\Omega(1)= & -2112\omega^6(5+60\omega^2+186\omega^4+540\omega^6\\ & +971\omega^8+1320\omega^{10}+1772\omega^{12}+1320\omega^{14}\\ & +971\omega^{16}+540\omega^{18}+186\omega^{20}+60\omega^{22}+5\omega^{24})\\ = & \ 405504\omega^6=2^{12}\cdot 3^2\cdot 11\cdot\omega^6\end{aligned}$$

(iii) $$\begin{aligned}\Omega(2)= & -1216\omega^6(45+2040\omega^2-23460-153000\omega^2\\ & +771290+2723400\omega^2-7959060-20051160\omega^2\\ & +40397315+71306160\omega^2-105082440\\ & -131371920\omega^2+144517612+131371920\omega^2\\ & -105082440-71306160\omega^2+40397315\\ & +20051160\omega^2-7959060-2723400\omega^2\\ & +771290+153000\omega^2-23460-2040\omega^2+45)\\ = & -881590272\omega^6=-2^{18}\cdot 3\cdot 19\cdot 59\cdot\omega^6\end{aligned}$$

(iv) $$\begin{aligned}\Omega(3)= & -192\omega^6(819+81900\omega^2-2153970-27709500\omega^2\\ & +252447195+1721450640\omega^2-8957099760\\ & -39024738480\omega^2+144580379580\\ & +458352935040\omega^2-1273756181880\\ & -3073157549280\omega^2+6527071226284\\ & +12298240740240\omega^2-20453691258000\\ & -30409995186480\omega^2+40243823011210\\ & +47533015803000\omega^2-50368623448620\\ & -47533015803000\omega^2+40243823011210\end{aligned}$$

$$\begin{aligned}
&+30409995186480\omega^2-20453691258000\\
&-12298240740240\omega^2+6527071226284\\
&+3073157549280\omega^2-1273756181880\\
&-458352935040\omega^2+144580379580\\
&+39024738480\omega^2-8957099760\\
&-1721450640\omega^2+252447195+27709500\omega^2\\
&-2153970-81900\omega^2+819)
\end{aligned}$$

$$=1916679487488\omega^6=2^{24}\cdot 3\cdot 113\cdot 337\cdot \omega^6$$

(v) $\Omega(k)=(-1)^{k-1}2^{6k+5}\left[(\sqrt{2}+1)^{4k+2}+(\sqrt{2}-1)^{4k+2}\right]\omega^6$

따라서

$$\frac{\sin\pi z}{\pi z}\frac{\sin\pi\omega z}{\pi\omega z}\frac{\sin\pi\omega^2 z}{\pi\omega^2 z}\frac{\sin\pi\omega^3 z}{\pi\omega^3 z}$$

$$=\sum_{k=0}^{\infty}(-1)^{2k+1}\frac{\pi^{8k}\Omega(k)}{(8k+4)!}z^{8k} \tag{4.2.7}$$

이다. 한편

$$\frac{\sin\pi z}{\pi z}\frac{\sin\pi\omega z}{\pi\omega z}\frac{\sin\pi\omega^2 z}{\pi\omega^2 z}\frac{\sin\pi\omega^3 z}{\pi\omega^3 z}$$

$$=\prod_{n=1}^{\infty}\left(1-\frac{z^2}{n^2}\right)\left(1-\frac{\omega^2 z^2}{n^2}\right)\left(1-\frac{\omega^4 z^2}{n^2}\right)\left(1-\frac{\omega^6 z^2}{n^2}\right)$$

$$=\prod_{n=1}^{\infty}\left(1-\frac{z^8}{n^8}\right)$$

$$=1-\left(\sum_{n=1}^{\infty}\frac{1}{n^8}\right)z^8+\left(\sum_{n_1=1}^{\infty}\sum_{n_2=n_1+1}^{\infty}\frac{1}{n_1^8n_2^8}\right)z^{16} \tag{4.2.8}$$

$$-\left(\sum_{n_1=1}^{\infty}\sum_{n_2=n_1+1}^{\infty}\sum_{n_3=n_2+1}^{\infty}\frac{1}{n_1^8n_2^8n_3^8}\right)z^{24}$$

$$+\left(\sum_{n_1=1}^{\infty}\sum_{n_2=n_1+1}^{\infty}\sum_{n_3=n_2+1}^{\infty}\sum_{n_4=n_3+1}^{\infty}\frac{1}{n_1^8n_2^8n_3^8n_4^8}\right)z^{32}$$

$$-\cdots\cdots$$

$$+(-1)^k\left(\sum_{n_1=1}^{\infty}\sum_{n_2=n_1+1}^{\infty}\cdots\sum_{n_k=n_{k-1}+1}^{\infty}\frac{1}{n_1^8n_2^8\cdots n_k^8}\right)z^{8k}+\cdots$$

식 (4.2.7)과 (4.2.8)에서 다음의 결과를 얻는다.

[정리 4.2.5] $k=1,2,3,\ldots$에 대하여 다음이 성립한다.

$$\zeta(\underbrace{8,\ \ldots,\ 8}_{k})=\frac{\pi^{8k}2^{6k+5}}{(8k+4)!}\{(\sqrt{2}+1)^{4k+2}+(\sqrt{2}-1)^{4k+2}\}$$

4.2.5 $\zeta(\underbrace{10,\ \ldots,\ 10}_{k})$의 형태의 값 계산

$\omega^5=1\ (\omega\neq 1)$이라고 두고, 다음의 식을 생각하자.

$$\frac{\sin\pi z}{\pi z}\frac{\sin\pi\omega z}{\pi\omega z}\frac{\sin\pi\omega^2 z}{\pi\omega^2 z}\frac{\sin\pi\omega^3 z}{\pi\omega^3 z}\frac{\sin\pi\omega^4 z}{\pi\omega^4 z}$$

$$=\frac{1}{16\pi^5z^5}\{\sin(-2\pi\omega z-2\pi\omega^4 z)+\sin(-2\pi\omega^2 z-2\pi\omega^3 z)$$

$$+\sin(-2\pi\omega^2 z-2\pi\omega^4 z)+\sin(-2\pi\omega z-2\pi\omega^3 z)$$

$$+\sin(-2\pi\omega^3 z-2\pi\omega^4 z)+\sin(-2\pi\omega z-2\pi\omega^2 z)$$

$$+\sin(2\pi z)+\sin(0)+\sin(2\pi\omega z)+\sin(-2\pi\omega z-2\pi z)$$

$$+\sin(2\pi\omega^2 z)+\sin(-2\pi\omega^2 z-2\pi z)$$

$$+\sin(2\pi\omega^3 z)+\sin(-2\pi\omega^3 z-2\pi z)$$

$$+\sin(-2\pi\omega^4 z-2\pi z)+\sin(2\pi\omega^4 z)\}$$

위의 식을 계산하기 위해서 위 식의 우변을 다음의 세 부분으로 나누어 계산한다.

(I) $\sin(2\pi z)+\sin(2\pi\omega z)+\sin(2\pi\omega^2 z)$

$$+\sin(2\pi\omega^3 z)+\sin(2\pi\omega^4 z)$$

$$=\sum_{n=1}^{\infty}(-1)^n\frac{1}{(2n+1)!}$$

$$\times\{(2\pi z)^{2n+1}(1+\omega^{2n+1}+\omega^{4n+2}+\omega^{6n+3}+\omega^{8n+4})\}$$

$$= \sum_{k=0}^{\infty} (-1)^{5k+2} \frac{5}{(10k+5)!} (2\pi z)^{10k+5}$$

(II) $\sin(-2\pi\omega z - 2\pi\omega^4 z) + \sin(-2\pi z - 2\pi\omega^3 z)$

$+ \sin(-2\pi z - 2\pi\omega^2 z) + \sin(-2\pi\omega z - 2\pi\omega^3 z)$

$+ \sin(-2\pi\omega^2 z - 2\pi\omega^4 z)$

$$= \sum_{n=1}^{\infty} (-1)^n \frac{1}{(2n+1)!} \{(2\pi z)^{2n+1} (\omega + \omega^4)^{2n+1}$$

$$\times (1 + \omega^{2n+1} + \omega^{4n+2} + \omega^{6n+3} + \omega^{8n+4})\}$$

$$= \sum_{k-0}^{\infty} (-1)^{5k+2} \frac{-5}{(10k+5)!} (2\pi z)^{10k+5} (\omega + \omega^4)^{10k+5}$$

(III) $\sin(-2\pi\omega^2 z - 2\pi\omega^3 z) + \sin(-2\pi\omega z - 2\pi\omega^2 z)$

$+ \sin(-2\pi z - 2\pi\omega z) + \sin(-2\pi\omega^4 z - 2\pi z)$

$+ \sin(-2\pi\omega^3 z - 2\pi\omega^4 z)$

$$= \sum_{n=1}^{\infty} (-1)^n \frac{1}{(2n+1)!} \{(2\pi z)^{2n+1} (\omega^2 + \omega^3)^{2n+1}$$

$$\times (1 + \omega^{2n+1} + \omega^{4n+2} + \omega^{6n+3} + \omega^{8n+4})\}$$

$$= \sum_{k=0}^{\infty} (-1)^{5k+2} \frac{-5}{(10k+5)!} (2\pi z)^{10k+5} (\omega^2 + \omega^3)^{10k+5}$$

그러므로

$$\frac{\sin\pi z}{\pi z} \frac{\sin\pi\omega z}{\pi\omega z} \frac{\sin\pi\omega^2 z}{\pi\omega^2 z} \frac{\sin\pi\omega^3 z}{\pi\omega^3 z} \frac{\sin\pi\omega^4 z}{\pi\omega^4 z}$$

$$- \frac{1}{\pi^5 z^5} \{(\mathrm{I}) + (\mathrm{II}) + (\mathrm{III})\} \tag{4.2.9}$$

$$= \sum_{k-0}^{\infty} (-1)^{5k+2} \frac{5 \cdot 2^{10k+5} \pi^{10k}}{(10k+5)!}$$

$$\times \{1 - (\omega + \omega^4)^{10k+5} - (\omega^2 + \omega^3)^{10k+5}\} z^{10k}$$

이다. 한편 다음 식이 성립한다.

$$
\begin{aligned}
&\frac{\sin\pi z}{\pi z}\,\frac{\sin\pi\omega z}{\pi\omega z}\,\frac{\sin\pi\omega^2 z}{\pi\omega^2 z}\,\frac{\sin\pi\omega^3 z}{\pi\omega^3 z}\,\frac{\sin\pi\omega^4 z}{\pi\omega^4 z}\\
&=\prod_{n=1}^{\infty}\left(1-\frac{z^2}{n^2}\right)\cdot\prod_{n=1}^{\infty}\left(1-\frac{\omega^2 z^2}{n^2}\right)\cdot\prod_{n=1}^{\infty}\left(1-\frac{\omega^4 z^2}{n^2}\right)\\
&\qquad\cdot\prod_{n=1}^{\infty}\left(1-\frac{\omega^6 z^2}{n^2}\right)\cdot\prod_{n=1}^{\infty}\left(1-\frac{\omega^8 z^2}{n^2}\right)\\
&=\prod_{n=1}^{\infty}\left(1-\frac{z^2}{n^2}\right)\left(1-\frac{\omega^2 z^2}{n^2}\right)\left(1-\frac{\omega^4 z^2}{n^2}\right)\left(1-\frac{\omega^6 z^2}{n^2}\right)\left(1-\frac{\omega^8 z^2}{n^2}\right)\\
&=\prod_{n=1}^{\infty}\left(1-\frac{z^{10}}{n^{10}}\right)\\
&=1-\left(\sum_{n=1}^{\infty}\frac{1}{n^{10}}\right)z^{10}+\left(\sum_{n_1=1}^{\infty}\sum_{n_2=n_1+1}^{\infty}\frac{1}{n_1^{10}n_2^{10}}\right)z^{20} \qquad (4.2.10)\\
&\quad-\left(\sum_{n_1=1}^{\infty}\sum_{n_2=n_1+1}^{\infty}\sum_{n_3=n_2+1}^{\infty}\frac{1}{n_1^{10}n_2^{10}n_3^{10}}\right)z^{30}\\
&\quad+\left(\sum_{n_1=1}^{\infty}\sum_{n_2=n_1+1}^{\infty}\sum_{n_3=n_2+1}^{\infty}\sum_{n_4=n_3+1}^{\infty}\frac{1}{n_1^{10}n_2^{10}n_3^{10}n_4^{10}}\right)z^{40}\\
&\quad-\cdots\cdots\\
&\quad+(-1)^k\left(\sum_{n_1=1}^{\infty}\sum_{n_2=n_1+1}^{\infty}\cdots\sum_{n_k=n_{k-1}+1}^{\infty}\frac{1}{n_1^{10}n_2^{10}\cdots n_k^{10}}\right)z^{10k}+\cdots
\end{aligned}
$$

식 (4.2.9)과 (4.2.10)에서 다음의 결과를 얻는다.

[정리 4.2.6] $k=1,2,3,\ldots$에 대하여 다음이 성립한다.

$$
\zeta(\underbrace{10,\ \ldots,\ 10}_{k})=\frac{5\cdot 2^{10k+5}\pi^{10k}}{(10k+5)!}\left\{1-(\omega+\omega^4)^{10k+5}-(\omega^2+\omega^3)^{10k+5}\right\}
$$

4.3 다중 제타함수의 일반적인 짝수 값들의 정확한 계산

먼저 sine 함수의 곱의 공식에 대하여 알아보자.

4.3.1 sine 함수의 곱의 공식

(1) $\prod_{i=1}^{2} \sin z_i = \sin z_1 \sin z_2 = \frac{1}{2}\cos(z_1 - z_2) - \frac{1}{2}\cos(z_1 + z_2)$

(2) $$\begin{aligned}\prod_{i=1}^{3} \sin z_i &= \sin z_1 \sin z_2 \sin z_3 \\ &= -\frac{1}{4}\sin(z_1 - z_2 - z_3) + \frac{1}{4}\sin(z_1 + z_2 - z_3) \\ &\quad + \frac{1}{4}\sin(z_1 - z_2 + z_3) - \frac{1}{4}\sin(z_1 + z_2 + z_3)\end{aligned}$$

(3) $$\begin{aligned}\prod_{i=1}^{4} \sin z_i &= \sin z_1 \sin z_2 \sin z_3 \sin z_4 \\ &= \frac{1}{8}\cos(z_1 + z_2 + z_3 + z_4) \\ &\quad - \frac{1}{8}\cos(z_1 - z_2 + z_3 + z_4) \\ &\quad - \frac{1}{8}\cos(z_1 + z_2 - z_3 + z_4) \\ &\quad + \frac{1}{8}\cos(z_1 - z_2 - z_3 + z_4) \\ &\quad - \frac{1}{8}\cos(z_1 + z_2 + z_3 - z_4) \\ &\quad + \frac{1}{8}\cos(z_1 - z_2 + z_3 - z_4) \\ &\quad + \frac{1}{8}\cos(z_1 + z_2 - z_3 - z_4) \\ &\quad - \frac{1}{8}\cos(z_1 - z_2 - z_3 - z_4)\end{aligned}$$

$$
\begin{aligned}
(4) \prod_{i=1}^{5} \sin z_i &= \sin z_1 \sin z_2 \sin z_3 \sin z_4 \sin z_5 \\
&= \frac{1}{16}\sin(z_1 - z_2 - z_3 - z_4 - z_5) \\
&\quad - \frac{1}{16}\sin(z_1 + z_2 - z_3 - z_4 - z_5) \\
&\quad - \frac{1}{16}\sin(z_1 - z_2 + z_3 - z_4 - z_5) \\
&\quad + \frac{1}{16}\sin(z_1 + z_2 + z_3 - z_4 - z_5) \\
&\quad - \frac{1}{16}\sin(z_1 - z_2 - z_3 + z_4 - z_5) \\
&\quad + \frac{1}{16}\sin(z_1 + z_2 - z_3 + z_4 - z_5) \\
&\quad + \frac{1}{16}\sin(z_1 - z_2 + z_3 + z_4 - z_5) \\
&\quad - \frac{1}{16}\sin(z_1 + z_2 + z_3 + z_4 - z_5) \\
&\quad - \frac{1}{16}\sin(z_1 - z_2 - z_3 - z_4 + z_5) \\
&\quad + \frac{1}{16}\sin(z_1 - z_2 + z_3 - z_4 - z_5) \\
&\quad - \frac{1}{16}\sin(z_1 + z_2 + z_3 - z_4 + z_5) \\
&\quad + \frac{1}{16}\sin(z_1 - z_2 - z_3 + z_4 + z_5) \\
&\quad - \frac{1}{16}\sin(z_1 + z_2 - z_3 + z_4 + z_5) \\
&\quad - \frac{1}{16}\sin(z_1 - z_2 + z_3 + z_4 - z_5) \\
&\quad + \frac{1}{16}\sin(z_1 + z_2 + z_3 + z_4 + z_5)
\end{aligned}
$$

(5) $$\begin{aligned}\prod_{i=1}^{6}\sin z_i &= \sin z_1 \sin z_2 \sin z_3 \sin z_4 \sin z_5 \sin z_6 \\
&= \frac{1}{32}\cos(z_1 - z_2 - z_3 - z_4 - z_5 - z_6) \\
&\quad - \frac{1}{32}\cos(z_1 + z_2 - z_3 - z_4 - z_5 - z_6) \\
&\quad - \frac{1}{32}\cos(z_1 - z_2 + z_3 - z_4 - z_5 - z_6) \\
&\quad + \frac{1}{32}\cos(z_1 + z_2 + z_3 - z_4 - z_5 - z_6) \\
&\quad - \frac{1}{32}\cos(z_1 - z_2 - z_3 + z_4 - z_5 - z_6) \\
&\quad + \frac{1}{32}\cos(z_1 + z_2 - z_3 + z_4 - z_5 - z_6) \\
&\quad + \frac{1}{32}\cos(z_1 - z_2 + z_3 + z_4 - z_5 - z_6) \\
&\quad - \frac{1}{32}\cos(z_1 + z_2 + z_3 + z_4 - z_5 - z_6 \\
&\quad - \frac{1}{32}\cos(z_1 - z_2 - z_3 - z_4 + z_5 - z_6) \\
&\quad + \frac{1}{32}\cos(z_1 + z_2 - z_3 - z_4 + z_5 - z_6) \\
&\quad + \frac{1}{32}\cos(z_1 - z_2 + z_3 - z_4 + z_5 - z_6) \\
&\quad - \frac{1}{32}\cos(z_1 + z_2 + z_3 - z_4 + z_5 - z_6) \\
&\quad + \frac{1}{32}\cos(z_1 - z_2 - z_3 + z_4 + z_5 - z_6) \\
&\quad - \frac{1}{32}\cos(z_1 + z_2 - z_3 + z_4 + z_5 - z_6) \\
&\quad - \frac{1}{32}\cos(z_1 - z_2 + z_3 + z_4 + z_5 - z_6) \\
&\quad + \frac{1}{32}\cos(z_1 + z_2 - z_3 + z_4 + z_5 - z_6) \\
&\quad - \frac{1}{32}\cos(z_1 - z_2 - z_3 - z_4 - z_5 + z_6) \\
&\quad + \frac{1}{32}\cos(z_1 + z_2 - z_3 - z_4 - z_5 + z_6)
\end{aligned}$$

$$
\begin{aligned}
&+\frac{1}{32}\cos(z_1-z_2+z_3-z_4-z_5+z_6) \\
&-\frac{1}{32}\cos(z_1+z_2+z_3-z_4-z_5+z_6) \\
&+\frac{1}{32}\cos(z_1-z_2-z_3+z_4-z_5+z_6) \\
&-\frac{1}{32}\cos(z_1+z_2-z_3+z_4-z_5+z_6) \\
&-\frac{1}{32}\cos(z_1-z_2+z_3+z_4-z_5+z_6) \\
&+\frac{1}{32}\cos(z_1+z_2+z_3+z_4-z_5+z_6) \\
&+\frac{1}{32}\cos(z_1-z_2-z_3-z_4+z_5+z_6) \\
&-\frac{1}{32}\cos(z_1+z_2-z_3-z_4+z_5+z_6) \\
&-\frac{1}{32}\cos(z_1-z_2+z_3-z_4+z_5+z_6) \\
&+\frac{1}{32}\cos(z_1+z_2+z_3-z_4+z_5+z_6) \\
&-\frac{1}{32}\cos(z_1-z_2-z_3+z_4+z_5+z_6) \\
&+\frac{1}{32}\cos(z_1+z_2-z_3+z_4+z_5+z_6) \\
&+\frac{1}{32}\cos(z_1-z_2+z_3+z_4+z_5+z_6) \\
&-\frac{1}{32}\cos(z_1+z_2+z_3+z_4+z_5+z_6)
\end{aligned}
$$

(6) $\prod_{i=1}^{7}\sin z_i$의 값은 다음과 같다.

$$
\begin{aligned}
\prod_{i=1}^{7}\sin z_i &= \sin z_1 \sin z_2 \sin z_3 \sin z_4 \sin z_5 \sin z_6 \sin z_7 \\
&= -\frac{1}{64}\sin(z_1-z_2-z_3-z_4+z_5-z_6-z_7) \\
&\quad -\frac{1}{64}\sin(z_1+z_2-z_3-z_4+z_5-z_6-z_7)
\end{aligned}
$$

$$
\begin{aligned}
&- \frac{1}{64}\sin(z_1 - z_2 + z_3 - z_4 + z_5 - z_6 - z_7) \\
&+ \frac{1}{64}\sin(z_1 + z_2 + z_3 - z_4 + z_5 - z_6 - z_7) \\
&- \frac{1}{64}\sin(z_1 - z_2 - z_3 + z_4 + z_5 - z_6 - z_7) \\
&+ \frac{1}{64}\sin(z_1 + z_2 - z_3 + z_4 + z_5 - z_6 - z_7) \\
&+ \frac{1}{64}\sin(z_1 - z_2 + z_3 + z_4 + z_5 - z_6 - z_7) \\
&- \frac{1}{64}\sin(z_1 + z_2 + z_3 + z_4 + z_5 - z_6 - z_7) \\
&+ \frac{1}{64}\sin(z_1 - z_2 - z_3 - z_4 - z_5 + z_6 - z_7) \\
&- \frac{1}{64}\sin(z_1 + z_2 - z_3 - z_4 - z_5 + z_6 - z_7) \\
&- \frac{1}{64}\sin(z_1 - z_2 + z_3 - z_4 - z_5 + z_6 - z_7) \\
&+ \frac{1}{64}\sin(z_1 + z_2 + z_3 - z_4 - z_5 + z_6 - z_7) \\
&- \frac{1}{64}\sin(z_1 - z_2 - z_3 + z_4 - z_5 + z_6 - z_7) \\
&+ \frac{1}{64}\sin(z_1 + z_2 - z_3 + z_4 - z_5 + z_6 - z_7) \\
&+ \frac{1}{64}\sin(z_1 - z_2 + z_3 + z_4 - z_5 + z_6 - z_7) \\
&- \frac{1}{64}\sin(z_1 + z_2 + z_3 + z_4 - z_5 + z_6 - z_7) \\
&- \frac{1}{64}\sin(z_1 - z_2 - z_3 - z_4 + z_5 + z_6 - z_7) \\
&+ \frac{1}{64}\sin(z_1 + z_2 - z_3 - z_4 + z_5 + z_6 - z_7) \\
&+ \frac{1}{64}\sin(z_1 - z_2 + z_3 - z_4 + z_5 + z_6 - z_7) \\
&- \frac{1}{64}\sin(z_1 + z_2 + z_3 - z_4 + z_5 + z_6 - z_7) \\
&+ \frac{1}{64}\sin(z_1 - z_2 - z_3 + z_4 + z_5 + z_6 - z_7)
\end{aligned}
$$

$$
\begin{aligned}
&-\frac{1}{64}\sin(z_1+z_2-z_3+z_4+z_5+z_6-z_7)\\
&-\frac{1}{64}\sin(z_1-z_2+z_3+z_4+z_5+z_6-z_7)\\
&+\frac{1}{64}\sin(z_1+z_2+z_3+z_4+z_5+z_6-z_7)\\
&+\frac{1}{64}\sin(z_1-z_2-z_3-z_4-z_5-z_6+z_7)\\
&-\frac{1}{64}\sin(z_1+z_2-z_3-z_4-z_5-z_6+z_7)\\
&-\frac{1}{64}\sin(z_1-z_2+z_3-z_4-z_5-z_6+z_7)\\
&+\frac{1}{64}\sin(z_1+z_2+z_3-z_4-z_5-z_6+z_7)\\
&-\frac{1}{64}\sin(z_1-z_2-z_3+z_4-z_5-z_6+z_7)\\
&+\frac{1}{64}\sin(z_1+z_2-z_3+z_4-z_5-z_6+z_7)\\
&+\frac{1}{64}\sin(z_1-z_2+z_3+z_4-z_5-z_6+z_7)\\
&-\frac{1}{64}\sin(z_1+z_2+z_3+z_4-z_5-z_6+z_7)\\
&-\frac{1}{64}\sin(z_1-z_2-z_3-z_4+z_5-z_6+z_7)\\
&+\frac{1}{64}\sin(z_1+z_2-z_3-z_4+z_5-z_6+z_7)\\
&+\frac{1}{64}\sin(z_1-z_2+z_3-z_4+z_5-z_6+z_7)\\
&+\frac{1}{64}\sin(z_1+z_2+z_3-z_4+z_5-z_6+z_7)\\
&+\frac{1}{64}\sin(z_1-z_2-z_3+z_4+z_5-z_6+z_7)\\
&-\frac{1}{64}\sin(z_1+z_2-z_3+z_4+z_5-z_6+z_7)\\
&-\frac{1}{64}\sin(z_1-z_2+z_3+z_4+z_5-z_6+z_7)\\
&+\frac{1}{64}\sin(z_1+z_2+z_3+z_4+z_5-z_6+z_7)
\end{aligned}
$$

위의 식을 이용하여 수학적인 귀납법을 이용하면 다중 제타함수의 일반적인 짝수의 값들을 계산하기 위하여 다음의 보조정리를 얻을 수 있다.

$$
\begin{aligned}
&-\frac{1}{64}\sin(z_1-z_2-z_3-z_4-z_5+z_6+z_7)\\
&+\frac{1}{64}\sin(z_1+z_2-z_3-z_4-z_5+z_6+z_7)\\
&+\frac{1}{64}\sin(z_1-z_2+z_3-z_4-z_5+z_6+z_7)\\
&-\frac{1}{64}\sin(z_1+z_2+z_3-z_4-z_5+z_6+z_7)\\
&+\frac{1}{64}\sin(z_1-z_2-z_3+z_4-z_5+z_6+z_7)\\
&-\frac{1}{64}\sin(z_1+z_2-z_3+z_4-z_5+z_6+z_7)\\
&-\frac{1}{64}\sin(z_1-z_2+z_3+z_4-z_5+z_6+z_7)\\
&+\frac{1}{64}\sin(z_1+z_2+z_3+z_4-z_5+z_6+z_7)\\
&+\frac{1}{64}\sin(z_1-z_2-z_3-z_4+z_5+z_6+z_7)\\
&-\frac{1}{64}\sin(z_1+z_2-z_3-z_4+z_5+z_6+z_7)\\
&-\frac{1}{64}\sin(z_1-z_2+z_3-z_4+z_5+z_6+z_7)\\
&+\frac{1}{64}\sin(z_1+z_2+z_3-z_4+z_5+z_6+z_7)\\
&-\frac{1}{64}\sin(z_1-z_2-z_3+z_4+z_5+z_6+z_7)\\
&+\frac{1}{64}\sin(z_1+z_2-z_3+z_4+z_5+z_6+z_7)\\
&+\frac{1}{64}\sin(z_1-z_2+z_3+z_4+z_5+z_6+z_7)\\
&-\frac{1}{64}\sin(z_1+z_2+z_3+z_4+z_5+z_6+z_7)
\end{aligned}
$$

위의 식을 이용하여 수학적인 귀납법을 이용하면 다중 제타함수의 일반적인 짝수의 값들을 계산하기 위하여 다음의 보조정리를 얻을 수 있다.

[정리 4.3.1] 다음이 성립한다.

(1) $m = 2i + 1 \ (i = 0, 1, 2, 3, \ldots)$이 홀수일 때,

$$\prod_{k=1}^{m} \sin(z_k) = (-1)^{\frac{m-1}{2}} \frac{\delta}{2^{m-1}} \sum{}^{*} \sin(z_1 \pm z_2 \pm \cdots \pm z_m)$$

이다.

(2) $m = 2i \ (i = 1, 2, 3, \ldots)$이 짝수일 때,

$$\prod_{k=1}^{m} \sin(z_k) = (-1)^{\frac{m}{2}} \frac{\delta}{2^{m-1}} \sum{}^{*} \cos(z_1 \pm z_2 \pm \cdots \pm z_m)$$

이다. 여기서 $\sum^{*}$는 $\pm$ 의 모든 경우를 택하여 합하는 2^{m-1} 가지의 합을 나타낸다. 그리고 δ는 다음과 같이 정의된다.

$$\delta = \begin{cases} 1, & (-1 \text{ 이 짝수개일 때}) \\ -1, & (-1 \text{ 이 홀수개일 때}) \end{cases}$$

4.3.2 $m = 2i + 1 \ (i = 0, 1, 2, \ldots)$에서 $\zeta(\underbrace{2m, \ldots, 2m}_{k})$의 값 계산

$\omega^{m} = 1 \ (\omega \neq 1)$이라고 두고, 정리 4.3.1을 이용하면 다음 식을 얻는다.

$$\begin{aligned}
\prod_{k=1}^{m} \frac{\sin \pi \omega^{k} z}{\pi \omega^{k} z} &= \frac{(-1)^{\frac{m-1}{2}} \omega^{-\frac{m(m+1)}{2}}}{\pi^{m} z^{m}} \frac{\delta}{2^{m-1}} \\
&\quad \times \sum{}^{*} \sin(1 \pm \omega \pm \omega^{2} \pm \cdots \pm \omega^{m-1}) \pi z \\
&= \sum_{n=0}^{\infty} \frac{(\pi z)^{2n+1}}{\pi^{m} z^{m}} \frac{(-1)^{n + \frac{m-1}{2}}}{(2n+1)!} \frac{\delta}{2^{m-1}} \\
&\quad \times \sum{}^{*} (1 \pm \omega \pm \omega^{2} \pm \cdots \pm \omega^{m-1})^{2n+1} \qquad (4.3.1) \\
&= \sum_{k=0}^{\infty} \frac{(-1)^{k} \pi^{2mk}}{(2mk+m)!} \frac{\delta}{2^{m-1}}
\end{aligned}$$

$$\times \sum{}^{*} (1 \pm \omega \pm \omega^2 \pm \cdots \pm \omega^{m-1})^{(2k+1)m} z^{2mk}$$

여기서 오일러의 정리를 이용하면

$$\prod_{k=1}^{m} \frac{\sin \pi \omega^k z}{\pi \omega^k z}$$

$$= \prod_{n=1}^{\infty} \left(1 - \frac{z^2}{n^2}\right)\left(1 - \frac{\omega^2 z^2}{n^2}\right)\left(1 - \frac{\omega^4 z^2}{n^2}\right) \cdots \left(1 - \frac{\omega^{2m-2} z^2}{n^2}\right)$$

$$= \prod_{n=1}^{\infty} \left(1 - \frac{z^{2m}}{m^{2m}}\right)$$

$$= 1 - \left(\sum_{n=1}^{\infty} \frac{1}{n^{2m}}\right) z^{2m} + \left(\sum_{n_1=1}^{\infty} \sum_{n_2=n_1+1}^{\infty} \frac{1}{n_1^{2m} n_2^{2m}}\right) z^{4m}$$

$$- \left(\sum_{n_1=1}^{\infty} \sum_{n_2=n_1+1}^{\infty} \sum_{n_3=n_2+1}^{\infty} \frac{1}{n_1^{2m} n_2^{2m} n_3^{2m}}\right) z^{6m} \tag{4.3.2}$$

$$+ \left(\sum_{n_1=1}^{\infty} \sum_{n_2=n_1+1}^{\infty} \sum_{n_3=n_2+1}^{\infty} \sum_{n_4=n_3+1}^{\infty} \frac{1}{n_1^{2m} n_2^{2m} n_3^{2m} n_4^{2m}}\right) z^{8m}$$

$$- \cdots\cdots$$

$$+ (-1)^k \left(\sum_{n_1=1}^{\infty} \sum_{n_2=n_1+1}^{\infty} \cdots \sum_{n_k=n_{k-1}+1}^{\infty} \frac{1}{n_1^{2m} n_2^{2m} \cdots n_k^{2m}}\right) z^{2mk} + \cdots$$

$$= \sum_{k=0}^{\infty} (-1)^k \left(\sum_{n_1=1}^{\infty} \sum_{n_2=n_1+1}^{\infty} \cdots \sum_{n_k=n_{k-1}+1}^{\infty} \frac{1}{n_1^{2m} n_2^{2m} \cdots n_k^{2m}}\right) z^{2mk}$$

위의 식 (4.3.1)과 식 (4.3.2)를 비교하면 다음의 정리를 얻는다.

> [정리 4.3.2] $i = 0, 1, 2, \ldots$에 대하여 $m = 2i + 1$일 때, 다음이 성립한다.
>
> $$\zeta(\underbrace{2m, \ldots, 2m}_{k}) = \frac{\pi^{2mk}}{(2mk+m)!} \frac{\delta}{2^{m-1}}$$
> $$\sum{}^{*} (1 \pm \omega \pm \omega^2 \pm \cdots \pm \omega^{m-1})^{(2k+1)m}$$

4.3.3 $m=2i$ $(i=1,2,\ldots)$에서 $\zeta(\underbrace{2m,\ldots,2m}_{k})$의 값 계산

$\omega^m=-1$이라고 두고, 정리 4.3.1을 이용하면 다음 식을 얻는다.

$$\prod_{k=1}^{m}\frac{\sin\pi\omega^k z}{\pi\omega^k z}=\frac{(-1)^{\frac{m}{2}}\omega^{-\frac{m(m-1)}{2}}}{\pi^m z^m}\frac{\delta}{2^{m-1}}$$

$$\times\sum{}^{*}\cos(1\pm\omega\pm\omega^2\pm\cdots\pm\omega^{m-1})\pi z$$

$$=\sum_{n=0}^{\infty}\frac{(\pi z)^{2n}}{\pi^m z^m}\frac{(-1)^{n+\frac{m}{2}}\omega^{-\frac{m(m-1)}{2}}}{(2n)!}\frac{\delta}{2^{m-1}} \tag{4.3.3}$$

$$\times\sum{}^{*}(1\pm\omega\pm\omega^2\pm\cdots\pm\omega^{m-1})^{2n}$$

$$=\sum_{k=0}^{\infty}\frac{\pi^{2mk}\omega^{-\frac{m(m-1)}{2}}}{(2mk+m)!}\frac{\delta}{2^{m-1}}$$

$$\times\sum{}^{*}(1\pm\omega\pm\cdots\pm\omega^{m-1})^{(2k+1)m}z^{2mk}$$

여기서 오일러의 정리를 이용하면, 다음과 같음을 알 수 있다.

$$\prod_{k=1}^{m}\frac{\sin\pi\omega^k z}{\pi\omega^k z}$$

$$=\prod_{n=1}^{\infty}\left(1-\frac{z^2}{n^2}\right)\left(1-\frac{\omega^2z^2}{n^2}\right)\left(1-\frac{\omega^4z^2}{n^2}\right)\cdots\left(1-\frac{\omega^{2m-2}z^2}{n^2}\right)$$

$$=\prod_{n=1}^{\infty}\left(1-\frac{z^{2m}}{m^{2m}}\right)$$

$$=1-\left(\sum_{n=1}^{\infty}\frac{1}{n^{2m}}\right)z^{2m}+\left(\sum_{n_1=1}^{\infty}\sum_{n_2=n_1+1}^{\infty}\frac{1}{n_1^{2m}n_2^{2m}}\right)z^{4m} \tag{4.3.4}$$

$$-\left(\sum_{n_1=1}^{\infty}\sum_{n_2=n_1+1}^{\infty}\sum_{n_3=n_2+1}^{\infty}\frac{1}{n_1^{2m}n_2^{2m}n_3^{2m}}\right)z^{6m}$$

$$+\left(\sum_{n_1=1}^{\infty}\sum_{n_2=n_1+1}^{\infty}\sum_{n_3=n_2+1}^{\infty}\sum_{n_4=n_3+1}^{\infty}\frac{1}{n_1^{2m}n_2^{2m}n_3^{2m}n_4^{2m}}\right)z^{8m}$$

$$-\cdots\cdots$$

$$+(-1)^k\left(\sum_{n_1=1}^{\infty}\sum_{n_2=n_1+1}^{\infty}\cdots\sum_{n_k=n_{k-1}+1}^{\infty}\frac{1}{n_1^{2m}n_2^{2m}\cdots n_k^{2m}}\right)z^{2mk}+\cdots$$

$$=\sum_{k=0}^{\infty}(-1)^k\left(\sum_{n_1=1}^{\infty}\sum_{n_2=n_1+1}^{\infty}\cdots\sum_{n_k=n_{k-1}+1}^{\infty}\frac{1}{n_1^{2m}n_2^{2m}\cdots n_k^{2m}}\right)z^{2mk}$$

위의 식 (4.3.3)과 식 (4.3.4)를 비교하면, 다음의 정리를 얻는다.

[정리 4.3.3] $i=1, 2, 3, \ldots$에 대하여 $m=2i$ 일 때, 다음이 성립한다.

$$\zeta(\underbrace{2m, \ldots, 2m}_{k})=\frac{(-1)^k\pi^{2mk}\omega^{-\frac{m(m-1)}{2}}}{(2mk+m)!}\frac{\delta}{2^{m-1}}$$
$$\times\sum{}^{*}(1\pm\omega\pm\omega^2\pm\cdots\pm\omega^{m-1})^{(2k+1)m}$$

4.4 다중 제타함수를 이용한 리만제타함수의 계산

[정리 4.4.1] **(오일러 공식)** $\mathrm{Re}(s)>1$, $\mathrm{Re}(t)>1$에 대하여 다음이 성립한다.

$$\zeta(s)\zeta(t)=\zeta(s+t)+\zeta(s, t)+\zeta(t, s)$$

증명 다음의 식을 쉽게 전개할 수 있다.

$$\zeta(s)\zeta(t)=\left(\frac{1}{1^s}+\frac{1}{2^s}+\cdots\right)\left(\frac{1}{1^t}+\frac{1}{2^t}+\cdots\right)$$

$$
= \begin{pmatrix} \frac{1}{1^s 1^t} + \frac{1}{1^s 2^t} + \frac{1}{1^s 3^t} + \cdots \\ + \frac{1}{2^s 1^t} + \frac{1}{2^s 2^t} + \frac{1}{2^s 3^t} + \cdots \\ + \frac{1}{3^s 1^t} + \frac{1}{3^s 2^t} + \frac{1}{3^s 3^t} + \cdots \\ + \quad + \quad + \\ \vdots \quad \vdots \quad \vdots \end{pmatrix}
$$

$$
= \left(\frac{1}{1^{s+t}} + \frac{1}{2^{s+t}} + \frac{1}{3^{s+t}} + \cdots \right)
$$

$$
+ \begin{pmatrix} \frac{1}{2^t} + \frac{1}{3^t} + \frac{1}{4^t} + \cdots \\ + \frac{1}{2^s 3^t} + \frac{1}{2^s 4^t} + \cdots \\ + \frac{1}{3^s 4^t} + \cdots \\ + \\ \vdots \end{pmatrix}
$$

$$
+ \begin{pmatrix} \frac{1}{2^s} + \frac{1}{3^s} + \frac{1}{4^s} + \cdots \\ + \frac{1}{2^t 3^s} + \frac{1}{2^t 4^s} + \cdots \\ + \frac{1}{3^t 4^s} + \cdots \\ + \\ \vdots \end{pmatrix}
$$

$$
= \zeta(s+t) + \zeta(s, t) + \zeta(t, s)
$$

식의 대칭성으로부터 결과가 성립함을 알 수 있다. 🕮

[예제 4.4.1] $\zeta(4) = \zeta(2)^2 - 2\zeta(2, 2)$이고,

$$
\zeta(4) = \frac{\pi^4}{2 \cdot 3^2 \cdot 5}
$$

이다.

[예제 4.4.2] $\zeta(6)^2 = \zeta(12) + 2\zeta(6,6)$이고,

$$\zeta(12) = \frac{691\pi^{12}}{638512875}$$

이다.

[정리 4.4.2] $\mathrm{Re}(s) > 1$에 대하여 다음이 성립한다.

$$\zeta(s,s)^2 = \zeta(2s,2s) + 2[\zeta(s,s,s)\zeta(s) - \zeta(s,s,s,s)]$$

[정리 4.4.3] $\mathrm{Re}(s) > 1$에 대하여 다음이 성립한다.

$$\zeta(s)^3 = 3\zeta(s)\zeta(2s) - 2\zeta(3s) + 6\zeta(s,s,s)$$

증명 다음의 식은 쉽게 전개된다.

$$\begin{aligned}
\left(\frac{1}{1^s}+\frac{1}{2^s}+\cdots\right)^3 &= \left(\frac{1}{1^s}+\frac{1}{2^s}+\cdots\right)\left(\frac{1}{1^s}+\frac{1}{2^s}+\cdots\right)\left(\frac{1}{1^s}+\frac{1}{2^s}+\cdots\right) \\
&= 3\left(\frac{1}{1^s}+\frac{1}{2^s}+\cdots\right)\left(\frac{1}{1^{2s}}+\frac{1}{2^{2s}}+\cdots\right) \\
&\quad -2\left(\frac{1}{1^{3s}}+\frac{1}{2^{3s}}+\cdots\right) \\
&\quad +6\left(\begin{array}{l}
\dfrac{1}{1^s2^s3^s}+\dfrac{1}{1^s2^s4^s}+\cdots \\
+\dfrac{1}{1^s3^s4^s}+\dfrac{1}{1^s3^s5^s}+\cdots \\
\qquad\vdots \\
+\dfrac{1}{2^s3^s4^s}+\dfrac{1}{2^s3^s5^s}+\cdots \\
+\dfrac{1}{2^s4^s5^s}+\dfrac{1}{2^s4^s6^s}+\cdots \\
\qquad\vdots
\end{array}\right).
\end{aligned}$$

식의 대칭성에서 결과는 분명하게 성립한다. 🕮

[예제 4.4.3] $\zeta(2)^3 = 3\zeta(2) \cdot \zeta(4) - 2\zeta(6) + 6\zeta(2,2,2)$이고,

$$\zeta(6) = \frac{\pi^6}{3^3 \cdot 5 \cdot 7}$$

이다.

참고 (3장 3.4절의 참고와 같음) 리만 제타함수의 홀수 값, 즉,

$$\zeta(3), \zeta(5),\ \zeta(7),\ \zeta(9), \ldots$$

에 관하여 어떠한 것도 말할 수 없다. Apérys는 1978년에 $\zeta(3)$이 무리수임을 증명했다. $\zeta(5)$, $\zeta(7)$, $\zeta(9), \ldots$ 등이 무리수가 된다는 것이 가설되어 졌다. 그리고 만약 r이 3이상인 홀수 정수이면, $\zeta(r)$은 r이 짝수인 경우와는 다르게 π와 유리수들의 합 또는 곱으로서 표현 될 수 없다는 것도 가설되어 졌다. 그러나 이 가설은 아직도 증명되지 않았다.

5 오일러 상수 γ와 조화수열

5.1 준비

약 270년 전에 오일러에 의해 수학에서 중요한 상수가 발견되었다. 우리는 그 상수를 오일러 상수라고 부르며 다음과 같이 정의된다.

[정리 5.1.1] 다음과 같이 정의된 상수 γ를 **오일러 상수**라고 한다.

$$\gamma = \lim_{n\to\infty}\left(1+\frac{1}{2}+\cdots+\frac{1}{n}-\ln n\right)$$

여기에서 $\ln x$는 다음과 같은 함수이다.

$$\ln x = \int_1^x \frac{1}{t}dt$$

$\ln x$는 $x>0$인 영역에서 정의되며, $x=1$일 때 $\ln x = 0$이다. $x>1$인 영역에서 $\ln x$의 값은 함수 $y=\dfrac{1}{t}$의 그래프에서 1에서 x까지 면적으로 아래 그림 5.1.1과 같이 나타난다.

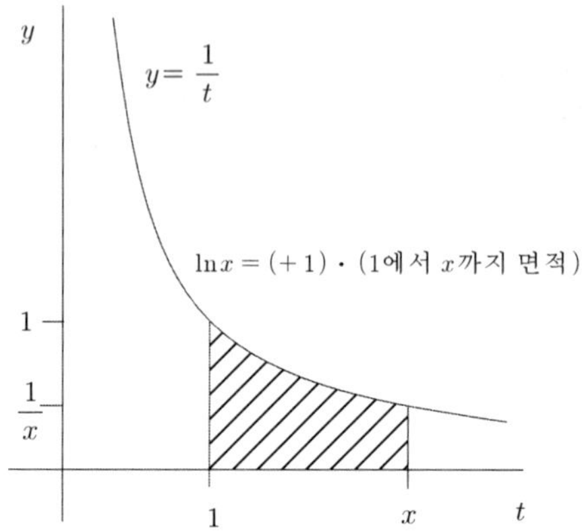

[그림 5.1.1] $x>1$에서 $\ln x$의 값

$0<x<1$인 영역에서 $\ln x$의 값은 함수 $y=\frac{1}{t}$의 그래프에서 x에서 1까지 면적의 음수배로 그림 5.1.2와 같이 나타난다.

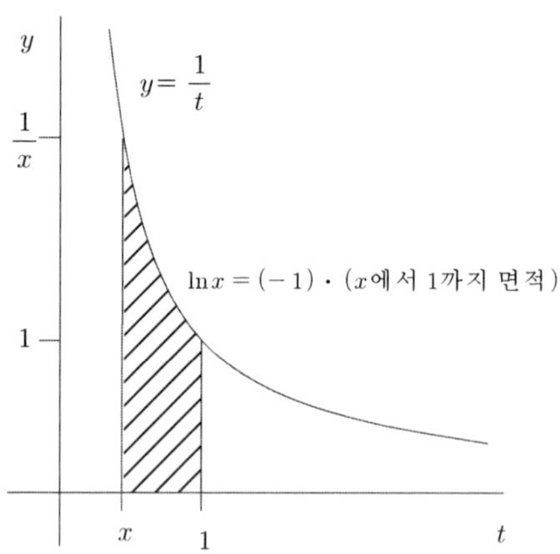

[그림 5.1.2] $0<x<1$에서 $\ln x$의 값

또한 $\ln x=1$인 x의 값은 자연대수 e로 잘 알려져 있다.

$e = 2.718281828459045235360287 4 \cdots$.

Jakob Bernoulli(1654-1705)와 Johann Bernoulli(1667-1784)([6]참조) 형제에 의해 무한급수 $1+\frac{1}{2}+\cdots+\frac{1}{n}+\cdots$ 이 발산한다는 것이 증명되었다. 이후 오일러는 $1+\frac{1}{2}+\cdots+\frac{1}{x}$ 와 $\ln x$ 로 다음과 같은 식을 주었다.

$$1+\frac{1}{2}+\ldots.+\frac{1}{x}=\gamma+\log x+\frac{1}{2x}-\frac{B_1}{2x^2}+\frac{B_2}{4x^4}+\cdots$$

여기에서 B_i 는 베르누이 수이다. 이 식에서 $x=10$ 이라 함으로써 γ 의 값을 구했다.

$\gamma = 0.57721\ 56649\ 01532\ 5 \cdots$

마쉬로니(Mascheroni)가 심볼 "γ"를 처음으로 사용하였고, 1790년에 γ 의 값을 소수점이하 32자리까지 계산하였다.

$\gamma = 0.57721\ 56649\ 01532\ 8606\underline{1}\ 81120\ 90082\ 39 \cdots$

1809년에 솔드너(Soldner)은 컴퓨터로 오일러 상수를 구했는데 그 결과는 아래와 같다.

$\gamma = 0.57721\ 56649\ 01532\ 86060\ 6065 \cdots$

이 값은 소수점이하 20 자리에서 마쉬로니의 결과와 다르다. 사실 마쉬로니의 값은 정확하지 않은 것으로 판명되었다. 하지만, 마쉬로니의 에러의 이유는 8진법으로 계산하였기 때문일 것이다. 그럼에도 불구하고 γ는 주로 오일러-마쉬로니(Euler-Mascheroni) 상수라고 불려진다. 가우스는 1813년 소수점이하 23자리까지 계산하였다. 아담스(Adams)는 1980년에 소수점 이하 260자리까지 발표했다. 최근의 γ 의 결과로 우리는 아마 너스(Knuth)의 것을 볼 수 있을 것이다.

오일러-마쉬로니 상수는 무리수인지 초월수인지 아직 알려져 있지 않다. 근거 없는 소문에 의하면 영국의 유명한 수학자 하디(Hardy)는 누구라도 γ 가 무리수임을 밝히면 의장직에서 물러난다고 했다. 이 문제는 유명한 힐버트(Hilbert)의 7번째 문제와 관련이 있다.

David Hilbert가 1900년 파리에서 열린 국제 수학자 회의에서 행한 강연에서 제시한 23문제 중 7번과 8번 문제를 소개하겠다.

▶▶▷ 7번 문제: 어떤 수가 무리수인가 혹은 초월수 인가를 결정하는 문제

힐버트는 $2^{\sqrt{2}}$ 나 e^{π} 와 같은 수를 연구하기를 원했다. $2^{\sqrt{2}}$ 는 1934년 Gel'fond에 의해 증명이 되고 e 는 1873년 Charles Hermite에 의해, π 는 1882년에 Ferdinand Lindemann에 의해 각각 초월수임이 증명이 되었다. e 와 π 에 대한 결과들은 힐버트의 강연이 행해지기 불과 20여년 전에 얻어졌다. 이에 그는 이러한 결과의 일반화를 제안한 것은 놀라운 일이 아니다. 그가 제안한 이런 특이한 수들은 대부분 초월적인 성질이 밝혀졌다. 그러나 그는 일반적인 연구를 제안했고 γ 와 같은 수에 대해서는 아직 연구가 계속되고 있다. 오일러-마쉬로니 상수 γ 와 원주율 π 그리고 자연대수 e 를 종종 성스러운 삼위라고 언급한다.

▶▶▷ 8번 문제: 소수 문제

이 문제에서 힐버트는 소수들이 정수들 가운데 어떻게 분포되어 있는가에 관심을 가졌다. 또한 그는 소수 분포의 결정에 중요한 역할을 할 것으로 리만 제타함수의 영점들을 찾는 문제를 언급했다.

이상에서 본 바와 같이 오일러-마쉬로니 상수 γ 는 대단히 중요한 내용과 의미를 갖고 있다. 이에 우리는 이 연구에서 오일러-마쉬로니 상수 γ 의 값을 구하기 위한 여러 가지 표현들을 다루고자 한다.

5.2 조화급수

5.2.1 조화급수(Harmonic series)

수열 $\{a_n\}$에 대하여 $a_n = a_{n-1} + d\ (n > 1)$를 만족할 때, 수열 $\{a_n\}$를 등차수열이라 한다. 수열 $\{b_n\}$에 대하여 수열 $\left\{\frac{1}{b_n}\right\}$이 **등차수열**을 이룰 때, $\{b_n\}$를 조화수열이라 한다. 이러한 **조화수열**의 합과 관련하여 다음과 같은 조화수를 생각할 수 있다.

> [정의 5.2.1] **조화수**(harmonic number) H_n 은 아래와 같이 정의한다.
>
> $$H_n = \sum_{k=1}^{n} \frac{1}{k} = 1 + \frac{1}{2} + \cdots + \frac{1}{n}$$

점화식 형식으로 다음과 같이 조화수 H_n 을 정의하기도 한다.

$$H_1 = 1, \quad H_n = H_{n-1} + \frac{1}{n}\ (n > 1)$$

다음과 같은 형태의 무한급수

$$a_0 + a_1 x + a_2 x^2 + \cdots + a_n x^n + \cdots = \sum_{n=0}^{\infty} a_n x^n$$

을 멱급수(power series)라고 한다. 이 멱급수를 수열 $a_1, a_2, \ldots, a_n$의 생성함수라고 한다. 일반적인 함수의 멱급수 표현으로는 $x = c$에서 함수 f의 아래와 같은 급수 표현

$$\sum_{n=0}^{\infty} \frac{f^{(n)}(c)}{n!}(x-c)^n = f(c) + f'(c)(x-c) + \frac{f''(c)}{2}(x-c)^2 + \cdots + \frac{f^{(n)}(c)}{n!}(x-c)^n + \cdots$$

이 있다. 이를 **테일러 급수**(Taylor series)라고 한다.

먼저, 조화수 H_n에 대한 생성함수를 다음의 정리로 구할 수 있다.

[정리 5.2.2] 조화수(harmonic number) H_n에 대한 생성함수는 다음과 같다.

$$\frac{1}{1-x}\ln\left(\frac{1}{1-x}\right)=\sum_{n=1}^{\infty}H_n x^n$$

증명 $\frac{1}{1-x}$의 테일러 급수는 다음과 같다.

$$\frac{1}{1-x}=1+x+x^2+\cdots \quad (|x|<1)$$

이 식의 양변을 구간 $[0, x]$로 적분하면,

$$\begin{aligned}-\ln(1-x)&=x+\frac{1}{2}x^2+\frac{1}{3}x^3+\cdots\\&=\sum_{n=1}^{\infty}\frac{1}{n}x^n \quad (|x|<1)\end{aligned}$$

이다. 따라서 H_n의 점화식 표현을 이용하면,

$$\begin{aligned}-\ln(1-x)&=H_1x+\sum_{n=2}^{\infty}(H_n-H_{n-1})x^n\\&=\sum_{n=1}^{\infty}H_n x^n-\sum_{n=1}^{\infty}H_n x^{n+1}\\&=(1-x)\sum_{n=1}^{\infty}H_n x^n\end{aligned}$$

이고, $1-x$로 양변을 나누면 식이 성립한다. ▯

H_n에서 n을 무한히 크게 하면 즉, $H_\infty=\lim_{n\to\infty}H_n$은 발산함이 잘 알려져 있다. 그러나 처음 100항까지의 합은 $5.187\cdots$, 1000항까지는 $7.486\cdots$, 그리고 처음 1000000항까지는 $14.392\cdots$로 충분히 큰 n에 대해서도 H_n는 아주 천천히 증가함을 알 수 있다. 1968년 John W.

Wrench Jr는 $H_n > 100$ 이 되는 최소 n의 값을 다음과 같이 계산했다.

$$H_{15\,092\,688\,622\,113\,788\,323\,693\,563\,264\,538\,101\,449\,859\,497} > 100$$

이제 다음 정리로 항의 수가 무한할 때, 그 합이 발산함을 설명하고자 한다.

[정리 5.2.3] $H_\infty = \lim_{n\to\infty} H_n$ 은 발산한다.

증명 아래와 같이 세 가지 방법으로 증명할 수 있다.

(I) (Oresme의 증명)

$$\begin{aligned} H_\infty &= 1+\frac{1}{2}+\left(\frac{1}{3}+\frac{1}{4}\right)+\left(\frac{1}{5}+\frac{1}{6}+\frac{1}{7}+\frac{1}{8}\right)+\cdots \\ &> 1+\frac{1}{2}+\left(\frac{1}{4}+\frac{1}{4}\right)+\left(\frac{1}{8}+\frac{1}{8}+\frac{1}{8}+\frac{1}{8}\right)+\cdots \\ &= 1+\frac{1}{2}+\frac{2}{4}+\frac{4}{8}+\cdots \\ &= 1+\frac{1}{2}+\frac{1}{2}+\frac{1}{2}+\cdots \end{aligned}$$

이므로 발산한다.

(II) (귀류법을 이용)

먼저 결론을 부정하여 '$H_\infty = \lim_{n\to\infty} H_n$ 이 수렴한다'고 가정하자.

그러면 $H_\infty = \lim_{n\to\infty} H_n$ 는 유한한 값을 갖는다.

$$\begin{aligned} H_\infty &= 1+\frac{1}{2}+\frac{1}{3}+\frac{1}{4}+\frac{1}{5}+\cdots = \frac{2}{2}+\frac{2}{4}+\frac{2}{6}+\frac{2}{8}+\frac{2}{10}+\cdots \\ &= \left(\frac{1}{2}+\frac{1}{2}\right)+\left(\frac{1}{4}+\frac{1}{4}\right)+\left(\frac{1}{6}+\frac{1}{6}\right)+\left(\frac{1}{8}+\frac{1}{8}\right)+\left(\frac{1}{10}+\frac{1}{10}\right)+\cdots \\ &< \left(1+\frac{1}{2}\right)+\left(\frac{1}{3}+\frac{1}{4}\right)+\left(\frac{1}{5}+\frac{1}{6}\right)+\left(\frac{1}{7}+\frac{1}{8}\right)+\left(\frac{1}{9}+\frac{1}{10}\right)+\cdots \\ &= H_\infty \end{aligned}$$

즉, 모순이 생기므로 $H_\infty = \lim_{n\to\infty} H_n$ 은 발산한다.

(III) (오일러의 증명)

$$\int_{-\infty}^{0}\frac{e^x}{1-e^x}dx=\int_{-\infty}^{0}e^x(1+e^x+e^{2x}+\cdots)dx$$
$$=\left[e^x+\frac{1}{2}e^{2x}+\frac{1}{3}e^{3x}+\cdots\right]_{-\infty}^{0}$$
$$=1+\frac{1}{2}+\frac{1}{3}+\frac{1}{4}+\cdots=\left[-\ln(1-e^x)\right]_{-\infty}^{0}$$

5.2.2 부분 조화급수(Sub-Harmonic series)

(가) 소수와 관련된 무한급수

자연수에서 소수는 대단히 중요하다. 특히 소수와 관련하여 다음과 같은 급수를 생각할 수 있다.

$$\frac{1}{2}+\frac{1}{3}+\frac{1}{5}+\frac{1}{7}+\frac{1}{11}+\frac{1}{13}+\cdots$$

이 급수는 $H_\infty=\lim_{n\to\infty}H_n$ 에서 대단히 많은 항을 제거하여 얻어진다. 그러나 놀랄만한 사실은 위의 수열 또한 발산한다는 것이다.

> [정리 5.2.4] 소수의 개수는 무한하다.

증명 (I) 유클리드의 방법(귀류법을 이용)

'소수의 개수가 유한하다'라고 가정하자. 그러면 소수는 적당한 자연수 n에 대하여 $p_1, p_2, p_3, \ldots, p_n$ 뿐이라고 말할 수 있다. 이에 다음의 같은 수 N

$$N=1+p_1p_2\cdots p_n$$

을 생각하자. 그러면 $p_i \nmid N\,(1=1,2,\cdots,n)$이므로 N은 주어진 소수들 보다 큰 소수가 되어야 한다. 이는 소수가 $p_1, p_2, p_3, \ldots, p_n$ 뿐이라는데 모순이 된다. 따라서 소수의 개수는 무한하다. 이 사실은 약 BC 300년 유클리드로부터 확립되어졌다.

(II) 임의의 양의 정수 N에 대하여 $p_1, p_2, p_3, \dots, p_n$은 N보다 작거나 같은 모든 서로 다른 소수들이라고 하자. 각 $p_i < N\ (i = 1, 2, \dots, n)$와 정수 m에 대하여 다음과 같은 곱

$$p_1^{e_1} p_2^{e_2} p_3^{e_3} \cdots p_n^{e_n} \times m^2 \quad (e_i \in 0, 1)$$

을 생각하자. 위의 곱에서 $m^2 \le N\,(m \le \sqrt{N})$을 만족하는 서로 다른 소인수분해의 방법의 수는 정확하게 2^n 가지이다. 이 의미는 N보다 작거나 같은 수의 개수는 많아야 $2^n \sqrt{N}$ 가지이므로 $N \le 2^n \sqrt{N}$ 이다. 즉, $2^n \ge \sqrt{N}$ 또는 $n \ge \log_2 N$ 이다. 그러므로 N이 무한히 커짐에 따라 소수의 개수 n도 무한히 커진다. 따라서 소수의 개수는 무한하다. 🕮

위의 정리 5.2.4에서 소수의 개수가 무한하다는 것을 알았다. 항의 개수가 무한하기 때문에 다음 단계로 무한급수

$$\frac{1}{2} + \frac{1}{3} + \frac{1}{5} + \frac{1}{7} + \frac{1}{11} + \frac{1}{13} + \cdots$$

의 수렴 또는 발산에 대하여 생각할 수 있다. 오일러는 이 문제를 해석적 수론을 통하여 발산한다는 믿을 수 없는 결과를 얻었다. 오일러의 이 결과는 에르도스(Erdos)의 확장에 기초하여 다음 정리로 나타낼 수 있다.

[정리 5.2.5] 무한급수

$$\frac{1}{2} + \frac{1}{3} + \frac{1}{5} + \frac{1}{7} + \frac{1}{11} + \frac{1}{13} + \cdots$$

는 발산한다.

증명 무한급수

$$\frac{1}{2}+\frac{1}{3}+\frac{1}{5}+\frac{1}{7}+\frac{1}{11}+\frac{1}{13}+\cdots$$

가 수렴한다고 가정하자. 그러면 적당한 n이 존재하여 위의 수열의 꼬리 부분의 합이 $\frac{1}{2}$보다 작게 할 수 있다. 즉, 다음 식을 만족하는 적당한 n이 존재한다.

$$\frac{1}{p_{n+1}}+\frac{1}{p_{n+2}}+\frac{1}{p_{n+3}}+\cdots < \frac{1}{2}$$

처음 n개의 소수 $p_1, p_2, p_3, \ldots, p_n$으로 나누어지는 x보다 작거나 같은 양의 정수의 개수를 $N_n(x)$라고 하자. 각 p_i $(i=1,2,3,\ldots,n)$와 정수 m에 대하여 다음과 같은 곱

$$N= k\times m^2,\ \ k=p_1^{e_1}p_2^{e_2}p_3^{e_3}\cdots p_n^{e_n}\times m^2\ \ (e_i\in 0,1)$$

에서 k의 값은 정확하게 2^n가지로 표현된다. 따라서 $m<\sqrt{x}$이고 $m^2\le N< x$라고 하면,

$$N_n(x)< 2^n\sqrt{x} \tag{5.2.1}$$

가 된다. 또한, x보다 작거나 같은 양의 정수 중에서 소수 p의 배수의 개수는 많아야 $\frac{x}{p}$개이다. 따라서 x보다 작거나 같은 양의 정수 중 처음 n개의 소수 $p_1, p_2, p_3, \ldots, p_n$을 제외한 모든 소수의 배수의 개수는 많아야

$$\frac{x}{p_{n+1}}+\frac{x}{p_{n+2}}+\frac{x}{p_{n+3}}+\cdots$$

개로 $\frac{1}{2}x$보다 작다. 따라서 $x-N_n(x)<\frac{1}{2}x$가 된다. 즉,

$$N_n(x)>\frac{1}{2}x \tag{5.2.2}$$

이다. 식 (5.2.1)과 식 (5.2.2)로부터 $\frac{1}{2}x < N_n(x) < 2^n\sqrt{x}$ 이고 $x < 2^{2n+2}$ 임을 알 수 있다. 여기서 우리는 $x > 2^{2n+2}$ 인 x를 선택할 수 있으므로 모순이 된다. 따라서 주어진 무한급수는 발산한다. 🕮

정리 5.2.5로부터 H_∞이 발산함을 얻을 수 있다. 또한 무한급수

$$\frac{1}{2}+\frac{1}{3}+\frac{1}{5}+\frac{1}{7}+\frac{1}{11}+\frac{1}{13}+\cdots$$

은 H_∞ 보다 더 천천히 발산함을 알 수 있다. 예를 들면,

$$\sum_{p\,:\,\text{소수}}\frac{1}{p} = 2.887289\cdots \quad (p < 1000000)$$

이다. 소수에 대한 급수

$$\sum_{p\,:\,\text{소수}}\frac{1}{p}$$

을 확장하여 다음의 정리를 생각할 수 있다.

[정리 5.2.6] $n > 1$인 정수에 대하여 무한급수

$$\sum_{p\,:\,\text{소수}}\frac{1}{p^n}$$

은 수렴한다.

증명 리만 제타함수 $\zeta(s)$

$$\zeta(s) = \sum_{r=1}^{\infty}\frac{1}{r^s}$$

에 대하여 $\zeta(2) = \frac{\pi^2}{6}$ 라는 것은 잘 알려져 있다. 이 사실을 이용하면,

$$\sum_{p:\text{소수}} \frac{1}{p^n} \le \sum_{p:\text{소수}} \frac{1}{p^2} < \sum_{r=1}^{\infty} \frac{1}{r^2} - 1 = \frac{\pi^2}{6} - 1 < 1$$

이므로 수렴한다. 🕮

이를 확장하면 $s = \sigma + it\,(\sigma,\ t$는 실수)에 대하여 다음과 같이 확장할 수 있다.

> [정리 5.2.7] $\sigma > 1$인 $s = \sigma + it\ (\sigma,\ t$는 실수)에 대하여 무한급수
>
> $$\sum_{p:\text{소수}} \frac{1}{p^s}$$
>
> 는 수렴한다.

증명 제타함수 $\zeta(s)$는 $\sigma > 1$에서 수렴함이 잘 알려져 있다.

$$\sum_{p:\text{소수}} \frac{1}{p^s} \le \left|\sum_{p:\text{소수}} \frac{1}{p^s}\right| \le \sum_{p:\text{소수}} \left|\frac{1}{p^s}\right| \le \sum_{p:\text{소수}} \frac{1}{p^\sigma} < \sum_{r=1}^{\infty} \frac{1}{r^\sigma} = \zeta(\sigma)$$

이므로 수렴한다. 🕮

(나) 교대 조화급수(Alternating Harmonic series)

교대급수(Alternating series)

$$1 - \frac{1}{2} + \frac{1}{3} - \frac{1}{4} + \frac{1}{5} \mp \cdots$$

를 교대 조화급수라고 한다. 그리고 이 급수의 값은 $\ln 2$로 뉴턴(Newton) 급수

$$\begin{aligned} \ln(1+x) &= x - \frac{1}{2}x^2 + \frac{1}{3}x^3 - \frac{1}{4}x^4 \pm \cdots \\ &= \sum_{n=1}^{\infty} \frac{(-1)^{n+1}}{n} x^n \quad (-1 < x \le 1) \end{aligned} \tag{5.2.3}$$

의 $x = 1$인 특별한 경우이다. 또한, $\dfrac{1}{1+x}$의 멱급수에 x^2을 대입한 후

$[0, x]$로 적분하면 다음 식을 얻는다.

$$\arctan(x) = x - \frac{x^3}{3} + \frac{x^5}{5} - \frac{x^7}{7} + \frac{x^9}{9} \mp \cdots \quad (-1 < x \le 1)$$

여기서 $\arctan(x)$는 $\tan x$의 역함수이다. 이 식으로 부터 분모가 홀수인 값의 교대급수

$$1 - \frac{1}{3} + \frac{1}{5} - \frac{1}{7} + \frac{1}{9} \mp \cdots$$

의 값이 $\frac{\pi}{4}$와 같다는 것을 얻을 수 있다.

5.3 조화급수에 대한 q-확장

앞 절에서 정의한 조화수 H_n을 부정원(indeterminate) q를 사용하여 앞 절의 결과를 확장하고자 한다. 먼저 실수 q에 대하여 양의 정수 n에 대한 q-확장을

$$[n]_q = \frac{1-q^n}{1-q} = 1 + q + q^2 + \cdots + q^{n-1}$$

로 정의하자. 그러면 q의 값을 1로 가까이 보내면 $[n]_q$는 n이다. 즉,

$$\lim_{q \to 1} [n]_q = n$$

이제 $[n]_q$에 대하여 q-확장 조화수 $H_{n;q}$를 다음과 같이 정의하자.

[정의 5.3.1] 다음과 같이 정의된 $H_{n;q}$를 **q-확장 조화수**라고 한다.

$$H_{n;q} = \sum_{k=1}^{n} \frac{1}{[k]_q} = 1 + \frac{1}{[2]_q} + \cdots + \frac{1}{[n]_q}$$

q-확장 조화수 $H_{n;q}$는 점화식 형식으로 다음과 같이 표현된다.

$$H_{1;q}=1,\quad H_{n;q}=H_{n-1;q}+\frac{1}{[n]_q}\,(n>1)$$

여기에서 $H_{n;q}$에서 q의 값을 1로 가까이 보내면

$$\lim_{q\to 1} H_{n;q}=H_n$$

이다.

Koornwinder는 로그함수

$$-\ln(1-x)=x+\frac{1}{2}x^2+\frac{1}{3}x^3+\cdots=\sum_{n=1}^{\infty}\frac{1}{n}x^n \qquad (|x|<1)$$

의 q-확장을 다음과 같이 정의하였다.

$$\ln_q(x)=\sum_{n=1}^{\infty}\frac{x^n}{1-q^n}$$

그러면 q의 값을 1로 가까이 보낼 때

$$\lim_{q\to 1}(1-q)\ln_q(x)=-\log(1-x)$$

가 성립한다. 이제 q-확장 조화수 $H_{n;q}$의 생성함수에 대하여 생각하여 보기로 한다.

[정리 5.3.2] 조화수(harmonic number) H_n에 대한 생성함수는 다음과 같다.

$$\frac{1-q}{1-x}\ln_q(x)=\sum_{n=1}^{\infty}H_{n;q}\,x^n$$

증명 q-확장 로그함수

$$\ln_q(x)=\sum_{n=1}^{\infty}\frac{x^n}{1-q^n}$$

의 양변에 $1-q$를 곱하면

$$(1-q)\ln_q(x) := \sum_{n=1}^{\infty} \frac{x^n}{[n]_q}$$

이다. 따라서 $H_{n;q}$의 점화식 표현을 이용하면,

$$\begin{aligned}(1-q)\ln_q(x) &= H_{1;q}x + \sum_{n=2}^{\infty}(H_{n;q} - H_{n-1;q})x^n \\ &= \sum_{n=1}^{\infty} H_{n;q}x^n - \sum_{n=1}^{\infty} H_{n;q}x^{n+1} \\ &= (1-x)\sum_{n=1}^{\infty} H_{n;q}x^n\end{aligned}$$

이므로 결과가 성립된다. 🕮

무한급수의 수렴성의 판정법에는 비교판정법, 적분판정법, 근판정법, 비판정법 등이 있다. 그 중에서 비판정법을 소개하고자 한다.

> [정리 5.3.3] (**비판정법, Ratio Test**) 양항급수 $\sum_{n=1}^{\infty} a_n$에서
>
> $$R = \lim_{n\to\infty} \frac{a_{n+1}}{a_n}$$
>
> 이라고 하면, 이 급수는 $R<1$에서 수렴하고 $R>1$에서 발산한다.

다음은 무한급수의 수렴성에 관한 정리이다.

> [정리 5.3.4] 급수 $\sum_{n=1}^{\infty} |a_n|$가 수렴하면 $\sum_{n=1}^{\infty} a_n$는 수렴한다. 즉, 절대수렴하면 수렴한다.

정리 5.1.2, 정리 5.1.3과 정리 5.3.3, 정리 5.3.4를 이용하여 n을 무한히 크게 보낼 때 $H_{n;q}$이 극한값

$$H_{\infty;q} = \lim_{n\to\infty} H_{n;q}$$

의 수렴성을 다음 정리로 확인 할 수 있다.

[정리 5.3.5] $H_{\infty;q} = \lim_{n\to\infty} H_{n;q}$ 는 $-1 < q \le 1$ 에서 발산하고, $q < -1$ 과 $1 < q$ 에서 수렴한다.

증명 q의 범위를 $-1 < q < 0$, $q = 0$, $0 < q \le 1$로 나누어 발산함을 증명하자.

(i) 자연수 n에 대하여 $q = 0$ 이라 하면, $[n]_q = [n]_0 = 1$ 이다. 따라서 $H_{n;0} = n$ 이므로 $H_{\infty;0}$ 는 발산한다.

(ii) $-1 < q < 0$ 라 하면, $[n]_q < 1$ 이다. 따라서 $H_{n;q} > n$ 이므로 $H_{\infty;q}$는 발산한다.

(iii) $0 < q \le 1$ 라 하면, $[n]_q \le n$ 이다. 따라서 $\frac{1}{[n]_q} \ge \frac{1}{n}$ 이고 $H_{\infty;q} \ge H_\infty$ 이므로 $H_{\infty;q}$ 는 발산한다.

(iv) $1 < q$ 이라 하면,

$$H_{\infty;q} = \lim_{n\to\infty} H_{n;q} = \sum_{n=1}^{\infty} \frac{1}{[n]_q}$$

이다. 정리 5.3.3의 비판정법을 적용하면,

$$R = \lim_{n\to\infty} \frac{1/[n+1]_q}{1/[n]_q} = \lim_{n\to\infty} \frac{[n]_q}{[n+1]_q} = \lim_{n\to\infty} \frac{1-q^n}{1-q^{n+1}} = \frac{1}{q} < 1$$

이므로 수렴한다.

(v) $q < -1$일 때,

$$H_{\infty;q} = \lim_{n\to\infty} H_{n;q} = \sum_{n=1}^{\infty} \frac{1}{[n]_q}$$

이 수렴함을 보이기 위해 절대 수렴함을 보이고자 한다. 즉, 무

한급수

$$\sum_{n=1}^{\infty}\left|\frac{1}{[n]_q}\right|$$

이 수렴함을 보이면 된다. 정리 5.3.3의 비판정법을 적용하면,

$$R=\lim_{n\to\infty}\frac{|1/[n+1]_q|}{|1/[n]_q|}=\lim_{n\to\infty}\left|\frac{[n]_q}{[n+1]_q}\right|$$
$$=\lim_{n\to\infty}\left|\frac{1-q^n}{1-q^{n+1}}\right|=\left|\frac{1}{q}\right|<1$$

이므로 정리 5.3.4에 의해 수렴한다. 따라서 결과가 증명된다. 🕮

[예제 5.3.1] 정리 5.3.5의 q 에 $\frac{1}{2}, 2, -2$를 대입하면, $H_{\infty;\frac{1}{2}}$은 발산하고 $H_{\infty;2}$와 $H_{\infty;-2}$는 수렴한다.

풀이 (i) $q=\frac{1}{2}$이라 하면, $[n]_q=\frac{2^n-1}{2^{n-1}}$이므로

$$H_{\infty;\frac{1}{2}}=\sum_{n=1}^{\infty}\frac{1}{[n]_{\frac{1}{2}}}=\sum_{n=1}^{\infty}\frac{2^{n-1}}{2^n-1}$$
$$=1+\frac{2}{3}+\frac{4}{7}+\frac{8}{15}+\frac{16}{31}+\cdots$$

이고 $H_{\infty;\frac{1}{2}}$은 발산한다.

(ii) $q=2$라 하면, $[n]_q=2^n-1$이므로

$$H_{\infty;2}=\sum_{n=1}^{\infty}\frac{1}{[n]_2}=\sum_{n=1}^{\infty}\frac{1}{2^n-1}$$
$$=1+\frac{1}{3}+\frac{1}{7}+\frac{1}{15}+\frac{1}{31}+\cdots$$

이고 $H_{\infty;2}$는 수렴한다.

(iii) $q=-2$라 하면, $[n]_q=\frac{1-(-2)^n}{3}$이므로

$$H_{\infty;-2}=\sum_{n=1}^{\infty}\frac{1}{[n]_{-2}}=\sum_{n=1}^{\infty}\frac{3}{1-(-2)^n}$$
$$=1-1+\frac{1}{3}-\frac{1}{5}+\frac{1}{11}-\frac{1}{21}+\cdots$$

이고 $H_{\infty;-2}$는 수렴한다.

여기서 소수와 관련하여 다음과 같은 급수를 생각할 수 있다.

$$\frac{1}{[2]_q}+\frac{1}{[3]_q}+\frac{1}{[5]_q}+\frac{1}{[7]_q}+\frac{1}{[11]_q}+\frac{1}{[13]_q}+\cdots$$

위 급수는 정리 5.3.5에 의해 $q<-1$와 $1<q$에서 수렴함을 알 수 있다. 발산함은 다음의 정리로 보일 수 있다.

[정리 5.3.6] $-1<q\leq 1$에서 무한급수

$$\frac{1}{[2]_q}+\frac{1}{[3]_q}+\frac{1}{[5]_q}+\frac{1}{[7]_q}+\frac{1}{[11]_q}+\frac{1}{[13]_q}+\cdots$$

는 발산한다.

증명 정리 5.3.5와 같이 q의 범위를 $-1<q<0$, $q=0$, $0<q\leq 1$로 나누어 증명한다.

소수 p에 대하여 먼저 $q=0$이라 하면, $[p]_0=1$이고 정리 5.2.1에 의하여 소수의 개수는 무한함으로 주어진 급수는 발산한다. $-1<q<0$라 하면, $[p]_q<1$이다. 따라서 $\frac{1}{[p]_q}>1$이므로 비판정법에 의해 주어진 급수는 발산한다. $0<q\leq 1$라 하면, $[p]_q\leq p$이다. 따라서 $\frac{1}{[p]_q}\geq\frac{1}{p}$이므로 정리 5.2.5에 의해 주어진 급수는 발산한다. 🕮

[정리 5.3.7] 위로 유계인 증가수열은 수렴한다.

교대급수(Alternating series)

$$1-\frac{1}{2}+\frac{1}{3}-\frac{1}{4}+\frac{1}{5}-\cdots$$

의 q-확장으로 무한급수

$$1-\frac{1}{[2]_q}+\frac{1}{[3]_q}-\frac{1}{[4]_q}+\frac{1}{[5]_q}-\cdots$$

에 대하여 정리 5.3.7을 이용하면 다음의 정리를 생각 할 수 있다.

> [정리 5.3.8] $1 \le q$ 에서 무한급수
>
> $$\begin{aligned}(q-1)\ln_q(-1) &= \sum_{n=1}^{\infty}\frac{(-1)^{n+1}}{[n]_q}\\ &= 1-\frac{1}{[2]_q}+\frac{1}{[3]_q}-\frac{1}{[4]_q}+\frac{1}{[5]_q}-\cdots\end{aligned}$$
>
> 는 수렴한다.

증명 자연수 n에 대하여 $1 \le q$일 때, $1 \le [n]_q < [n+1]_q$ 임을 알 수 있다. 따라서

$$1 \ge \frac{1}{[n]_q} > \frac{1}{[n+1]_q} \quad \text{또는} \quad \frac{1}{[n]_q}-\frac{1}{[n+1]_q} > 0$$

이다. 또한 $1 \le q$에서 $\displaystyle\lim_{n\to\infty}\frac{1}{[n]_q}=\lim_{n\to\infty}\frac{q-1}{q^n-1}=0$이다.

$(q-1)\ln_q(-1)$의 수열을 앞에서부터 두 항씩 묶어 생각하면

$$\left(1-\frac{1}{[2]_q}\right)+\left(\frac{1}{[3]_q}-\frac{1}{[4]_q}\right)+\left(\frac{1}{[5]_q}-\frac{1}{[6]_q}\right)+\cdots$$

이므로 증가수열이다. 그리고

$$1-\left\{\left(\frac{1}{[2]_q}-\frac{1}{[3]_q}\right)+\left(\frac{1}{[4]_q}-\frac{1}{[5]_q}\right)+\left(\frac{1}{[6]_q}-\frac{1}{[7]_q}\right)+\cdots\right\}<1$$

이므로 위로 유계이다. 정리 5.3.7로부터 주어진 급수는 수렴한다.

□

5.4 오일러-마쉬로니 상수 γ

5.4.1 H_n 에서 γ 로의 접근

우리는 5.2절에서 조화수 H_n 에 대하여 다루었다. 그리고 $H_\infty = \lim_{n\to\infty} H_n$ 이 매우 천천히 발산함을 알았다. 이에 조화수 H_n 의 값을 면적 $\ln n$ 과 관련하여 평가할 수 있다.

그림 5.4.1은 밑변의 길이가 1인 외접직사각형의 합으로 면적 $\ln n$ 을 포함하는 영역을 나타낸 것이다.

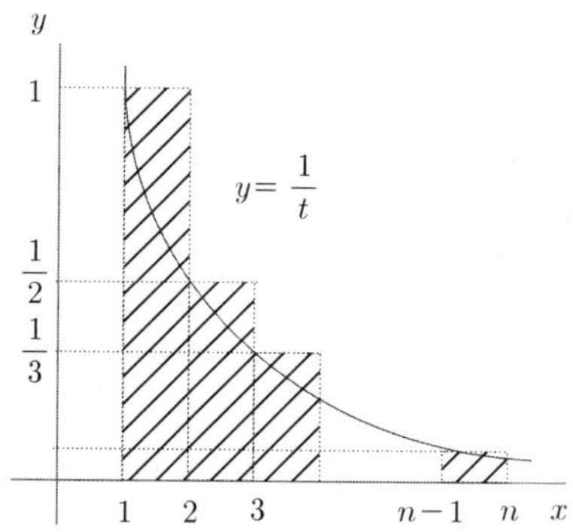

[그림 5.4.1] 면적 $\ln n$ 을 포함하는 사각형의 합 $H_n - \frac{1}{n}$

아래의 그림 5.4.2는 밑변의 길이가 1인 내접사각형의 합으로 면적 $\ln n$ 에 포함되는 영역을 나타낸 것이다.

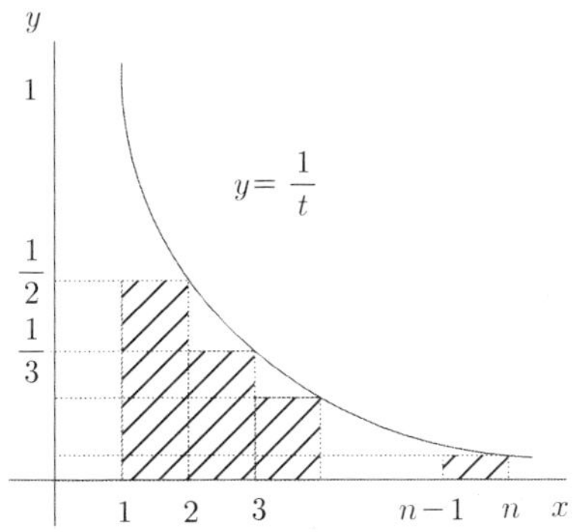

[그림 5.4.2] 면적 $\ln n$에 포함되는 사각형의 합 $H_n - 1$

그림 5.4.1과 그림 5.4.2를 이용하면, 다음 부등식을 얻을 수 있다.

$$\frac{1}{2}+\frac{1}{3}+\cdots+\frac{1}{n}<\int_1^n \frac{1}{x}dx<1+\frac{1}{2}+\frac{1}{3}+\cdots+\frac{1}{n-1}$$

즉,

$$H_n - 1 < \ln n < H_n - \frac{1}{n}$$

또는

$$\ln n + \frac{1}{n} < H_n < \ln n + 1$$

이다 여기에서 우리는 H_n 의 값을 $\dfrac{1}{n}$ 보다 크고 1보다 작은 오차의 범위에서 $\ln n$으로 평가할 수 있다. 즉,

$$\frac{1}{n} < H_n - \ln n < 1$$

이고, 여기에서 $n \to \infty$ 에 대한 극한값이 존재하면 그 값은 다음 부등식을 만족한다.

$$0 \leq \lim_{n\to\infty}(H_n - \ln n) \leq 1$$

그림 5.4.1과 그림 5.4.2에서 두 값의 평균으로 면적 $\ln n$의 근사값을 다음과 같이 평가할 수 있다.

$$\begin{aligned}\int_1^n \frac{1}{x}dx &= \ln n \\ &\approx \frac{1}{2}\left(1+\frac{1}{2}\right)+\frac{1}{2}\left(\frac{1}{2}+\frac{1}{3}\right)+\cdots+\frac{1}{2}\left(\frac{1}{n-1}+\frac{1}{n}\right) \\ &= \frac{1}{2}\left(2H_n - 1 - \frac{1}{n}\right) = H_n - \frac{1}{2} - \frac{1}{2n}\end{aligned}$$

이므로

$$\ln n \approx H_n - \frac{1}{2} - \frac{1}{2n}$$

이다. 즉,

$$H_n - \ln n \approx \frac{1}{2} + \frac{1}{2n}$$

이다. 따라서

$$\lim_{n\to\infty}(H_n - \ln n) \approx 0.5$$

이다. 여기서 n이 커짐에 따라 $H_n \approx \ln n + 0.5$ 임을 알 수 있다. 참고로 표 5.4.3은 n의 값에 따라 조화수 H_n과 $\ln n + \gamma$ 사이의 값을 비교한 표이다.

<표 5.4.3> 조화수 H_n과 $\ln n+\gamma$의 값

n	H_n	$\ln n+\gamma$
10	$\dfrac{7381}{2520}=2.92897\cdots$	$2.8798\cdots$
20	$\dfrac{55835135}{15519504}=3.59774\cdots$	$3.57295\cdots$
30	$\dfrac{9304682830147}{2329089563800}=3.99499\cdots$	$3.97841\cdots$
40	$\dfrac{2078178381193813}{485721041551200}=4.27854\cdots$	$4.2661\cdots$
50	$\dfrac{13943237577224054960759}{3099044504245996706400}=4.49921\cdots$	$4.48924\cdots$
60	$\dfrac{15117092380124150817026911}{3230237388259077233637600}=4.67987\cdots$	$4.67156\cdots$
70	$\dfrac{42535343474848157886823113473}{8801320137209899102584580800}=4.83284\cdots$	$4.82571\cdots$
80	$\dfrac{4880292608058024066886120358155997}{982844219842241906412811281988800}=4.96548\cdots$	$4.95924\cdots$
90	$\dfrac{3653182778990767589396015372875328285861}{718766754945489455304472257065075294400}=5.08257\cdots$	$5.07703\cdots$
100	$\dfrac{14466636279520351160221518043104131447711}{2788815009188499086561352357412492142272}=5.18738\cdots$	$5.18239\cdots$

이제 우리는 γ의 존재성에 대하여 논하여 보기로 하자. 먼저 적분에 대한 평균값 정리를 소개한다.

[정리 5.4.1] (**적분에 대한 평균값 정리**) 연속함수 $f(x)$에 대하여

$$\int_a^b f(x)\,dx=(b-a)f(c)$$

을 만족하는 $c(\in[a,b])$가 존재한다.

수열 $H_n-\ln(n+\alpha)$에 정리 5.3.7과 정리 5.4.1을 이용하여 γ의 존재성을 보이고자 한다.

[정리 5.4.2] $\gamma = \lim_{n\to\infty}(H_n - \ln n)$는 수렴한다.

증명 연속함수 $\ln x$에 구간 $\left[\frac{1}{n}, \frac{1}{n+1}\right]$ 위에서 정리 5.4.1을 적용하면,

$$\int_{1/(n+1)}^{1/n} \ln x\, dx = \left(\frac{1}{n} - \frac{1}{n+1}\right)\ln c_n$$
$$= \frac{1}{n(n+1)}\ln c_n, \quad \left(\frac{1}{n+1} < c_n < \frac{1}{n}\right)$$

이다. 또한

$$\int_{1/(n+1)}^{1/n} \ln x\, dx = [x\ln x - x]_{1/(n+1)}^{1/n}$$

$$= \left(\frac{1}{n}\ln\frac{1}{n} - \frac{1}{n}\right) - \left(\frac{1}{n+1}\ln\frac{1}{n+1} - \frac{1}{n+1}\right)$$

$$= \frac{1}{n(n+1)}(n\ln(n+1) - (n+1)\ln n) - \frac{1}{n(n+1)}$$

$$= \frac{1}{n(n+1)}\left(\ln\frac{(n+1)^n}{n^{n+1}} - 1\right)$$

이다. 위의 두 식을 비교하면,

$$\frac{1}{n(n+1)}\ln c_n = \frac{1}{n(n+1)}\left(\ln\frac{(n+1)^n}{n^{n+1}} - 1\right)$$

을 얻을 수 있다. 즉,

$$\ln c_n = \ln\frac{(n+1)^n}{n^{n+1}} - 1$$

또는

$$\ln\frac{(n+1)^n}{n^{n+1}} - \ln c_n = 1$$

이다. 위의 식에 양변에 지수함수 exp를 취하면

$$\frac{(n+1)^n/n^{n+1}}{c_n}=e$$

이므로 양의 정수 n에 대하여

$$e=\left(1+\frac{1}{n}\right)^n\frac{1}{nc_n}$$

이고 $1/(n+1)<c_n<1/n$ 이므로

$1<1/(nc_n)<1+1/n$ 이다.

여기에서 $a_n=1/(nc_n)$이라 두면, 자연수 n에 대하여

$$e=a_n\left(1+\frac{1}{n}\right)^n,\quad 1<a_n<1+\frac{1}{n}$$

이다. $1<a_n<1+1/n$ 에 $n\to\infty$를 취하면

$$\lim_{n\to\infty}1\le\lim_{n\to\infty}a_n\le\lim_{n\to\infty}\left(1+\frac{1}{n}\right)$$

이므로 $\lim_{n\to\infty}a_n=1$이다. 따라서

$$e=\lim_{n\to\infty}a_n\left(1+\frac{1}{n}\right)^n=\lim_{n\to\infty}\left(1+\frac{1}{n}\right)^n$$

을 얻을 수 있다. 이 표현은 e의 잘 알려진 표현 중 하나이다. 식 $e=a_n(1+1/n)^n$ 에서 n을 r로 바꾸고 양변에 로그를 취한 후 정리하면

$$\frac{1}{r}=\frac{1}{r}\ln a_r+\ln\left(\frac{r+1}{r}\right)$$

을 얻는다. $r=1,2,\ldots,n$ 에 대해서 위의 식을 각 변끼리 더하면

$$\sum_{r=1}^{n}\frac{1}{r}=\sum_{r=1}^{n}\frac{1}{r}\ln a_r+\sum_{r=1}^{n}\ln\left(\frac{r+1}{r}\right)$$
$$=\sum_{r=1}^{n}\frac{1}{r}\ln a_r+\ln(n+1)$$

이다. 즉,

$$H_n - \ln(n+1) = \sum_{r=1}^{n} \frac{1}{r} \ln a_r$$

이다. $a_r > 1$이므로 $\displaystyle\sum_{r=1}^{n} \frac{1}{r} \ln a_r$는 n이 커짐에 따라 증가한다.

따라서 $H_n - \ln(n+1)$도 증가함이 증명된다.

이제 위로 유계임을 보이자. $1 < a_n < 1 + 1/n$이므로

$$H_n - \ln(n+1) = \sum_{r=1}^{n} \frac{1}{r} \ln a_r < \sum_{r=1}^{n} \frac{1}{r} \ln\left(1 + \frac{1}{r}\right)$$

이다. 기하학적으로 $x > 0$ 에 대하여 $\ln(1+x) < x$이므로

$$H_n - \ln(n+1) < \sum_{r=1}^{n} \frac{1}{r} \ln\left(1 + \frac{1}{r}\right) < \sum_{r=1}^{n} \frac{1}{r^2} < \frac{\pi^2}{6}$$

을 얻을 수 있고, 이 사실로 $H_n - \ln(n+1)$은 위로 유계이다.

따라서 정리 5.3.7에 의하여

$$\lim_{n \to \infty} \{H_n - \ln(n+1)\}$$

은 수렴한다. 마지막으로,

$$\gamma = \lim_{n \to \infty} (H_n - \ln n) = \lim_{n \to \infty} \left\{H_n - \ln(n+\alpha) + \ln\left(\frac{n+\alpha}{n}\right)\right\}$$

$$= \lim_{n \to \infty} (H_n - \ln(n+\alpha))$$

이다. 여기에 $\alpha = 1$인 경우를 적용함으로써 $\gamma = \displaystyle\lim_{n \to \infty} (H_n - \ln n)$

의 수렴성이 증명된다. 🕮

1735년 오일러는

$$\zeta(2) = \sum_{n=1}^{\infty} \frac{1}{n^2} = \frac{1}{1^2} + \frac{1}{2^2} + \frac{1}{3^2} + \cdots = \frac{\pi^2}{6}$$

을 이용하여 베셀 방정식

$$y'' + \frac{1}{x} y' + (1 - \frac{n^2}{x^2}) y = 0$$

의 해를 유도하였다. 또한 오일러는 제타 함수와 조화수 H_n, 그리고 면적 $\ln n$ 사이의 관계식을 다음의 정리로 확립했다.

> [정리 5.4.3] (**오일러의 γ 표현**)
>
> $$\gamma = \sum_{k=2}^{\infty} (-1)^k \frac{\zeta(k)}{k}$$

증명 먼저 $\ln(1+x)$의 멱급수 표현

$$\ln(1+x) = x - \frac{1}{2}x^2 + \frac{1}{3}x^3 - \frac{1}{4}x^4 \pm \cdots \qquad (-1 < x \leq 1)$$

에서 x를 $\frac{1}{r}$로 바꾸면

$$\ln\left(1 + \frac{1}{r}\right) = \frac{1}{r} - \frac{1}{2r^2} + \frac{1}{3r^3} - \frac{1}{4r^4} + \cdots$$

이다. 즉

$$\frac{1}{r} = \ln\left(\frac{r+1}{r}\right) + \frac{1}{2r^2} - \frac{1}{3r^3} + \frac{1}{4r^4} - \cdots$$

이므로 $r = 1, 2, \ldots, n$에 대해서 위의 식을 각 변끼리 더하면

$$\sum_{r=1}^{n} \frac{1}{r} = \sum_{r=1}^{n} \ln\left(\frac{r+1}{r}\right) + \frac{1}{2}\sum_{r=1}^{n} \frac{1}{r^2} - \frac{1}{3}\sum_{r=1}^{n} \frac{1}{r^3} + \frac{1}{4}\sum_{r=1}^{n} \frac{1}{r^4} - \cdots$$

이다. 따라서

$$H_n - \ln(n+1) = \frac{1}{2}\sum_{r=1}^{n} \frac{1}{r^2} - \frac{1}{3}\sum_{r=1}^{n} \frac{1}{r^3} + \frac{1}{4}\sum_{r=1}^{n} \frac{1}{r^4}$$

을 얻을 수 있다. 여기에서 양변에 $n \to \infty$을 적용하면 결과가 성립한다. □

정리 5.4.3은 발산하는 조화수 H_n과 발산하는 자연로그 함수값 $\ln(n+1)$ 사이의 차가 무한개의 수렴하는 제타함수의 합으로 나타남을 보여준다. 즉,

$$\gamma = \frac{1}{2}\zeta(2) - \frac{1}{3}\zeta(3) + \frac{1}{4}\zeta(4) - \cdots$$

이다. 또한 오일러는 $\zeta(s)$에서 $s=2n$ (n은 자연수)일 때,

$$\zeta(2n) = -\frac{B_{2n}}{2(2n)!}(2\pi i)^{2n}$$

을 계산하게 된다. 그러나 $s=2n+1$ (n은 자연수)일 때는 아직도 해결되지 않았다. 여기에서 γ의 표현은 $s=2n+1$일 때의 $\zeta(s)$의 값을 찾는데 유용한 도구로 쓰일 것이다.

5.4.2 γ의 적분 표현

앞에서 언급했듯이 오일러-마쉬로니 상수 γ의 표현은 대단히 중요하게 다루고 있다. 여기에서는 적분을 이용한 표현을 소개하고자 한다.

[정리 5.4.4] $\gamma = \int_0^1 (1-e^{-t})\frac{dt}{t} - \int_1^\infty e^{-t}\frac{dt}{t}$

증명 자연수 n에 대한 기본적인 항등식

$$1 + \frac{1}{2} + \frac{1}{3} + \cdots + \frac{1}{n} = \int_0^1 \frac{1-(1-t)^n}{t}dt$$

로부터 오른쪽 적분에서 t를 $\frac{t}{n}$로 치환하면

$$\int_0^1 \frac{1-(1-t)^n}{t}dt = \int_0^n \left\{1-\left(1-\frac{t}{n}\right)^n\right\}\frac{dt}{t}$$

이다. 따라서 $H_n - \ln n$의 값은

$$H_n - \ln n = \int_0^n \left\{1 - \left(1 - \frac{t}{n}\right)^n\right\}\frac{dt}{t} - \int_1^n \frac{dt}{t}$$

$$= \int_0^1 \left\{1 - \left(1 - \frac{t}{n}\right)^n\right\}\frac{dt}{t} - \int_1^n \left(1 - \frac{t}{n}\right)^n \frac{dt}{t}$$

이고, 양변에 $n \to \infty$을 취하면

$$\gamma = \lim_{n\to\infty}\left[\int_0^1 \left\{1 - \left(1 - \frac{t}{n}\right)^n\right\}\frac{dt}{t} - \int_1^n \left(1 - \frac{t}{n}\right)^n \frac{dt}{t}\right]$$

이다. 이제 $0 \le t < n$ (n은 자연수)에 대하여 부등식

$$0 \le e^{-t} - \left(1 - \frac{t}{n}\right)^n \le \frac{t^2 e^{-t}}{n}$$

을 얻고 이 부등식으로부터

$$\gamma = \int_0^1 (1 - e^{-t})\frac{dt}{t} - \int_1^\infty e^{-t}\frac{dt}{t}$$

임이 증명된다. 🕮

[따름정리 5.4.5] $\gamma = \int_0^1 \left(1 - e^{-t} - e^{-\frac{1}{t}}\right)\frac{dt}{t}$

증명 정리 5.4.4의 두 번째 적분에서 $\frac{1}{t}$를 t로 치환함으로 증명된다.

🕮

[정리 5.4.6] $\gamma = \int_0^\infty e^{-t}\left(\frac{1}{1-e^{-t}} - \frac{1}{t}\right)dt$

증명 자연수 n에 대하여

$$1 + \frac{1}{2} + \frac{1}{3} + \cdots + \frac{1}{n} = \int_0^\infty (e^{-t} + e^{-2t} + \cdots + e^{-nt})dt$$

$$= \int_0^\infty \frac{e^{-t} - e^{-(n+1)t}}{1 - e^{-t}}dt$$

이고

$$\ln n = \int_1^n \int_0^\infty e^{-xt} dx\, dt = \int_0^\infty \int_1^n e^{-xt} dt\, dx$$

$$= \int_0^\infty \frac{e^{-t} - e^{-nt}}{t} dt$$

이므로 $H_n - \ln n$ 의 값에 $n \to \infty$ 을 취함으로 증명된다. 🕮

[따름정리 5.4.7] $\gamma = \int_0^1 \left(\frac{1}{\ln t} - \frac{1}{1-t} \right) dt$

증명 정리 5.4.6의 두 번째 적분에서 e^{-t} 를 t 로 치환함으로 증명된다.
🕮

[정리 5.4.8] (**디리클레의 γ 표현**)

$$\gamma = \int_0^\infty \left(\frac{1}{1+t} - e^{-t} \right) \frac{dt}{t}$$

증명 정리 5.4.6과 아래의 몇 가지 성질을 이용하여 증명할 수 있다. 먼저

$$\frac{d}{dt}\left(\ln \frac{t}{1+t} \right) = \frac{1}{(1+t)t}$$

이므로 양변을 구간 $[1, \infty]$로 적분하면 다음과 같다.

$$\int_1^\infty \frac{1}{(1+t)t} dt = \left[\ln \left(\frac{t}{1+t} \right) \right]_1^\infty = \ln 2$$

그리고

$$\int_0^1 \frac{1}{1+t} dt = \ln 2$$

이므로 다음 식이 성립한다.

$$\int_1^\infty \frac{1}{(1+t)t} dt - \int_0^1 \frac{1}{1+t} dt = 0$$

정리 5.4.6의 결과에 위의 식을 적용하면

$$\gamma=\int_0^1(1-e^{-t})\frac{dt}{t}-\int_0^1\frac{1}{1+t}dt+\int_1^\infty\frac{1}{(1+t)t}dt-\int_1^\infty e^{-t}\frac{dt}{t}$$

$$=\int_0^1\left(-\frac{1}{1+t}+\frac{1}{t}-\frac{e^{-t}}{t}\right)dt+\int_1^\infty\left(-\frac{1}{1+t}+\frac{1}{t}-\frac{e^{-t}}{t}\right)dt$$

$$=\int_0^\infty\left(\frac{1}{1+t}-e^{-t}\right)\frac{dt}{t}$$

이므로 증명된다. 🕮

[따름정리 5.4.9] $\gamma=\displaystyle\int_0^1\left(t-\frac{1}{1-\ln t}\right)\frac{dt}{t\ln t}$

증명 정리 5.4.8의 적분에서 e^{-t}을 t로 치환함으로 증명된다. 🕮

5.4.3 γ 의 급수 표현

앞의 정리 5.4.3에서 γ를 수렴하는 무한개의 제타함수의 합으로 표현하는 식

$$\gamma=\sum_{k=2}^{\infty}(-1)^k\frac{\zeta(k)}{k}$$

을 얻었다. 이 단원에서는 정리 5.4.3과 유사한 방법으로 γ의 또 다른 제타함수와 관련된 급수 표현을 생각하고자 한다.

[정리 5.4.10] $\gamma=1-\displaystyle\sum_{k=2}^{\infty}\frac{\zeta(k)-1}{k}$

증명 $\ln(1-x)$의 멱급수 표현에서 x 대신 $\dfrac{1}{l}$을 적용하면,

$$\ln\left(1-\frac{1}{l}\right)=-\frac{1}{l}-\frac{1}{2l^2}-\frac{1}{3l^3}-\frac{1}{4l^4}-\cdots$$

이고,

$$\frac{1}{l}+\ln\left(1-\frac{1}{l}\right)=-\sum_{k=2}^{\infty}\frac{1}{kl^k}$$

이다. 이 식을 이용하면

$$\sum_{k=2}^{\infty}\frac{\zeta(k)-1}{k}=\sum_{l=2}^{\infty}\sum_{k=2}^{\infty}\frac{1}{kl^k}$$

$$=-\lim_{n\to\infty}\sum_{l=2}^{n}\left\{\frac{1}{l}+\ln\left(l-\frac{1}{l}\right)\right\}$$

$$=-\lim_{n\to\infty}(H_n-\ln n-1)$$

$$=-\gamma+1$$

이므로 증명이 된다. 🕮

[정리 5.4.11] $\gamma=1-\ln 2+\sum_{k=2}^{\infty}(-1)^k\frac{\zeta(k)-1}{k}$

증명 $\ln(1+x)$의 멱급수 표현에서 x 대신 $\frac{1}{l}$을 적용하면

$$\frac{1}{l}-\ln\left(1+\frac{1}{l}\right)=\sum_{k=2}^{\infty}\frac{(-1)^k}{kl^k}$$

을 얻는다. 이 식을 이용하면

$$\sum_{k=2}^{\infty}(-1)^k\frac{\zeta(k)-1}{k}=\sum_{l=2}^{\infty}\sum_{k=2}^{\infty}\frac{(-1)^k}{kl^k}$$

$$=\lim_{n\to\infty}\sum_{l=1}^{n}\left\{\frac{1}{l}-\ln\left(1+\frac{1}{l}\right)\right\}+\sum_{k=2}^{\infty}\frac{(-1)^{k+1}}{k}$$

$$=\gamma+\ln 2-1$$

이므로 식이 성립된다. 🕮

다음 정리는 $s=2n+1$(n은 자연수)일 때의 수렴하는 $\zeta(s)$의 무한합으로 γ를 표현하는 식이다.

[정리 5.4.12] $\gamma = 1 - \frac{1}{2}\ln 2 - \sum_{k=1}^{\infty} \frac{\zeta(2k+1)-1}{2k+1}$

증명 정리 5.4.10과 정리 5.4.11의 각 변끼리 더하여 정리하면 얻어진다. 🕮

5.4.4 감마함수 $\Gamma(z)$와 γ 사이의 관계

감마함수 $\Gamma(z)$는 오일러에 의하여

$$\Gamma(z) = \int_0^{\infty} t^{z-1} e^{-t} dt \ \ (\mathrm{Re}(z) > 0)$$

와 같이 정의되었다. 또한 바이어스트라스(Weierstrass)는 상수 γ와 관련하여 $\Gamma(z)$를

$$\Gamma(z) = \frac{e^{-\gamma z}}{z} \prod_{n=1}^{\infty} \left\{ \left(1+\frac{z}{n}\right)^{-1} e^{\frac{z}{n}} \right\}$$

으로 표현하였다. 가우스는 $\Gamma(z)$를

$$\Gamma(z) = \lim_{n\to\infty} \frac{n!\, n^z}{z(z+1)\cdots(z+n)}$$

으로 표현하였다. 르장드르(Legendre)는 심볼 'Γ'을 처음으로 사용하여

$$\Gamma(z) = \int_0^1 \left(\ln\frac{1}{t}\right)^{z-1} dt \ \ (\mathrm{Re}(z) > 0)$$

으로 표현하였다.

중요한 사실로 $\Gamma(1)=1$이고 $\Gamma(z+1) = z\Gamma(z)$이다. 위의 바이어스트라스의 감마함수 표현에서 양변을 로그를 취하면

$$\begin{aligned}\ln\Gamma(z) &= -\gamma z - \ln z + \sum_{n=1}^{\infty}\ln\left\{\left(1+\frac{z}{n}\right)^{-1}e^{\frac{z}{n}}\right\}\\ &= -\gamma z - \ln z + \sum_{n=1}^{\infty}\left\{-\ln(n+z)+\ln n+\frac{z}{n}\right\}\end{aligned}$$

이다. 여기에 양변을 미분하면

$$\frac{\Gamma'(z)}{\Gamma(z)} = -\gamma - \frac{1}{z} + \sum_{n=1}^{\infty}\left\{-\frac{1}{n+z}+\frac{1}{n}\right\}$$

이다. 위의 값과 관련하여 Psi(또는 Digamma) 함수 $\psi(z)$를

$$\psi(z) := \frac{d}{dz}\ln\Gamma(z) = \frac{\Gamma'(z)}{\Gamma(z)} \text{ 또는 } \ln\Gamma(z) = \int_1^z \psi(t)dt$$

로 정의하자. 그러면 함수 $\psi(z)$는

$$\psi(1) = -\gamma,\ \psi(z) = -\gamma - \frac{1}{z} + \sum_{n=1}^{\infty}\frac{z}{n(n+z)}$$

이 된다. 주어진 $\psi(z)$ 함수에 $z=\frac{1}{2}$와 $z=-\frac{1}{2}$를 대입하여 γ의 값을 결정할 수 있다.

[정리 5.4.13] $\gamma = -2\ln 2 - \psi\left(\frac{1}{2}\right) = 2 - 2\ln 2 - \psi\left(-\frac{1}{2}\right)$

증명 우선 다음의 급수를 고려하자.

$$\begin{aligned}\sum_{k=1}^{\infty}\frac{1}{(k+1)(2k+1)} &= \lim_{n\to\infty}\sum_{k=1}^{n}\left(\frac{2}{2k+1}-\frac{1}{k+1}\right)\\ &= \lim_{n\to\infty}\sum_{k=1}^{n}\left(\frac{2}{2k+1}-\frac{2}{2k+2}\right)\\ &= \lim_{n\to\infty}2\sum_{k=3}^{2n}\frac{(-1)^{k+1}}{k}\\ &= 2\ln 2 - 1\end{aligned}$$

또, 다른 급수에 대하여 다음 식이 성립함을 알 수 있다.

$$\begin{aligned}\sum_{k=1}^{\infty}\frac{1}{k(2k+1)} &= \lim_{n\to\infty}\sum_{k=1}^{n}\left(\frac{1}{k}-\frac{2}{2k+1}\right)\\ &= \lim_{n\to\infty}\sum_{k=1}^{n}\left(\frac{2}{2k}-\frac{2}{2k+1}\right)\\ &= \lim_{n\to\infty}2\sum_{k=2}^{2n+1}\frac{(-1)^k}{k}\\ &= 2-2\ln 2\end{aligned}$$

따라서

$$\psi\left(\frac{1}{2}\right)=-\gamma-2+\sum_{k=1}^{\infty}\frac{1}{k(2k+1)}=-\gamma\quad 2\ln 2$$

이고,

$$\psi\left(-\frac{1}{2}\right)=-\gamma+2-\sum_{k=1}^{\infty}\frac{1}{k(2k-1)}=-\gamma+2-2\ln 2$$

이므로 결과를 얻는다. 🕮

6 q-볼켄본 적분과 관련된 해석학적 이론

6.1 르베그-라돈-니코딤 정리

이 장에서는 p을 고정된 소수라 하자. 그리고 , Z, Z_p, Q_p, C_p을 각각 유리정수의 환, p-진 정수환, p-진 유리수체 그리고, Q_p의 대수적 폐포의 완비화로 두자. v_p을 $|p|_p = p^{-v_p(p)} = p^{-1}$를 만족하는 C_p의 정규 지수값이라고 하고 $a + p^N Z_p = \{ x \in Z_p \mid x \equiv a \pmod{p^N} \}$라 하자. $0 \le a < p^N$ 인 정수 a를 잡자.

이때, $q \in C_p$이면 $|1-q|_p < p^{-\frac{1}{p-1}}$라 가정하자.

또한, $[x]_q = [x:q] = \dfrac{1-q^x}{1-q}$라 하자. 임의의 자연수 N에 대하여

$$\mu_q(a + p^N Z_p) = \frac{q^a}{[p^N]_q} \tag{1}$$

로 정의하고, 이것은 Z_p위의 초함수로 확상할 수 있다. 이 장에서는 μ_q는 Z_p위의 p-진 q-불변 초함수로 두자.

$f \in C^{(1)}(Z_p, C_p) = \{ f \mid f : Z_p \to C_p,\ C^{(1)}-\text{함수} \}$에 대하여, p-진 q-불변 적분은 다음과 같이 정의 된다.

$$I_q(f) = \int_{Z_p} f(x) d\mu_q(x) = \lim_{N \to \infty} \frac{1}{[p^N]_q} \sum_{x=0}^{p^N - 1} f(x) q^x \qquad (2)$$

q-베르누이 수를 다음과 같이 정의한다.

$$\beta_{m,q} = \int_{Z_p} q^{-x} [x]_q^m d\mu_q(x), \quad m \geq 0 \qquad (3)$$

$$\beta_{0,q} = \frac{q-1}{\log q}, \quad \beta_{m,q} = \frac{1}{(1-q)^m} \sum_{i=0}^{\infty} \binom{m}{i} \frac{i}{[i]_q}$$

또한, q-베르누이 다항식을 다음과 같이 정의한다.

$$\begin{aligned} \beta_{n,q}(x) &= \int_{Z_p} q^{-y} [x+y]_q^n d\mu_q(y) \qquad (4) \\ &= \sum_{k=0}^{n} \binom{n}{k} q^{kx} \beta_{k,q} [x]_q^{n-k}, \; n \geq 0 \end{aligned}$$

노름 $\| f \|_\infty = sup_{x \in Z_p} | f(x) |$ 이라면, $C(Z_p, C_p)$을 Z_p에서 C_p로의 모든 연속함수들의 공간이라 하자.

임의의 $x, m (\in Z_p, \; m \neq 0)$ 에 대하여

$\triangle_1 f(m, x) = \dfrac{f(x+m) - f(x)}{m}$, $(x, m \in Z_p, \; m \neq 0)$이다.

임의의 $m (\in Z_p \setminus \{0\})$과 $x \in Z_p$에 대하여 $| \triangle f(m, x) | \leq M$을 만족하는 상수 $M > 0$이 존재한다면, 함수 $f : Z_p \to C_p$을 리프시츠(Lipschitz) 함수라 한다.

모든 리프시츠 함수(또는 $C^{(1)}$-함수)의 C_p-선형시상을 $Lip(Z_p, C_p)$ (또는, $C^{(1)}(Z_p, C_p)$)로 표기한다.

이 공간은 노름 $\| f \|_1 = \| f \|_\infty \vee \| \triangle_1 f \|_\infty$에 관한 B바나흐 공간이다. 이 장에서는 앞에서 정의된 Z_p위의 p-진 q-불변 초함수에 의한 Lebesgue- Radon-Nikodym 정리의 아날로그를 유도하고자 한다.

6.1.1 Z_p위의 μ_q에 의한 Lebesgue-Radon-Nikodym 정리의 아날로그

$f \in C^{(1)}(Z_p, C_p)$에 대하여 q-볼켄본 적분을 다음과 같이 정의 한다.

$$I_q(f) = \int_{Z_p} f(x)\, d\mu_q(x) = \lim_{N\to\infty} \frac{1}{[p^N]_q} \sum_{x=0}^{p^N-1} f(x) q^x$$

이 정의는 $\mu_q(a+p^N Z_p) = \dfrac{q^a}{[p^N]_q}$에 의해 정의된 Z_p위의 p-진 q-불변 초함수를 기본으로 한다. q-볼켄본 적분의 확장의 의미에 의해,

$$|[p^n]_q \mu_q(a+p^n Z_p) - [p^{n+1}]_q \mu_q(a+p^{n+1} Z_p)| \le \delta_n \qquad (5)$$

이다. 여기서 $\delta_n \to 0$, $a \in Z$ 이다 .그리고 , δ_n은 a에 의존하는 것으로 Z_p위의 **약(또는 강) p-진 q-불변 초함수** μ_q로 간주한다.

$f(x)$을 Z_p위의 함수라 하자. 그러면 Z_p위의 약 μ_q에 의한 f의 q-볼켄본 적분은 극한이 존재한다면

$$\int_{Z_p} f(x) d\mu_q(x) = \lim_{N\to\infty} \sum_{x=0}^{p^N-1} f(x) \mu_q(x+p^N Z_p) \qquad (6)$$

이다. 이 경우, 우리는 f를 μ_q에 의한 q-볼켄본 적분이라 한다. 만약, Z_p위의 초함수 μ_q가

$$|\mu_q(a+p^N Z_p)| \le \frac{q^a}{|[p^N]_q|} c_n, \quad c_n \to 0$$

이면 1-admissible라 한다. 만일 μ_q가 Z_p위에서 1-admissible이면, 우리는 μ_q가 Z_p위에서 약 p-진 q-불변 초함수임을 보인다.

μ_q을 Z_p위에서 약 p-진 q-불변 초함수라 하자. 그러면 임의의 $x \in Z_p$에 대하여 $\lim_{N\to\infty} [p^N]_q \mu_q(x+Z_p)$ 가 존재하고, x에 대하여 평등하게 수렴한다. 우리는 Z_p위에서 p-진 q-불변 초함수에 대하여 μ_q

의 Radon-Nikodym 도함수의 q-아날로그를 다음과 같이 정의한다.

$$f_{\mu_q}(x) = \lim_{N\to\infty} [p^N]_q \mu_q(x + p^N Z_p) \tag{7}$$

$x, y \in Z_p$에 대하여, $|x-y|_p = p^{-m}$라 하자.

그러면, $x + p^m Z_p = y + p^m Z_p$이다. 따라서 다음이 성립한다.

$$\begin{aligned} |f_{\mu_q}(x) - f_{\mu_q}(y)| = |f_{\mu_q}(x) - [p^n]_q\mu_q(x+p^n Z_p) - f_{\mu_q}(y) \\ + [p^n]_q\mu_q(y+p^n Z_p) + [p^n]_q\mu_q(x+p^n Z_p) \\ - [p^m]_q\mu_q(x+p^m Z_p) - [p^n]_q\mu_q(y+p^n Z_p) \\ + [p^m]_q\mu_q(y+p^m Z_p)| \end{aligned} \tag{8}$$

만약, μ_q가 Z_p위의 강 p-진 q-불변 초함수이면, 어떤 상수 C와 $m < n$에 대하여

$$|[p^n]_q\mu_q(x+p^n Z_p) - [p^m]_q\mu_q(x+p^m Z_p)| \le Cp^{-m} \tag{9}$$

임을 알 수 있다.

$n \gg 0$에 대하여, $|f_{\mu_q}(x) - f_{\mu_q}(y)| \le C_1 p^{-m} = C_1|x-y|$, 여기서 C_1은 양의 실수인 상수임을 주의하자. 따라서 다음 정리가 성립한다.

[정의 6.1.1] μ_q가 Z_p위의 강 p-진 q-불변 초함수라 하자. 그러면 $f_{\mu_q} \in Lip(Z_p, C_p)$ 이다. $f \in C^{(1)}(Z_p, C_p)$라 하자. $a < p^N$인 임의의 자연수 a에 대하여 다음을 정의 한다.

$$\mu_{f,q}(a+p^n Z_p) = \int_{a+p^n Z_p} q^{-xp^n - a} f(x) d\mu_q(x) \tag{10}$$

여기서 적분은 q-**볼켄본 적분**이다.

아울러,

$$\mu_{f,q}(a+p^n Z_p)=\lim_{m\to\infty}\frac{1}{[p^{m+n}]_q}\sum_{x=0}^{p^m-1}f(a+p^n x)$$

$$=\lim_{m\to\infty}\frac{1}{[p^m]_q}\sum_{x=0}^{p^{m-n}-1}f(a+p^n x)$$

$$=\frac{1}{[p^n]_q}\int_{Z_p}q^{-p^n x}f(a+p^n x)\,d\mu_{q^{p^n}}(x)$$

임을 주의해야 한다.

식 (10)에 의해, 다음 정리를 얻을 수 있다.

> [정리 6.1.2] $f, g\in C^{(1)}(Z_p, C_p)$에 대하여 다음이 성립한다.
>
> $$\mu_{\alpha f+\beta g,q}=\alpha\mu_{f,q}+\beta\mu_{g,q},$$
>
> $$|\mu_{f,q}(a+p^n Z_p)|\le \|f\|_1\left|\frac{1}{[p^n]_q}\right|$$

$P(x)\in C_p[[x]_q]$을 임의의 다항식이라 하자. $\mu_{p,q}$는 Z_p위의 강 p-진 q-불변 초함수임을 증명할 것이다. 알 수 있다.

이것은 $P(x)=[x]_q^k$에 대한 명제를 증명하는 것으로도 충분하다. 먼저, a을 $0\le a<p^n$인 정수라 하면,

$$\mu_{P,q}(a+p^n Z_p)=\lim_{m\to\infty}\frac{1}{[p^m]_q}\sum_{i=0}^{p^{m-n}-1}[a+ip^n]_q^k$$

$$=\lim_{m\to\infty}\frac{1}{[p^m]_q}\Big(p^{m-n}[a]_q^k+k[a]_q^{k-1}q^a[p^n]_q\sum_{i=0}^{p^{m-n}-1}[i]_{q^{p^n}}$$

$$+\cdots+[p^n]_q^k q^{ak}\sum_{i=0}^{p^{m-n}-1}[i]_{q^{p^n}}^k\Big)$$

임을 알 수 있다. 왜냐하면, $[a+ip^n]_q = ([a]_q + q^a[p^n]_q[i]_{q^{p^n}})$ 이기 때문이다. 식 (3)으로부터,

$$\beta_{n,q} = \int_{Z_p} q^{-x}[x]_q^n d\mu_q(x) = \lim_{m\to\infty}\frac{1}{[p^m]_q}\sum_{i=0}^{p^m-1}[i]^n$$

임을 유의하자.

따라서 ,

$$[p^n]_q\mu_{P,q}(a+p^nZ_p)$$

$$=-\frac{1-q^{p^n}}{p^n\log q}[a]^k+[p^n]_q q^a\binom{k}{1}[a]_q^{k-1}\beta_{1,q^{p^n}}+[p]_q^k q^{ak}\beta_{k,q^{p^n}}$$

$$=\sum_{i=0}^{\infty}\frac{p^{(i)}(a)}{i!}\beta_{i,q^{p^n}}[p^n]_q^i q^{ai},$$

여기서 $p^{(i)}(a)=\left(\frac{d}{d[x]_q}\right)^i p(x)|_{x=a}$을 알 수 있다.

식 (12)을 다음과 같이 다시 쓸 수 있다.

$$\mu_{P,a}(a+p^nZ_p)\equiv\frac{P(a)}{[p^n]_q}\beta_{0,q^{p^n}} \tag{13}$$

$$+q^a\beta_{1,q^{p^n}}P'(a)\ (\bmod [p^n]_q)$$

$x\equiv x_{n+1}(\bmod p^{n+1})$, $x\equiv x_n\ (\bmod p^n)$ 인 x을 Z_p위의 임의의 수라 하고, 여기서 x_n, x_{n+1}은 $0\le x_n<p^n$, $0\le x_{n+1}<p^{n+1}$인 자연수이다. 그러면

$$|[p^n]_q\mu_{P,q}(a+p^nZ_p)-[p^{n+1}]_q\mu_{P,q}(x+p^{n+1}Z_p)|$$

$$=|\sum_{i=0}^{\infty}\frac{P^{(i)}(x_n)}{i!}\beta_{i,q^{p^n}}[p^n]_q^i q^{ai}-\sum_{i=0}^{\infty}\frac{P^{(i)}(x_{n+1})}{i!}\beta_{i,(q^p)^{p^n}}[p^n]_{q^p}^i q^{ai}|$$

이다.

식 (3), (8), (13) 그리고 (14)에 의해, 어떤 상수 C_2에 대하여,

$$|[p^n]_q \mu_{P,q}(x+p^n Z_p) - [p^{n+1}]_q \mu_{P,q}(x+p^{n+1}Z_p)| \le C_2 p^{-n}$$

임을 쉽게 알 수 있다.

따라서, $|1-q|_p < p^{-\frac{1}{p-1}}$에 대하여, $\lim_{n\to\infty} q^{p^n} = 1$이기 때문에,

$$\begin{aligned} f_{\mu_{P,q}}(x) &= \lim_n [p^n]_q \mu_{P,q}(a+p^n Z_p) \\ &= \lim_{n\to\infty}\left(\frac{q^{p^n}-1}{\log q^{p^n}}[a]^{k_q} + [p^n]_q q^a [a]_q^{k-1}\binom{k}{1}\beta_{1,q^{p^n}} + \cdots + [p^n]_q^k q^{ka}\beta_{k,q^{p^n}}\right) \\ &= [a]_q^k = P(a) \end{aligned}$$

임을 알 수 있다. 임의의 $x \in Z_p$ 에 대하여, $f_{\mu_{P,q}}(x)$ 가 식 (7)에서 연속이기 때문에, 우리는 $f_{\mu_{P,q}}(x) = P(x)$ 가 성립한다. 그리고 식 (12)에 의해서

$$\begin{aligned} \int_{Z_p} g(x)d\mu_{P,q}(x) &= \lim_n \sum_{i=0}^{p^n-1} g(i)\mu_{P,q}(i+p^n Z_p) \\ &= \lim_n \frac{1}{[p^n]_q}\sum_{i=0}^{p^n-1} g(i)\sum_{j=0}^{k}\binom{k}{1} j\beta_{j,q^{p^n}}[p^n]_q^j q^{ij}[i]_q^{k-j} \\ &= \sum_{j=0}^{k}\binom{k}{1}\left(\lim_n \beta_{j,q^{p^n}}\frac{[p^n]_q^j}{[p^n]_q}\sum_{i=0}^{p^n-1} g(i)q^{ij}[i]_q^{k-j}\right) \\ &= \lim_n \beta_{0,q^{p^n}}\frac{1}{[p^n]_q}\sum_{i=0}^{p^n-1} g(i)[i]_q^k \\ &= \int_{Z_p} g(x)[x]_q^k q^{-x} d\mu_q(x) \end{aligned}$$

여기서 마지막 적분은 앞에서 정의한 Z_p 위의 q-볼켄본 적분이다. 따라서 우리는 다음 정리를 얻을 수 있다.

[정리 6.1.3] $P(x) \in C_p[[x]_q]$ 을 임의의 다항식이라 하자. 그러면 $\mu_{P,q}$는 강 p-진 q-불변 초함수이고 모든 $x \in Z_p$에 대하여, 다음이 성립 한다.

$$f_{\mu_{P,q}}(x) = P(x) \tag{15}$$

더욱이, 임의의 $g \in C^{(1)}(Z_p, C_p)$에 대하여 다음이 성립한다.

$$\int_{Z_p} g(x) d\mu_{P,q}(x) = \int_{Z_p} g(x) P(x) q^{-x} d\mu_q(x) \tag{16}$$

여기서 두 번째 적분은 q-볼켄본 적분이다.

$f(x) = \sum_{n=0}^{\infty} a_{n,q} \binom{x}{n}_q$ 을 $C^{(1)}$-함수 f의 q-말러 전개이라 하자.

여기서, $\binom{x}{n}_q = \dfrac{[x]_q [x-1]_q \cdots [x-n+1]_q}{[n]_q [n-1]_q \cdots [2]_q [1]_q}$ 이다.

그러면, $\lim_n n[a_{n,q}] = 0$ 이다. 최근에 q-말러 전개는 K. Conrad에 의해 소개되어졌다.

$f_m(x) = \sum_{i=0}^{m} a_{i,q} \binom{x}{i}_q \in C_p[[x]_q]$을 생각해 보자.

그러면 $\| f - f_m \|_1 \le sup_{n \ge m} n |a_{n,q}|$이다.

여기서 $f = f_m + (f - f_m)$로 쓰자. 식 (11)에 의하여 다음이 성립함을 알 수 있다.

$$\begin{aligned}
&|[p^n]_q \mu_{f,q}(a + p^n Z_p) - [p^{n+1}]_q \mu_{f,q}(a + p^{n+1} Z_p)| \\
&\le \max\{|[p^n]_q \mu_{f_m,q}(a + p^n Z_p) - [p^{n+1}]_q \mu_{f_m,q}(a + p^{n+1} Z_p)|, \\
&\qquad |[p^n]_q \mu_{f-f_m,q}(a + p^n Z_p) - [p^{n+1}]_q \mu_{f-f_m,q}(a + p^{n+1} Z_p)|
\end{aligned}$$

정리 6.1.3.으로부터 Z_p위의 $\mu_{f_m,q}$는 강 p-진 q-불변 초함수임을 알 수 있다. 더욱이 $m \gg 0$이면,
$|[p^n]_q \mu_{f-f_m,q}(a+p^n Z_p)| \le \| f-f_m \|_1 \le C_3 p^{-n}$이다. 여기서, C_3는 어떤 양의 실수이다. 또한, $m \gg 0$에 대하여 $\| f \|_1 = \| f_m \|_1$이고 따라서 다음을 얻을 수 있다.

$$|[p^n]_q \mu_{f_m,q}(a+p^n Z_p) - [p^{n+1}]_q \mu_{f_m,q}(a+p^{n+1} Z_p)| \le C_4 p^{-n}$$

여기서 C_4 어떤 양의 실수이다.

우리는 다음을 알 수 있다.

$$\begin{aligned}
&| f(a) - [p^n]_q \mu_{f,q}(a+p^n Z_p) | \\
&= |f(a) - f_m(a) + f_m(a) - [p^m]_q \mu_{f_m,q}(a+p^n Z_p) \\
&- [p^n]_q \mu_{f-f_m,q}(a+p^n Z_p)| \le max\{|f(a)-f_m(a)|, \\
&|f_m(a) - [p^n]_q \mu_{f_m,q}(a+p^n Z_p)|, |[p^n]_q \mu_{f-f_m,q}(a+p^n Z_p)|\} \\
&\le max\{|f(a)-f_m(a)|, |f_m(a) - [p^n]_q \mu_{f_m,q}(a+p^n Z_p)|, \| f-f_m \|_1\}
\end{aligned}$$

만일, $\epsilon > 0$과 $\| f-f_m \|_1 \le \epsilon$인 m을 고정하면, 임의의 $n \gg 0$에 대하여 다음을 얻을 수 있다.

$$| f(a) - [p^n]_q \mu_{f,q}(a+p^n Z_p) | \le \epsilon$$

다시 말해서,

$$f_{\mu_{f,q}}(a) = \mu_{f,q}(a+p^n Z_p) = f(a) \tag{17}$$

m은 $\| f-f_m \|_1 \le p^{-2n}$ 인 충분히 큰 수라 하자. 그러면 다음이 성립함을 알 수 있다.

$$|\mu_{f-f_m,q}(a+p^n Z_p) \le \frac{1}{|[p^n]_q|} \| f-f_m \|_1 \le [p^n]_q p^{-2n} \le p^{-n}$$

따라서, 다음이 성립함을 알 수 있다.

$$\begin{aligned}\mu_{f,q}(a+p^nZ_p) &= \mu_{f_m,q}(a+p^nZ_p)+\mu_{f-f_m,q}(a+p^nZ_p) \qquad (18)\\ &\equiv \mu_{f_m,q}(a+p^nZ_p)\\ &\equiv \frac{f_m(a)}{[p^n]_q}\beta_{0,q^{p^n}}-\beta_{1,q^{p^n}}f'_m(a)\\ &= \frac{f(a)}{[p^n]_q}\beta_{0,q^{p^n}}-\beta_{1,q^{p^n}}f'(a)(\mathrm{mod}[p^n]_q)\end{aligned}$$

라 하자. $\lim_{n\to\infty}\beta_{k,q^n}=B_k$ 이기 때문에, $g\in C^{(1)}(Z_p, C_p)$에 대하여, 다음이 성립한다.

$$\begin{aligned}\int_{Z_p} g(x)d\mu_{f,q}(x) &= \lim_n \sum_{i=0}^{p^n-1} g(i)\mu_{f,q}(i+p^nZ_p)\\ &= \lim_n \sum_{i=0}^{p^n-1} g(i)\Big(\frac{f(i)}{[p^n]_q}\beta_{0,q^{p^n}}-\beta_{1,q^{p^n}}f'(i)\Big)\\ &= \lim_n\left(\frac{1}{[p^n]_q}\sum_{i=0}^{p^n-1} g(i)f(i)-\frac{1}{2}\sum_{i=0}^{p^n-1} g(i)f'(i)\right)\\ &= \int_{Z_p} g(x)f(x)q^{-x}d\mu_q(x)\end{aligned}$$

여기서 B_k는 일반적인 $k-$번째 베르누이수이다.

δ을 $C^{(1)}(Z_p, C_p)$에서 $Lip(Z_p, C_p)$로의 함수라 하자. 우리는 μ_q가 Z_p위의 강 $p-$진 $q-$불변 초함수임을 안다. 그러면 임의의 자연수 n에 대하여 $|f_{\mu_q}(a)-[p^n]_q\mu_q(a+p^nZ_p)|\le Cp^{-n}$이 성립한다. $\mu_{1,q}$는 Z_p 상의 강 $p-$진 $q-$불변 초함수와 관련되어져 있다. 그러면 식(18)에 의하여, $n\gg 0$ 에 관하여 다음이 성립한다.

$$|[p^n]_{1,q}\mu_q(a+p^nZ_p)-f_{\mu_q}(a)$$
$$|\le max\ \{p^{-n},\ p^{-n}|\beta_{0,q^{p^n}}f'(a)|\}\le C_5p^{-n}$$

여기서 C_5는 어떤 양의 실수이다. 왜냐하면, $[p^n]_q\equiv 0\ (\mathrm{mod}\,p^n)$이

기 때문이다.

이것은 충분히 큰 n에 대하여

$$
\begin{aligned}
&|\mu_q(a+p^nZ_p)-\mu_{1,q}(a+p^nZ_p)| \\
&=\frac{1}{|[p^n]_q|}|[p^n]_q\mu_q(a+p^nZ_p) \\
&-f_{\mu_q}(a)+f_{\mu_q}(a)-[p^n]_q\mu_{1,q}(a+p^nZ_p)| \\
&\le \max p^np^{-n}C_{6,}\ p^np^{-n}C_7\le M
\end{aligned}
$$

임을 알 수 있다. 여기서 C_6, C_7, M는 어떤 양의 실수이다.

따라서 $\mu_q-\mu_{1,q}$는 초함수이고 유계이다. 따라서 $\mu_q-\mu_{1,q}$는 Z_p상에서 측도이다.

따라서 우리는 다음의 정리를 얻게 된다.

> [정리 6.1.4] μ_q는 Z_p상에서 강 $p-$진 $q-$불변 초함수이고, Z_p상의 Radon-Nikodym 도함수 f_{μ_q}가 $C^{(1)}-$함수라 하자. $\mu_{1,q}$가 f_{μ_q} $(\mu_{1,q}=\delta(f_{\mu_q}))$와 관련된 강 $p-$진 $q-$불변 초함수라 가정하자. 그러면 다음 식을 만족하는 Z_p상의 측도 $\mu_{2,q}$가 존재한다.
>
> $$\mu_q=\mu_{1,q}+\mu_{2,q}$$

식 (19)은 Z_p상의 강한 $p-$진 $q-$불변 초함수에 의한 르베그 분해의 $p-$진 아날로그이다.

6.2 $p-$진 $q-$변환 연산자

이 장에서는 p-진 q-변환 연산자를 생각해보자. d을 고정된 양의 홀수의 정수라 하고, p을 고정된 홀수인 소수라 하자. 그리고,

$$X = \lim_{\overleftarrow{N}} Z / dp^N Z,$$

$$X^* = \cup_{0 < a < dp, (a,p)=1} (a + dp^N Z_p),$$

$$a + dp^N Z_p = \{ x \in X \mid x \equiv a \pmod{p^N} \}$$

라 하자. 여기서 $a \in Z$, $0 \le a < dp^N$이다. 기본적으로 $q-$수는 $[x]_q = \dfrac{1-q^x}{1-q}$와 $[x]_{-q} = \dfrac{1-(-q)^x}{1+q}$로 정의한다.

함수 f가 점 $a(\in Z_p)$에서 평등미분가능함수이고 만일, 차분몫 $F_f(x,y) = \dfrac{f(x)-f(y)}{x-y}$가 $(x,y) \to (a,a)$일 때 극한 $l = f'(a)$을 가진다면, $f \in UD(Z_p)$로 표기한다. $f \in UD(Z_p)$에 대하여, f의 **리만합의 $q-$아날로그적 표현**을 다음과 같이 표기하자.

$$\frac{1}{[p^N]_{-q}} \sum_{0 \le j < p^N} (-1)^j q^j f(j) = \sum_{0 \le j < p^N} f(j) \mu_{-q}(j + p^N Z_p)$$

위 식의 극한이 존재하면, 적분 가능한 함수이다. 함수$f \in UD(Z_p)$의 Z_p 위에서 **페르미오닉 $p-$진 $q-$적분**을 다음과 같이 정의한다.

$$I_{-q}(f) = \int_X f(x) d\mu_{-q}(x) = \int_{Z_p} f(x) d\mu_{-q}(x)$$

$$= \lim_{N \to \infty} \frac{1}{[dp^N]_{-q}} \sum_{x=0}^{dp^N - 1} f(x)(-q)^x$$

Z_p 위에서 $p-$진 $q-$적분에 의한 오일러 다항식의 $q-$확장을 다음과 같이 구성하였다.

$$E_n(x:q)=\int_{Z_p}[t+x]_q^n d\mu_{-q}(t),\ \ (x\in Z_+) \tag{1}$$

수학적으로, 변환 연산자는 반복함수에 대한 정보를 부호화한다. 그리고 다이나미컬 시스템의 가동연구, 통계역학, 퀀텀 카오스 그리고 프랙탈 연구등에 유용하게 쓰인다. 변환 연산자은 때때로 David Ruelle 이후로 Ruelle 연산 또는 Ruelle-Perron-Frobenious 연산자라고도 한다. 지금까지 연구해 온 반복함수는 임의의 집합 X에 대하여 함수 f가 X에서 X로의 함수이다. 변환 연산자는 연산자 L이 함수 $\phi: X\to C$ 위로 다음과 같이 작용하는 것으로 정의한다.

$$(L\phi)(x)=\sum_{y\in f^{-1}(x)} g(y)\phi(y)$$

여기서 $\phi: X\to C$ 는 보조치 함수이다. 함수 $g:[0,1]\to[0,1]$로 생각하자. 관점을 바꾸어 g가 점들 또는 개집합들 상에서 어떻게 작용하는가를 고려함으로서 얻어 지는 것이 아니라 g가 단위 구간 초함수 상에서 어떻게 작용하는가를 고려함으로서 얻어진다. 직관적으로, 우리는 $[0,1]$상의 점 x에서 주어진 $\rho(x)$로 정의된 부분 밀도함수를 가진 단위 구간의 점들의 산개(dusting)로 간주한다. 그리고 어떻게 이 산개(dusting)나 밀도(density)가 g의 반복에 관련되는지 고려한다. 이 언어적인 묘사는 다음과 같이 나타낸다.

$$\rho'(y)=\int_0^1 \delta(y-g(y))\rho(x)dx$$

여기서 $\rho'(y)$는 점 $y=g(x)$에서 새로운 밀도이고, δ는 direct 델타 함수이다.

이러한 관점에서, g는 밀도 ρ에서 다른 밀도 ρ'로 가는 함수로서 연산자가 된다. 즉, $L_g(\rho)=\rho'$로 나타낸다. 연산자 Lg는 변환연산자(또는 Ruelle Perron-Frobenious 연산자)이다. 이 장에서는 $p-$진 $q-$변환 연산자을 고려한다. 마지막으로 $p-$진 $q-$변환 연산들의 고유치들은 고유치 $\frac{1}{[p]_q^n}$과 관련되어짐을 증명한다.

6.2.1 $p-$진 $q-$변환 연산자

식(1)로부터, 다음을 유도할 수 있다.

$$E_m(x:q) = \frac{[2]_q}{(1-q)^m} \sum_{i=0}^{m} \binom{m}{i} q^{\xi} (-1)^i \frac{1}{1+q^{i+1}} \tag{2}$$

여기서 $E_m(x:q)$는 $q-$오일러 다항식이다. 식 (1)에 의해서 다음을 알 수 있다.

$$\begin{aligned}
E_k(x:q) &= \int_X [x+t]_q^k d\mu_{-q}(t) \\
&= \lim_{\rho\to\infty} \frac{1}{[dp^\rho]_{-q}} \sum_{n=0}^{dp^\rho-1} [x+n]_q^k (-q)^n \\
&= \lim_{\rho\to\infty} \frac{1}{[d]_{-q}} \frac{1}{[p^\rho]_{-q^d}} \sum_{i=0}^{d-1} \sum_{n=0}^{p^\rho-1} [x+i+dn]_q^k (-q)^{i+dn} \\
&= \frac{[d]_q^k}{[d]_{-q}} \sum_{i=0}^{d-1} (-q)^i \lim_{\rho\to\infty} \frac{1}{[p^\rho]_{-q^d}} \sum_{n=0}^{p^\rho-1} \left[\frac{x+i}{d}+n\right]_{q^d}^k (-q^d)^n \\
&= \frac{[d]_q^k}{[d]_{-q}} \sum_{i=0}^{d-1} (-q)^i \int_{Z_p} [\frac{x+i}{d}+t]_{q^d}^k d\mu_{-q^d}(t)
\end{aligned} \tag{3}$$

$p-$진 $q-$불변 연산자를 다음과 같이 정의한다.

$$(L_{p,q}f)(x:q) = \frac{1}{[p]_{-q}} \sum_{k=0}^{p-1} (-q)^k f\left(\frac{x+i}{p} : q^p\right) \tag{4}$$

만약 $f(x:q) = E_n(x:q)$로 두면, 다음을 얻는다.

$$(L_{p,q}E_n)(x:q)=\frac{1}{[p]_{-q}}\sum_{k=0}^{p-1}(-q)^k E_n\left(\frac{x+k}{p}:q^p\right) \tag{5}$$

$$=\frac{1}{[p]_q^n}\left(\frac{[p]_q^n}{[p]_{-q}}\sum_{k=0}^{p-1}(-q)^k E_n\left(\frac{x+k}{p}:q^p\right)\right)$$

$$=\frac{1}{[p]_q^n}\left(\frac{[p]_q^n}{[p]_{-q}}\sum_{k=0}^{p-1}(-q)^k\int_{Z_p}\left[\frac{x+k}{p}+t\right]_{q^p}^n d\mu_{-q^p}(t)\right)$$

식 (3)과 (5)에 의해 다음을 얻는다.

$$(L_{p,q}E_n)(x:q)=\frac{1}{[p]_q^n}E_n(x:q) \tag{6}$$

따라서, 다음의 정리를 얻을 수 있다.

[정리 6.2.1] $p-$진 $q-$불변 연산자의 고유값들은 $q-$오일러 다항식들이고, 고유값 $\frac{1}{[p]_q^n}$들과 결합되어져 있다. 즉, 다음과 같이 표현 되어진다.

$$(L_{p,q}E_n)(x:q)=\frac{1}{[p]_q^n}E_n(x:q)$$

여기서 $E_n(x:q)$는 $q-$오일러 다항식들이다.

6.3 페르미오닉 $p-$진 $q-$적분과 관련된 프로베니어스-오일러 정식의 대칭성

지수생성함수

$$\sum_{n=1}^{\infty} H_n(q)\frac{t^n}{n!} = \frac{1-q}{e^t - q}, \quad \sum_{n=1}^{\infty} H_n(q,x)\frac{t^n}{n!} = \frac{1-q}{e^t - q} e^{xt} \quad (1)$$

에 의해 정의된 대수적 수 $q(\neq 1)$에 대하여, $H_n(q)$는 $n-$**번째 프로베니어스-오일러 수**이고, $H_n(q,x)$는 $n-$**번째 프로베니어스-오일러 다항식**이다.

그러면 $H_n(q,x) = \sum_{l=0}^{n}\binom{n}{l}x^{n-l}H_l(q)$임은 쉽게 보일 수 있다. p는 고정된 소수라 하자.

Z_p상에서 f의 적분을 함수$f \in UD(Z_p)$의 $q-$변형된 보소닉 $p-$진 정수를 다음과 같이 정의한다.

$$I_q(f) = \int_{Z_p} f(x)d\mu_q(x) = \lim_{N\to\infty}\frac{1}{[dp^N]_q}\sum_{0 \le x < dp^N} f(x)q^x$$

따라서,

$$qI_q(f_1) = I_q(f) + (q-1)f(0) + \frac{q-1}{\log q}f'(0)$$

이다. 여기서 $f_1(x) = f(x+1)$, $f'(0) = \frac{df(0)}{dx}$이다.

Z_p위의 페르미오닉 $p-$진 불변 $q-$적분은 다음과 같이 정의한다.

$$I_{-q}(f) = \int_{Z_p} f(x)d\mu_{-q}(x) = \lim_{N\to\infty}\frac{1}{[p^N]_{-q}}\sum_{x=0}^{p^N-1} f(x)(-q)^x \quad (2)$$

H.J.H. Tuenter는 베르누이수 점화식의 일반화를 다음과 같이 주어진다.

$$B_m = \frac{1}{a(1-a^m)} \sum_{j=0}^{m-1} a^j \binom{m}{j} B_j \sum_{i=0}^{a-1} i^{m-j}$$

여기서 $a, m \in Z$이고 $a > 1, m \geq 1$이다. $a \geq 0,\ m \geq 0$인 정수 a, m에 대하여 $S_m(k) = 0^m + 1^m + \cdots + k^m$을 정의하자.

H. J. H. Tuenter는 만일, $a > 0,\ b > 0$이고 $m \geq 0$인 $a, b, m\ (\in Z)$라면 양(quantity)

$$\sum_{j=0}^{m} \binom{m}{j} a^{j-1} B_j b^{m-j} S_{m-j}(a-1)$$

가 a와 b에서 대칭적임을 증명했다. 이 장에서는 프로베니어스-오일러 다항식에 대하여 대칭성의 동치를 증명하기로 하자. 아울러, 프로베니어스-오일러 다항식에 대하여 점화 관계와 곱셈정리를 밝혀보기로 하자. 마지막으로, 프로베니어스-오일러 다항식과 프로베니어스-오일러 수와 결합된 Z_p위에서 페르미오닉 $p-$진 불변 $q-$적분에 관한 대칭성의 몇몇 흥미 있는 성질을 조사해 보자.

6.3.1 프로베니어스-오일러 다항식에 대한 대칭성의 동치

식 (2)로부터,

$$qI_{-q}(f_1) + I_{-q}(f) = [2]_q f(0) \tag{3}$$

을 유도해 낼 수 있다. 여기서 $f_1(x) = f(x+1)$이다.

이러한 연속적인 과정에 의해,

$$q^n I_{-q}(f_n) + (-1)^{n-1} I_{-q}(f) = [2]_q \sum_{l=0}^{n-1} (-1)^{n-1-l} q^l f(l)$$

가 성립함을 알 수 있다. 여기서 $f_n(x) = f(x+n)$이다.

만일, n이 홀수인 양의 정수이면,

$$q^n I_{-q}(f_n) + I_{-q}(f) = [2]_q \sum_{l=0}^{n-1} (-1)^l f(l) q^l \tag{4}$$

을 유도 해낼 수 있다.

또한, 만일 $n(\in N)$이고 $n \equiv 0(\bmod 2)$이면, 다음식이 성립한다.

$$q^n I_{-q}(f_n) - I_{-q}(f) = [2]_q \sum_{l=0}^{n-1} (-1)^{l-1} q^l f(l) \tag{5}$$

식 (1)과 (3)로 부터,

$$\int_{Z_p} e^{xt} d\mu_{-q}(x) = \frac{1-(-q)^{-1}}{e^t - (-q)^{-1}} = \sum_{n=0}^{\infty} H_n(-q^{-1}) \frac{t^n}{n!} \tag{6}$$

을 이끌어 낼 수 있다.

따라서, 다음 식이 성립한다.

$$\int_{Z_p} x^n d\mu_{-q}(x) = H_n(-q^{-1}),$$

$$\int_{Z_p} (y+x)^n d\mu_{-q}(x) = H_n(-q^{-1}, x)$$

$n(\in N)$이고 $n \equiv 1(\bmod 2)$이라 하자. 그러면

$$[2]_q \sum_{l=0}^{n-1} (-1)^l q^l l^m = q^n H_m(-q^{-1}, n) + H_m(-q^{-1})$$

을 유도해 낼 수 있다.

$n(\in N)$이고 $n \equiv 0(\bmod 2)$에 대하여, 다음식이 성립함을 알 수 있다.

$$q^n H_m(-q^{-1}, n) - H_m(-q^{-1}) = [2]_q \sum_{l=0}^{n-1} (-1)^{l-1} q^l l^m$$

식 (4)에서 $f(x) = e^{xt}$로 두면,

$$\int_{Z_p} q^n e^{(x+n)t} d\mu_{-q}(x) + \int_{Z_p} e^{xt} d\mu_{-q}(x)$$

$$= [2]_q \frac{q^n e^{nt} + 1}{qe^t + 1} = [2]_q \sum_{l=0}^{n-1} (-1)^l q^l e^{lt} \tag{7}$$

가 성립함을 쉽게 보일 수 있다. $S_{k,q}(n)=\sum_{l=0}^{n}(-1)^l l^k q^k$라 하자. 그러면 $S_{k,q}(n)$을 계속되는 $q-$정수의 거듭제곱의 교대합이라 한다. Z_p상에서 페르미오닉 $p-$진 불변 $q-$적분의 정의로부터 다음을 이끌어 낼 수 있다.

$$\begin{aligned}&\int_{Z_p} q^n e^{(x+n)t}d\mu_{-q}(x)+\int_{Z_p} e^{xt}d\mu_{-q}(x)\\&\quad=\frac{[2]_q\int_{Z_p} e^{xt}d\mu_{-q}(x)}{\int_{Z_p} e^{nxt}q^{(n-1)x}d\mu_{-q}(x)}\end{aligned} \tag{8}$$

식 (8)에 의해, 다음을 쉽게 보일 수 있다.

$$\int_{Z_p} q^{(n-1)x}e^{nxt}d\mu_{-q}(x)=\frac{1+q}{q^n e^{nt}+1}$$

$\omega_1,\ \omega_2\ (\in N)$을 홀수라 하자. Z_p위에서 이중 페르미오닉 $p-$진 불변 $q-$적분에 의해, 다음을 이끌어 낼 수 있다.

$$\frac{\int_{Z_p}\int_{Z_p} e^{(\omega_1x_1+\omega_2x_2)t}d\mu_{-q}(x_1)d\mu_{-q}(x_2)}{\int_{Z_p} e^{\omega_1\omega_2xt}q^{(\omega_1\omega_2-1)x}d\mu_{-q}(x)}=\frac{[2]_q(q^{\omega_1\omega_2}e^{\omega_1\omega_2t}+1)}{(qe^{\omega_1t}+1)(qe^{\omega_2t}+1)}$$

우리는 또한 프로베니어스-오일러 다항식과 관련된 Z_p위에서 페르미오닉 $p-$진 불변 $q-$적분을 생각해보자

$$\begin{aligned}I&=\frac{\int_{Z_p}\int_{Z_p} e^{(\omega_1x_1+\omega_2x_2+\omega_1\omega_2x)t}d\mu_{-q}(x_1)d\mu_{-q}(x_2)}{\int_{Z_p} e^{\omega_1\omega_2xt}q^{(\omega_1\omega_2-1)x}d\mu_{-q}(x)}\\&=\frac{[2]_q e^{\omega_1\omega_2xt}(q^{\omega_1\omega_2}e^{\omega_1\omega_2t}+1)}{(qe^{\omega_1t}+1)(qe^{\omega_2t}+1)}\end{aligned} \tag{9}$$

식 (8)과 (9)에 의해, 다음을 이끌어 낼 수 있다.

$$\frac{[2]_q\int_{Z_p} e^{xt}d\mu_{-q}(x)}{\int_{Z_p} e^{\omega_1 xt}q^{(\omega_1-1)x}d\mu_{-q}(x)}=[2]_q\sum_{l=0}^{\omega_1-1}(-1)^l q^l e^{lt}$$

$$=\sum_{k=0}^{\infty}\left([2]_q\sum_{l=0}^{\omega_1-1}(-1)^l q^l e^{lt}\right)\frac{t^k}{k!} \tag{10}$$

식(9)과 (10)에 의해,

$$I=\left(\frac{1}{[2]_q}\int_{Z_p} e^{\omega_1(x_1+\omega_2 x)t}d\mu_{-q}(x)\right)\left(\frac{[2]_q\int_{Z_p} e^{\omega_2 x_2 t}d\mu_{-q}(x_2)}{\int_{Z_p} e^{\omega_1\omega_2 xt}q^{(\omega_1\omega_2-1)x}d\mu_{-q}(x)}\right)$$

$$=\left(\frac{1}{[2]_q}\sum_{i=0}^{\infty}H_i(-q^{-1},\omega_2 x)\frac{\omega_1^i}{i!}t^l\right)\left([2]_q\sum_{l=0}^{\infty}S_{l,q^{\omega_2}}(\omega_1-1)\frac{\omega_2^l}{l!}t^l\right)$$

$$=\sum_{l=0}^{\infty}(\sum_{i=0}^{n}\binom{n}{i}H_i(-q^{-1},w_2 x)S_{n-i,q^{w_2}}(w_1-1)w_1^i w_2^{n-i})\frac{t^n}{n!} \tag{11}$$

가 성립함을 쉽게 보일 수 있다. 여기서 $H_n(-q^{-1},x)$는 $n-$번째 프로베니어스-오일러 다항식이다. 한편,

$$I=\left(\frac{1}{[2]_q}\int_{Z_p} e^{\omega_2(x_2+\omega_1 x)t}d\mu_{-q}(x_2)\right)\left(\frac{[2]_q\int_{Z_p} e^{\omega_1 x_1 t}d\mu_{-q}(x_1)}{\int_{Z_p} e^{\omega_2\omega_1 xt}q^{(\omega_2\omega_1-1)x}d\mu_{-q}(x)}\right)$$

$$=\left(\frac{1}{[2]_q}\sum_{i=0}^{\infty}H_i(-q^{-1},\omega_1 x)\frac{\omega_2^i}{i!}t^l\right)\left([2]_q\sum_{l=0}^{\infty}S_{l,q^{\omega_1}}(\omega_2-1)\frac{\omega_1^l}{l!}t^l\right)$$

$$=\sum_{l=0}^{\infty}(\sum_{i=0}^{n}\binom{n}{i}H_i(-q^{-1},w_1 x)S_{n-i,q^{w_1}}(w_2-1)w_2^i w_1^{n-i})\frac{t^n}{n!} \tag{12}$$

식 (11)과 (12)의 양쪽의 계수를 비교해 보면, 우리는 다음 정리를 얻

을 수 있다.

[정리 6.3.1] $\omega_1,\ \omega_2(\in N)$은 홀수이고 $n(\geq 0)$은 $n \equiv 1(\bmod 2)$ 라 하자.

그러면

$$\sum_{i=0}^{n}\binom{n}{i}H_i(-q^{-1},\omega_2 x)S_{n-i,q^{\omega_2}}(\omega_1-1)\omega_1^i\omega_2^{n-i}$$

$$=\sum_{i=0}^{n}\binom{n}{i}H_i(-q^{-1},\omega_1 x)S_{n-i,q^{\omega_1}}(\omega_2-1)\omega_2^i\omega_1^{n-i} \tag{13}$$

여기서 $H_n(q,x)$는 $n-$번째 프로베니우스-오일러 다항식이다.

식 (13)에서 $x=0$으로 두면, 우리는 다음을 얻을 수 있다.

[따름정리 6.3.2] $\omega_1,\omega_2(\in N)$은 홀수이고 $n \in Z_+$인 홀수라 하자.

그러면 다음식이 성립한다.

$$\sum_{i=0}^{n}\binom{n}{i}H_i(-q^{-1})S_{n-i,q^{\omega_2}}(\omega_1-1)\omega_1^i\omega_2^{n-i}$$
$$=\sum_{i=0}^{n}\binom{n}{i}H_i(-q^{-1})S_{n-i,q^{\omega_1}}(\omega_2-1)\omega_2^i\omega_1^{n-i}$$

여기서 $H_i(-q^{-1})$는 $n-$번째 프로베니우스-오일러 수이다.

만약, 식 (13)에서 $\omega_2=1$로 둔다면 다음식이 성립한다.

$$H_n(-q^{-1},\omega_1 x)=\sum_{i=0}^{n}\binom{n}{i}H_i(-q^{-1},x)S_{n-i,q}(\omega_1\ \ 1)\omega_1^i \tag{14}$$

만약, 식(14)에서 $x=0$으로 둔다면, 다음 정리를 얻을 수 있다.

> [따름정리 6.3.3] $\omega_1\ (>1)$은 홀수인 정수이고, $n \in Z_+$은 $n \equiv 1 (\bmod 2)$인 수라하자. 그러면 다음식이 성립한다.
> $$H_n(-q^{-1}) = \frac{1}{1-\omega_1^n} \sum_{i=0}^{n-1} \binom{n}{i} H_i(-q^{-1}) S_{n-i,q}(\omega_1 - 1)\omega_1^i$$

식 (7)과 (8)로부터 다음을 유도할 수 있다.

$$I = \left(\frac{e^{\omega_1\omega_2 xt}}{[2]_q} \int_{Z_p} e^{\omega_1 x_1 t} d\mu_{-q}(x_1) \right) \left(\frac{[2]_q \int_{Z_p} e^{\omega_2 x_2 t} d\mu_{-q}(x_2)}{\int_{Z_p} e^{\omega_1\omega_2 xt} q^{(\omega_1\omega_2 - 1)x} d\mu_{-q}(x)} \right)$$

$$= \left(\frac{e^{\omega_1\omega_2 xt}}{[2]_q} \int_{Z_p} e^{\omega_1 x_1 t} d\mu_{-q}(x_1) \right) \left([2]_q \sum_{l=0}^{\omega_1 - 1} (-1)^l q^{\omega_2 l} e^{\omega_2 l t} \right)$$

$$= \sum_{l=0}^{w_1 - 1} (-1)^l q^{w_2 l} \int_{Z_p} e^{(x_1 + w_2 x + (\frac{w_2}{w_1}) l) t w_1} d\mu_{-q}(x_1) \tag{15}$$

$$= \sum_{n=0}^{\infty} \left(\omega_1^n \sum_{l=0}^{\omega_1 - 1} (-1)^l q^{\omega_2 l} H_n\left(-q^{-1}, \omega_2 x + \frac{\omega_2}{\omega_1} l\right) \right) \frac{t^n}{n!}$$

한편,

$$I = \left(\frac{e^{\omega_1\omega_2 xt}}{[2]_q} \int_{Z_p} e^{\omega_2 x_2 t} d\mu_{-q}(x_2) \right) \left(\frac{[2]_q \int_{Z_p} e^{\omega_1 x_1 t} d\mu_{-q}(x_1)}{\int_{Z_p} e^{\omega_1\omega_2 xt} q^{(\omega_1\omega_2 - 1)x} d\mu_{-q}(x)} \right)$$

$$= \left(\frac{1}{[2]_q} \int_{Z_p} e^{\omega_2 x_2 t} d\mu_{-q}(x_2) \right) \left([2]_q \sum_{l=0}^{\omega_2 - 1} (-1)^l q^{\omega_1 l} e^{(\omega_1 l + \omega_1\omega_2 x) t} \right)$$

$$= \sum_{l=0}^{w_2-1} (-1)^l q^{w_1 l} \int_{Z_p} e^{(x_2 + w_1 x + (\frac{w_1}{w_2})l)tw_2} d\mu_{-q}(x_2) \tag{16}$$

$$= \sum_{n=0}^{\infty} \left(\omega_2^n \sum_{l=0}^{\omega_2 - 1} (-1)^l q^{\omega_1 l} H_n(-q^{-1}, \omega_1 x + \frac{\omega_1}{\omega_2} l \right) \frac{t^n}{n!}$$

식 (15)과 식(16)의 양쪽 계수를 비교해보면 다음 정리를 얻을 수 있다.

[정리 6.3.4] $\omega_1, \omega_2 (\in N)$은 홀수이고 $n \in Z_+$은 $n \equiv 1 (\bmod 2)$인 수라하자. 그러면 다음식이 성립한다.

$$\omega_1^n \sum_{l=0}^{\omega_1 - 1} (-1)^l q^{\omega_2 l} H_n(-q^{-1}, \omega_2 x + \frac{\omega_2}{\omega_1} l)$$

만약, 정리 6.3.4에서 $\omega_2 = 1$로 두면, 프로베니우스-오일러 다항식의 승법 정리를 얻을 수 있다.

$$H_n(-q^{-1}, \omega_1 x) = \omega_1^n \sum_{l=0}^{\omega_1 - 1} (-1)^l q^l H_n(-q^{-1}, x + \frac{l}{\omega_1})$$

$$= \omega_2^n \sum_{l=0}^{\omega_2 - 1} (-1)^l q^{\omega_1 l} H_n(-q^{-1}, \omega_1 x + \frac{\omega_1}{\omega_2} l)$$

6.4 페르미오닉 $p-$진 적분과 관련된 푸리에 변환

$f \subset UD(Z_p)$에 대하여, Z_p위의 페르미오닉 $p-$진 불변적분은 다음과 같다.

$$I_{-1}(f) = \int_{Z_p} f(x) d\mu_{-1}(x) = \lim_{n \to \infty} \frac{1}{[p^n]_q} \sum_{x=0}^{p^n - 1} f(x)(-1)^x \tag{1}$$

C_{p^n}을 임이의 $n \geq 0$에 대하여 C_p상에서 단위원의 모든 p^n-번째

근호를 포함하는 순환군이라 하고 T_p는 자연사상에 의한 C_{p^n}의 귀납적 극한이다. 따라서, T_p는 직 위상(direct topology)를 포함하는 모든 C_p의 합집합이다. U_p는 C_p상의 모든주 단위들(principal units)의 군으로 표기한다. $T_p \subset U_p$이다. 모든 $\alpha \in U_p$ (또는, T_p)에 대하여 함수 $\phi_\alpha : Z_p \to (C_v^\times, X)$, $\phi_\alpha(z) = \alpha^z$로 정의한다. 만약 $\alpha \in T_p$이면 $\phi_\alpha(z)$는 국소 상수 함수이다. 만일 $\alpha \in U_p$이면, $\phi_\alpha(t)$는 C_p상의 국소 해석 함수이다. 이장에서는 Z_p상에서 페르미오닉 $p-$진 불변 적분의 푸리에 변환을 기술하고 이 변환에 관계된 몇몇 성질을 조사할 것이다.

6.4.1 Z_p위에서 I_{-1}-푸리에 변환

여기서, $W(T_p)$는 $h: T_p \to C_p$, $h: \omega \mapsto h_w$인 함수들의 공간이다. 이 장에서는 $\sum_\omega$는 $\lim_{n\to\infty} \sum_{\omega \in C_{p^n}}$을 의미한다. $Z_p(= I_{-1}$-푸리에 변환)위의 페르미오닉 $p-$진 불변 적분의 푸리에 변환은 다음과 같다. 모든 $\omega \in T_p$에 대하여,

$$\widehat{f_{\omega_{-1}}} = I_{-1}(f\phi_\omega) = \int_{Z_p} f(x)\omega^x d\mu_{-1}(x)$$

이다. $C(Z_p)$와 $Lip(Z_p)$을 각 각 Z_p위에서의 연속함수들의 공간과 Lipschitz 함수의 공간이라 하자. 집합 U을 U_p의 공집합이 아닌 열린 부분집합이라 하자.

한편, 다음 식이 성립한다. 그러면, $\{\phi_\alpha \mid \alpha \in U_p\}$은 $C(Z_p)$과 $UD(Z_p)$에서 **조밀한 선형생성 부분공간**(dense linear span)을 생성한다. 그리고 , 다음을 알 수 있다.

$$\lim_{\beta\to\alpha} \frac{\phi_\beta(z) - \phi_\alpha(z)}{\beta - \alpha} = \frac{z}{\alpha}\phi_\alpha(z), \quad \alpha \in U$$

$x \in Z_p$에 대하여 $\chi_{x,n} = char(x + p^n Z_p)$, $n \geq 0$을 특성함수라 하자. 그러면

$$I_1(\, char(Z_p)) = \int_{Z_p} d\mu_{-1}(x) = 1$$

이고

$$I_{-1}(char(x + p^n Z_n)) = I_{-1}(\chi_{x,n}) = \int_{a + p^n Z_p} d\mu_{-1}(x) = (-1)^a$$

이다.

또한, 다음의 사실도 쉽게 보여 진다.

$$\sum_{\omega} \omega^{-x} \phi_{\omega} = \sum_{i=0}^{p^n - 1} \omega^{-\xi} \omega^i = \sum_{i=0}^{p^n - 1} \omega^{i(1-x)} = p^n \chi_{x,n}$$

따라서, 다음 식을 얻을 수 있다.

$$\chi_{x,n} = \frac{1}{p^n} \sum_{\omega} \omega^{-x} \phi_{\omega}. \,,$$

$$\begin{aligned} I_{-1}(f\chi_{x,n}) - \frac{f(x)}{p^n} &= I_{-1}\Big(f \frac{1}{p^n} \sum_{\omega} \omega^{-x} \phi_{\omega}\Big) - \frac{f(x)}{p^n} \qquad (2) \\ &= \frac{1}{p^n} \sum_{\omega} I_{-1}(f\phi_{\omega}) \phi_{\omega^{-1}}(x) - \frac{f(x)}{p^n} \\ &= \frac{1}{p^n} \Big(\sum_{\omega} (\widehat{f_{\omega}})_{-1} \phi_{\omega^{-1}}(x) - f \Big). \end{aligned}$$

식 (2)로부터 다음 식을 유도할 수 있다. 임의의 상수 M에 대하여,

$$\Big| \sum_{\omega} (\widehat{f_{\omega}})_{-1} \phi_{\omega^{-1}}(x) - f \Big|_p \leq M \frac{1}{p^n}$$

따라서 다음을 보일 수 있다.

$$\sum_{\omega} (\widehat{f_{\omega}})_{-1} \phi_{\omega^{-1}}(x) = f \qquad (3)$$

$f,\, g \in UD(Z_p)$라 하자. 그러면 우리는 다음 식에 의한 I_{-1} − 적분

과 결합된 합성곱을 다음과 같이 정의한다.

$$(f * g)_{-1} = \sum_{\omega} (\widehat{f_\omega})_{-1} (\widehat{g_\omega})_{-1} \phi_{\omega^{-1}}$$

다음을 쉽게 보일 수 있다.

$$(f * g)_{-1} \in Lip(Z_p)$$

우리는 이항함수(연속계)를 다음과 같이 정의 할 수 있다.

$$* : UD(Z_p) \times UD(Z_p),\ (f, g) \mapsto (f * g)_{-1}$$

한편, $UD(Z_p)$는 $Lip(Z_p)$에서 닫혀있고 I_{-1}는 연속함수이다. $\{\phi_\alpha \mid \alpha \in U_p\}$는 $C(Z_p), UD(Z_p)$에서 조밀한 선형생성을 가진다. $\alpha, \beta \in U_p \setminus T_p$, $(\alpha \neq \beta)$에 대하여 $f = \phi_\alpha$, $g = \phi_\beta$라 하자. I_{-1}-적분 정의로부터, 다음을 유추할 수 있다.

$$I_{-1}(f_1) + I_{-1}(f) = 2f(0) \tag{4}$$

여기서 $f_1(x) = f(x+1)$이다. 식(4)에 의해 다음을 쉽게 보일 수 있다.

$$(\widehat{f_\omega})_{-1} = I_{-1}(f\phi_\omega) = \frac{2}{\alpha\omega + 1},$$
$$(\widehat{g_\omega})_{-1} = I_{-1}(g\phi_\omega) = \frac{2}{\beta\omega + 1},\quad \omega \in T_p \tag{5}$$

식 (5)로부터 다음이 성립한다.

$$\begin{aligned}(f * g)_{-1} &= \sum_{\omega} (\widehat{f_\omega})_{-1} (\widehat{g_\omega})_{-1} \phi_{\omega^{-1}} \\ &= \sum_{\omega} \frac{4}{(\alpha\omega+1)(\beta\omega+1)} \phi_{\omega^{-1}} \\ &= \frac{2}{\beta - \alpha}(\alpha f - \beta g) \in UD(Z_p)\end{aligned}$$

$((\widehat{f * g})_\omega)_{-1} = I_{-1}((f * g)_{-1}\phi_{\omega^{-1}})$라 하자. 그러면

$$
\begin{aligned}
((\widehat{f * g})_\omega)_{-1} &= I_{-1}\left(\frac{2}{\beta-\alpha}(\alpha f-\beta g)\phi_{\omega^{-1}}\right) \\
&= \frac{2}{\beta-\alpha}\left(\alpha(\widehat{f_\omega})_{-1}-\beta(\widehat{g_\omega})_{-1}\right) \\
&= \frac{2}{\beta-\alpha}\frac{2(\alpha-\beta)}{(\alpha\omega+1)(\beta\omega+1)} \\
&= -\left(\frac{2}{\alpha\omega+1}\right)\left(\frac{2}{\beta\omega+1}\right) \\
&= -(\widehat{f_\omega})_{-1}(\widehat{g_\omega})_{-1}
\end{aligned}
$$

따라서, 다음 정리를 얻을 수 있다.

[정리 6.4.1] $\omega \in T_p$에 대하여, 다음이 성립한다.

$$((\widehat{f * g})_\omega)_{-1} = -(\widehat{f_\omega})_{-1}(\widehat{g_\omega})_{-1}$$

$Int(Z_p) = \{ f \in UD(Z_p) \mid f' = 0 \}$을 $UD(Z_p)$의 $*-$이데알이라 하자. 우리는 유도된 합성곱을 다음과 같이 정의 할 수 있다. $f, g \in UD(Z_p)$에 대하여,

$$\otimes : UD(Z_p)/Int(Z_p) \to C(Z_p),\ (f * g)_{-1} = -f' \otimes g'$$

다음 정리를 쉽게 보일 수 있다.

[따름정리 6.4.2] $f, g \in UD(Z_p)$에 대하여, 다음을 얻을 수 있다.

$$I_{-1}^{(z)}(f \otimes g'(z)(-1)^z) = -I_{-1}^{(z)}(f(z)(-1)^z)\, I_{-1}(g(z)(-1)^z)$$

7 양자수송이론 1

7.1 조화진동자(Harmonic Oscillator)

7.1.1 에르미트 다항식

고체 내에 전기장이 가해질 때 전자의 거동은 조화진동자(조화떨개, 어울떨개, 조화진동자)의 거동과 유사하다.

> [정리 7.1.1] y 와 t 의 함수인 모함수(generating function)
>
> $$G(y, t) = e^{-t^2 + 2yt}$$
>
> 를 t 의 멱급수(power series)로 전개할 때의 계수함수 $H_n(y)$ 를 **에르미트 다항식**(Hermite polynomial)이라 한다. 즉,
>
> $$G(y, t) = e^{-t^2 + 2yt} = \sum_{n=0}^{\infty} \frac{H_n(y)}{n!} t^n \tag{7.1.1}$$

n 차 다항식의 y 에 대한 미분은 다음과 같은 회귀공식(recursion formula)을 만족한다

[정리 7.1.2] (**회귀공식 I**) 에르미트 다항식 $H_n(y)$ 에 대하여, 다음이 성립한다.

$$H_0'(y) = 0\ , \tag{7.1.2a}$$

$$H_1'(y) = 2\,H_0(y)\,, \tag{7.1.2b}$$

$$H_n'(y) = 2\,n\,H_{n-1}(y) \quad (n \geq 1) \tag{7.1.2c}$$

여기서 $H_n'(y)$ 는 y 에 대한 미분이다.

증명 식 (7.1.1)의 G 를 y 로 미분하면, 다음과 같다.

$$(\text{좌변}) = \frac{\partial G}{\partial y} = 2\,t\,e^{-t^2+2yt} = 2\,t\sum_{n=0}^{\infty}\frac{H_n(y)}{n!}t^n\,,$$

$$(\text{우변}) = \frac{\partial G}{\partial y} = \sum_{n=0}^{\infty}\frac{H_n'(y)}{n!}\,t^n\,.$$

$n = 0, 1, 2, \ldots$ 에 대해서 양변을 비교하면 결과를 얻는다. 🕮

다항식의 차수 사이에는 다음의 회귀공식이 있다.

[정리 7.1.3] (**회귀공식 II**) 에르미트 다항식 $H_n(y)$ 에 대하여, 다음이 성립한다.

$$2\,y\,H_0 = H_1\,, \tag{7.1.3a}$$

$$2\,y\,H_1 - 2\,H_0 = H_2\,, \tag{7.1.3b}$$

$$2\,y\,H_n - 2\,n\,H_{n-1} = H_{n+1} \quad (n \geq 1) \tag{7.1.3c}$$

증명 $G(y,t)$ 를 t 에 대해서 미분하면, 다음과 같은 식을 각각 얻는다.

$$(\text{좌변}) = \frac{\partial G}{\partial t} = 2(y-t)\,e^{-t^2+2yt} = \sum_{n=0}^{\infty}2(y-t)\frac{H_n(y)}{n!}\,t^n$$

$$(\text{우변}) = \frac{\partial G}{\partial t} = \sum_{n=1}^{\infty}\frac{H_n(y)}{(n-1)!}\,t^{n-1}$$

양변의 t^0, t^1, t^n 의 계수를 비교하면 (7.1.3)의 식을 얻는다. 🕮

$H_n(y)$ 는 다음과 같은 에르미트 미분방정식을 만족한다.

[정리 7.1.4] 에르미트 다항식 $H_n(y)$ 에 대하여, 다음이 성립한다.

$$H_n'' - 2y H_n' + 2n H_n = 0 \tag{7.1.4}$$

증명 (7.1.2c)과 (7.1.3c)를 미분하면

$$H_n'' = 2n H_{n-1}',$$

$$H_{n+1}' = 2y H_n' - 2n H_{n-1}' + 2 H_n$$

이다. 이 두 식에서 H_{n-1}' 을 소거하면, 다음과 같다.

$$\begin{aligned} H_n'' &= -H_{n+1}' + 2y H_n' + 2 H_n \\ &= -2(n+1)H_n + 2y H_n' + 2 H_n \\ &= 2y H_n' - 2n H_n . \end{aligned}$$

두 번째 등식은 (7.1.2c)를 사용했다. 🕮

에르미트 다항식은 다음과 같은 직교 규격화(틀맞춤) 조건을 만족한다.

[정리 7.1.5]

$$\int_{-\infty}^{\infty} dy\, H_n(y)\, H_m(y)\, e^{-y^2} = \sqrt{\pi}\, n!\, 2^n\, \delta_{mn} \tag{7.1.5}$$

증명 $G(y, t)$ 와 $G(y, s)$ 는

$$G(y, t) = e^{-t^2 + 2ty} = \sum_{n=0}^{\infty} \frac{H_n(y)}{n!} t^n,$$

$$G(y, s) = e^{-s^2 + 2sy} = \sum_{m=0}^{\infty} \frac{H_m(y)}{m!} s^m$$

이다. 이들을 곱하고 다시 e^{-y^2}을 곱하면

$$e^{-s^2+2sy-t^2+2ty-y^2} = e^{-(s+t)^2+2y(s+t)-y^2+2st}$$

$$= e^{2st}e^{-(y-s-t)^2}$$

$$= \sum_n \sum_m \frac{s^m\, t^n}{n!\, m!} H_n(y)\, H_m(y)\, e^{-y^2}$$

이다. 이 함수를 y에 대해 $-\infty$에서 ∞까지 적분하고 테일러 전개하면, 둘째 식은

$$e^{2st}\int_{-\infty}^{\infty} dy\, e^{-(y-s-t)^2} = \sqrt{\pi}\, e^{2st} = \sqrt{\pi}\sum_{n=0}^{\infty}\frac{(2st)^n}{n!}$$

이 되고, 셋째 식은

$$\sum_n \sum_m \frac{s^m\, t^n}{n!\, m!}\int_{-\infty}^{\infty} dy\, H_n(y)\, H_m(y)\, e^{-y^2}$$

이 된다. 이 두 식의 $s^n t^n$의 계수를 같게 하면, $m=n$일 때는

$$\sqrt{\pi}\,\frac{2^n}{n!} = \frac{1}{(n!)^2}\int_{-\infty}^{\infty} dy\; H_n^2(y)\, e^{-y^2}$$

이므로, 다음 식을 얻는다.

$$\int_{-\infty}^{\infty} dy\, H_n^2(y)\, e^{-y^2} = \sqrt{\pi}\, n!\, 2^n \quad (m=n)$$

$m \neq n$일 때는 오른쪽에는 $s^m t^n$이 없으므로 계수는 0이다.

$$\int_{-\infty}^{\infty} dy\, H_n(y)\, H_m(y)\, e^{-y^2} = 0 \quad (m \neq n)$$ 🕮

에르미트 다항식은 다음과 같음을 알 수 있다.

[정리 7.1.6]

$$H_n(y) = (-1)^n e^{y^2}\frac{d^n}{dy^n}e^{-y^2} \tag{7.1.6}$$

증명 모함수의 정의

$$G(y,t) = e^{-t^2+2yt} = \sum_{n=0}^{\infty} \frac{H_n(y)}{n!} t^n$$

로부터

$$H_n(y) = \left[\frac{\partial^n}{\partial t^n} \left(\sum_{n=0}^{\infty} \frac{H_n(y)}{n!} t^n \right) \right]_{t=0}$$

$$= \left[\frac{\partial^n}{\partial t^n} \left(e^{-t^2+2yt} \right) \right]_{t=0} = e^{y^2} \left[\frac{\partial^n}{\partial t^n} e^{-(t-y)^2} \right]_{t=0}$$

이다.

$$\frac{\partial}{\partial t} = \frac{\partial (t-y)}{\partial t} \cdot \frac{\partial}{\partial (t-y)} = \frac{\partial}{\partial (t-y)}$$

이므로, 에르미트 다항식을 얻을 수 있다.

$$H_n(y) = e^{y^2} \left[\frac{\partial^n}{\partial (t-y)^n} e^{-(t-y)^2} \right]_{t=0}$$

$$= e^{y^2} \left[\frac{\partial^n}{\partial (-y)^n} e^{-y^2} \right] = e^{y^2} (-1)^n \frac{\partial^n}{\partial y^n} e^{-y^2}$$ 🕮

[예제 7.1.1] (7.1.6)에 $n = 0, 1, 2$ 를 대입하여 처음 몇 개의 $H_n(y)$ 를 구하면 다음과 같다.

$$H_0(y) = 1\,, \quad H_1(y) = 2y\,, \quad H_2(y) = 4y^2 - 2$$

7.1.2 조화진동자의 시뢰딩거방정식

1차원 어울떨개(조화떨개, 조화진농자 1DHO)의 해밀도니안(Hamiltonian)은

$$H = \frac{p_x^2}{2m} + \frac{1}{2} k x^2 \tag{7.1.7}$$

여기서 m ; 질점의 질량,

k: 용수철의 힘상수(force constant),

$k = m\omega_0^2$, $\omega_0 = \sqrt{\dfrac{k}{m}}$,

x: 변위,

p_x: 운동량 $\left(p_x \to -i\hbar\dfrac{\partial}{\partial x}\right)$

이고, 이것의 에너지 E와 에너지 고유함수 Φ는 다음 식을 만족한다.

$$-\frac{\hbar^2}{2m}\frac{d^2\Phi}{dx^2}+\frac{1}{2}kx^2\Phi = E\,\Phi \tag{7.1.8}$$

을 만족한다.

차원이 없는 ϵ과 y를 다음과 같이 도입한다.

$$E=\left(\frac{1}{2}\hbar\,\omega_0\right)\epsilon \tag{7.1.9a}$$

$$x=\left(\frac{\hbar}{m\omega_0}\right)^{1/2}y \tag{7.1.9b}$$

그러면, 에너지 고유함수 Φ는 다음 식을 만족한다.

[정리 7.1.6]

$$\frac{d^2\Phi}{dy^2}+(\epsilon-y^2)\Phi=0 \tag{7.1.10}$$

증명 $\dfrac{d\Phi}{dx}=\left(\dfrac{m\,\omega_0}{\hbar}\right)^{1/2}\dfrac{d\Phi}{dy}$, $\quad \dfrac{d^2\Phi}{dx^2}=\left(\dfrac{m\,\omega_0}{\hbar}\right)\dfrac{d^2\Phi}{dy^2}$

이므로 식 (7.1.8)과 (7.1.9a), (7.1.9b)로부터 식 (7.1.10)을 얻는다.

□

7.1.3 조화진동자(1DHO)의 에너지와 고유함수

[정리 7.1.7] y가 매우 클 때($y^2 \gg \epsilon$)는 다음 식을 만족한다.

$$\Phi = C\exp\left(-\frac{y^2}{2}\right) \tag{7.1.11}$$

여기서 C는 상수이다.

증명 $\dfrac{d^2}{dy^2}\left[e^{\pm y^2/2}\right] = y^2 e^{\pm y^2/2} \pm e^{\pm y^2/2} \approx y^2 e^{\pm y^2/2}$

이므로 $\Phi = C\exp\left(\pm\dfrac{y^2}{2}\right)$는 다음 식을 만족한다.

$$\frac{d^2\Phi}{dy^2} = y^2\Phi$$

이 식에서 $e^{y^2/2}$은 $y \to \pm\infty$일 때 발산하므로 버리고 $e^{-y^2/2}$만 택하면 된다. □

[정리 7.1.8] 일발적인 해는

$$\Phi = H(y)\exp\left(-\frac{y^2}{2}\right) \tag{7.1.12}$$

의 꼴이고, $H(y)$는 다음 미분방정식을 만족한다.

$$\frac{d^2H}{dy^2} - 2y\frac{dH}{dy} + (\epsilon - 1)H = 0 \tag{7.1.13}$$

증명 $\dfrac{d\Phi}{dy} = \left(\dfrac{dH}{dy} - yH\right)e^{-y^2/2}$,

$\dfrac{d^2\Phi}{dy^2} - \left(\dfrac{d^2H}{dy^2} - 2y\dfrac{dH}{dy} - H + y^2H\right)e^{-y^2/2}$

위 식들을 $\frac{d^2\Phi}{dy^2}+(\epsilon-y^2)\Phi=0$ 에 대입한다. 🕮

[정리 7.1.9] (급수 전개)

$$H=\sum_{k=0}^{\infty} a_k y^k \tag{7.1.14}$$

을 고려하면 $k\geq 0$ 일 때 다음 회귀 공식이 성립한다.

$$a_{k+2}=\frac{2k+1-\epsilon}{(k+1)(k+2)}a_k \tag{7.1.15}$$

따라서 모든 a_k들은 a_0와 a_1으로 표현된다.

$$a_0\to a_2\to a_4\to\cdots,\quad a_1\to a_3\to a_5\to\cdots$$

증명 다음 두 식을 (7.1.7)에 대입한다.

$$\frac{dH}{dy}=\sum_{k=1}^{\infty} a_k k y^{k-1}=\sum_{k=0}^{\infty} a_k k y^{k-1},$$

$$\frac{d^2H}{dy^2}=\sum_{k=2}^{\infty} a_k k(k-1)y^{k-2}=\sum_{k=0}^{\infty} a_{k+2}(k+2)(k+1)y^k$$

그러면, 다음 식이 된다.

$$\frac{d^2H}{dy^2}-2y\frac{dH}{dy}+(\epsilon-1)H$$

$$=\sum_{k=0}^{\infty}\left[(k+1)(k+2)a_{k+2}-2k a_k+(\epsilon-1)a_k\right]y^k=0$$

이 식이 항상 성립하기 위해서는 식 (7.1.15)가 성립해야 한다.

🕮

[정리 7.1.9] y가 큰 값을 갖더라도 Φ가 ∞가 되지 않게 하기 위해서는 k도 유한해야 한다. 즉, k의 최대값(cutoff value)이 존재한다.

증명 k 값이 클 때는

$$a_{k+2} = \frac{2k+1-\epsilon}{(k+1)(k+2)}a_k$$

$$= \frac{2(k+1)-1-\epsilon}{(k+1)(k+2)}a_k \approx \frac{2}{k+2}a_k$$

이다. 즉,

$$a_k = \frac{2}{k}a_{k-2}$$

이다.

(i) k가 짝수일 때는

$$a_k = \frac{2}{k}\cdot\frac{2}{k-2}\cdot\frac{2}{k-4}\cdots 1\cdot a_0 \quad (k=0, 2, 4, 6, \ldots)$$

이고 $k=2m$ 인 자연수 m 에 대해서는

$$a_m = \frac{2}{2m}\cdot\frac{2}{2m-2}\cdot\frac{2}{2m-4}\cdots 1\cdot a_0 = \frac{a_0}{m!}$$

$(m=0,1,2,3,\ldots)$

이므로

$$H(y) = \sum_{k=0}^{\infty} a_k y^k = \sum_{m=0}^{\infty}\frac{a_0}{m!}(y^2)^m = a_0 e^{y^2}$$

이다. 따라서

$$\Phi = H(y)e^{-y^2/2} = a_0 e^{y^2/2}$$

가 되어 $y \to \pm\infty$ 에서 발산한다. 그래서 k 의 최대값은 유한해야 한다.

(ii) k가 홀수일 때는

$$a_k = \frac{2}{k}\cdot\frac{2}{k-2}\cdot\frac{2}{k-4}\cdots 1\cdot a_0 \quad (k=1, 3, 5, \ldots)$$

이고 $k=2m+1$ 인 자연수 m 에 대해서는

$$a_m = \frac{2}{2m+1}\cdot\frac{2}{2m-1}\cdot\frac{2}{2m-3}\cdots 1\cdot a_1 \approx \frac{a_1}{m!}$$

$(m=0, 1, 2, 3, \ldots)$

이다. 따라서

$$H(y)=\sum_{k=0}^{\infty} a_k y^k \approx y \sum_{m=0}^{\infty} \frac{a_1}{m!}\left(y^2\right)^m = y\, a_1 e^{y^2}$$

가 된다. 역시

$$\Phi = H(y)\, e^{-y^2/2} = a_1 y\, e^{y^2/2}$$

가 되어 $y \to \pm\infty$ 에서 발산한다. 그래서 k의 최대값은 유한해야 한다. 🕮

[정리 7.1.10] k의 최대값(cutoff value)을 n이라 하면,

$$\epsilon = 2n+1 \tag{7.1.16}$$

을 만족한다. 이때, 미분방정식

$$\frac{d^2H}{dy^2} - 2y\frac{dH}{dy} + 2nH = 0 \tag{7.1.17}$$

의 해는 에르미트 다항식으로 주어지고, n이 홀수, 짝수에 따라 홀함수, 짝함수가 된다.

증명 다음 식으로부터 구한다.

$$a_{n+2} = \frac{2n+1-\epsilon}{(n+1)(n+2)} a_n = 0 \quad (a_n \neq 0)$$

홀함수, 짝함수가 되는 것은 뒤의 [정리 7.1.12]에서 알 수 있다.

🕮

[정리 7.1.11] 에너지의 고유치는

$$E_n = \hbar\omega_0\left(n+\frac{1}{2}\right) \quad (n=0, 1, 2, 3, \ldots) \tag{7.1.18}$$

이다.

증명 식 (7.1.9a)에

$\epsilon = 2n+1 \quad (n = 0, 1, 2, 3, \ldots)$

을 대입하면 된다. 🕮

[정리 7.1.12] 규격화된(틀맞춤된) 고유함수는 식 (7.1.12)로부터

$$\Phi_n(x) = \left(\frac{m\omega_0}{\pi\hbar}\right)^{1/4} \frac{1}{\sqrt{2^n n!}} H_n\left(x\sqrt{\frac{m\omega_0}{\hbar}}\right)\exp\left(-\frac{m\omega_0}{2\hbar}x^2\right) \tag{7.1.19}$$

이다.

증명 규격화 상수를 N_n 라 하면

$$\Phi_n(x) = N_n H_n\left(x\sqrt{\frac{m\omega_0}{\hbar}}\right)\exp\left(-\frac{m\omega_0}{2\hbar}x^2\right)$$

이다. 여기에 규격화 조건

$$1 = \int_{-\infty}^{\infty} |\Phi_n(x)|^2 dx$$

$$= N_n^2 \left(\frac{\hbar}{m\omega_0}\right)^{1/2} \int_{-\infty}^{\infty} dy\, H_n^2(y) \exp(-y^2)$$

$$y \equiv x\left(\frac{m\omega_0}{\hbar}\right)^{1/2}$$

를 적용하고, 다음 에르미트 다항식의 규격화 적분공식 (7.1.5)

$$\int_{-\infty}^{\infty} e^{-x^2} H_n^2(x)\, dx = \sqrt{\pi}\, 2^n n!$$

을 사용하면 된다. 🕮

7.1.4 1DHO의 연산자 방법

[정의 7.1.13] **내림연산자**(lowering operator) a 와 **오름연산자**(raising operator) a^+ 를 다음과 같이 정의한다.

$$a \equiv \left(\frac{m\omega_0}{2\hbar}\right)^{1/2} x + i(2m\hbar\omega_0)^{-1/2} p_x \tag{7.1.20a}$$

$$a^+ \equiv \left(\frac{m\omega_0}{2\hbar}\right)^{1/2} x - i(2m\hbar\omega_0)^{-1/2} p_x \tag{7.1.20b}$$

[정리 7.1.14] 1DHO(1-dimensional harmonic oscillator)의 해밀토니안

$$H = \frac{p_x^2}{2m} + \frac{1}{2} m\omega_0^2 x^2 \tag{7.1.21}$$

은 다음 식을 만족한다.

$$H = \hbar\omega_0\left(N_{op} + \frac{1}{2}\right) \tag{7.1.22}$$

여기서 $N_{op} \equiv a^+ a$ 이다.

증명 $N_{op} = a^+ a = \frac{m\omega_0}{2\hbar} x^2 + \frac{1}{2m\hbar\omega_0} p_x^2 + \frac{i}{2\hbar}(x p_x - p_x x)$

$$= \frac{1}{\hbar\omega_0} H - \frac{1}{2}$$ 🕮

[정리 7.1.15] 다음 식이 성립한다.

(1) $[a, a^+] = a a^+ - a^+ a = 1$ (7.1.24)

(2) $N_{op} a = a(N_{op} - 1)$ (7.1.25)

(3) N_{op} 의 고유함수를 $|n>$, 고유치를 n 이라 하면, 즉

$$N_{op}|n> = n|n>$$

이면,

$$N_{op}a|n> = (n-1)a|n>$$

이다.

(4) $a|n> = \sqrt{n}|n-1>$

(5) $a^{+}|n \geqq \sqrt{n+1}|n+1>$

(6) $H|n \geqq \hbar\omega_0\left(N_{op}+\frac{1}{2}\right)|n \geqq \hbar\omega_0\left(n+\frac{1}{2}\right)|n>$

(7) $|n \geqq \frac{(a^{+})^n}{\sqrt{n!}}|0>$

(8) $E_0 = \frac{1}{2}\hbar\omega$

(9) $|0 \geqq \left(\frac{m\omega}{\pi\hbar}\right)^{1/?} e^{-m\omega x^2/2\hbar}$

증명 (1) $(xp_x - p_x x)\Psi(x) = -x\,i\hbar\frac{\partial}{\partial x}\Psi(x) + i\hbar\frac{\partial}{\partial x}[x\Psi(x)]$

$$= -x(i\hbar)\frac{\partial\Psi(x)}{\partial x} + i\hbar\Psi(x) + i\hbar x\frac{\partial\Psi(x)}{\partial x}$$

$$= i\hbar\Psi(x)$$

따라서 $[a, a^{+}] = \frac{1}{2\hbar}\{i[p_x, x] - i[x, p_x]\} = 1$ 이다.

(2) $N_{op}a = a^{+}aa = (aa^{+}-1)a = a(a^{+}a-1) = a(N_{op}-1)$

(3) $N_{op}a|n> = a(N_{op}-1)|n>$

$$= a(n-1)|n> = (n-1)a|n>$$

(4) $a|n> = |n'>$ 으로 누면,

$N_{op}|n'> = N_{op}a|n>$

$$= (n-1)a|n> = (n-1)|n'>$$

이다. 따라서 $|n'>$ 은 N_{op} 의 고유벡터이고, 고유값은

$(n-1)$ 이다. 즉, $a|n> = c|n-1>$

로 쓸 수 있다. 정규 인수(normalization factor) c 는

$< n'|n' \geqq < n|a^+ a|n> = < n|N_{op}|n> = n$

$= |c|^2 < n-1|n-1 \geqq |c|^2.$

따라서 정규화된 고유값(normalized eigenvector)는

$|n' \geqq a|n \geqq \sqrt{n}\,|n-1>$ 이다.

(5) $N_{op}a^+ = a^+(N_{op}+1)$ 로 두고 (4)와 같이 유도하면 된다.

(6) (5)로부터 알 수 있다.

(7) 증명은 생략한다.

(8) $(a^+a + 1/2)\hbar\omega\,|0 \geqq E_0|0>$ 로부터 구한다.

(9) $a|0 \geqq 0$ 로부터 $(2m\hbar\omega)^{-1/2}(m\omega x + i p_x)|0 \geqq 0$ 에

$p_x = -i\hbar\dfrac{d}{dx}$ 을 고려하면 된다. 🕮

7.1.5 행렬 표현

[정리 7.1.16] a 와 a^+ 의 행렬 표현은 각각 다음과 같다.

(1) $(a^+)_{n'n} \equiv < n'|a^+|n \geqq \sqrt{n+1}\,\delta_{n',n+1}$, 즉

$$a^+ = \begin{pmatrix} 0 & 0 & 0 & \cdots \\ 1 & 0 & 0 & \cdots \\ 0 & \sqrt{2} & 0 & \cdots \\ 0 & 0 & \sqrt{3} & \cdots \\ \vdots & \vdots & \vdots & \end{pmatrix}$$

(2) $(a)_{n'n} \equiv < n'|a|n> = \sqrt{n}\,\delta_{n',n-1}$, 즉

$$a = \begin{pmatrix} 0 & 1 & 0 & 0 & \cdots \\ 0 & 0 & \sqrt{2} & 0 & \cdots \\ 0 & 0 & 0 & \sqrt{3} & \cdots \\ \vdots & \vdots & \vdots & & \end{pmatrix}$$

정리 7.1.16으로부터

$$|0 \geqq \begin{pmatrix} 1 \\ 0 \\ 0 \\ 0 \\ 0 \\ \vdots \end{pmatrix}, \quad |1>= \begin{pmatrix} 0 \\ 1 \\ 0 \\ 0 \\ 0 \\ \vdots \end{pmatrix}, \quad |2>= \begin{pmatrix} 0 \\ 0 \\ 1 \\ 0 \\ 0 \\ \vdots \end{pmatrix}, \quad |3>= \begin{pmatrix} 0 \\ 0 \\ 0 \\ 1 \\ 0 \\ \vdots \end{pmatrix}$$

로 두면

$$a^{+}|0>=|1>, \quad a^{+}|1>= \sqrt{2}|2>, \quad a^{+}|2>= \sqrt{3}|3>$$

및

$$|n \geqq \frac{(a^{+})^{n}}{\sqrt{n!}}|0>$$

을 확인할 수 있다.

[문제] a^{+} 와 a 로부터

$$x|n \geqq \sqrt{\frac{\hbar}{m\omega}}\left[\sqrt{\frac{n}{2}}|n-1> + \sqrt{\frac{n+1}{2}}|n+1>\right],$$

$$< n'|p|n \geqq i\sqrt{\frac{m\hbar\omega}{2}}\left[\sqrt{n+1}\,\delta_{n',n+1} - \sqrt{n}\,\delta_{n',n-1}\right]$$

이다. 다음을 계산하라.

(1) $x^{2}|n>$ (2) $< n'|x^{2}|n>$

(3) $p^{2}|n>$ (4) $< n'|\,p^{2}|n>$

(5) $< n'|H|n>$

참고 [7.1.17] 시간에 대해 독립인 섭동(건드림)을 복습한다. 먼저 축퇴가 없는 경우부터 살펴보자. 섭동이 없을 때의 해밀토니안을 H_0, 고유함수와 고유치를 각각 $\phi_n^{(0)}$, $E_n^{(0)}$ 라 하고 섭동이 있을 때의 해밀토니안을 $H = H_0 + V$, 파동함수와 그 에너지를 각각

$$\Phi_n = \Phi_n^{(0)} + \Phi_n^{(1)} + \Phi_n^{(2)} + \cdots,$$

$$E_n = E_n^{(0)} + E_n^{(1)} + E_n^{(2)} + \cdots$$

라 하면,

$$E_n^{(1)} = V_{nn} = <n|V|n>,$$

$$E_n^{(2)} = \sum_{m(\neq n)} \frac{|V_{mn}|}{E_n^{(0)} - E_m^{(0)}},$$

$$\Phi_n^{(1)} = \sum_{m(\neq n)} \frac{V_{mn}}{E_n^{(0)} - E_m^{(0)}} \phi_m^{(0)},$$

등으로 쓸 수 있다.

축퇴가 있으면 상황은 달라진다. 예를 들어 $n=1$이 축퇴되어

$$E_1 = E_1^{(0)} + E_1^{(1)},$$

$$E_1' = E_1^{(0)} + E_1^{(1)'}$$

의 두 항으로 분리된다면, $E_1^{(1)}$과 $E_1^{(1)'}$는 다음 행렬식에서 $E_1^{(1)}$의 두 근이다.

$$\begin{vmatrix} V_{11} - E_1^{(1)} & V_{12} \\ V_{21} & V_{22} - E_1^{(1)} \end{vmatrix} = 0.$$

(단, 여기서는 $n=1$을 바닥상태로 정했다. 1DHO에서는 $n=0$이 바닥이다.)

[예제 7.1.2] 1DHO에서

$$x_{n,n+1} = x_{n+1,n} = \left(\frac{\hbar}{2m\omega}\right)^{1/2} \sqrt{n+1}$$

이므로

$$H' = V = -qxE \ (q\text{는 전하량, } E\text{는 전기장의 세기})$$

에 대해서 다음을 얻을 수 있다.

$$E_0^{(0)} = \frac{1}{2}\hbar\omega,$$

$$E_0^{(1)} = -qE<0|x|0 \geq 0,$$

$$E_0^{(2)} \fallingdotseq \frac{1}{\epsilon_0 - \epsilon_1} |<0|V|1>|^2 = -\frac{q^2E^2}{2m\omega^2}$$

7.2 다입자계

7.2.1 생성소멸 연산자

(가) 연산자의 정의와 정리

[정의 7.2.1] **소멸연산자**(annihilation operator) a와 **생성연산자**(creation operator) a^+를 다음과 같이 정의한다.

boson : $[a, a^+] = 1$,

fermion : $\{a, a^+\} = 1$, $\{a, a\} = 0$, $\{a^+, a^+\} = 0$.

이 연산자가 정의되는 공간을 포크 공간(Fock space)리 한다. 여기서

$$[A, B] \equiv AB - BA, \quad \{A, B\} = AB + BA$$

이다.

[정리 7.2.2] 수연산자(number operator) $\hat{N} = a^+ a$의 고유값 n은

boson : $n = 0, 1, 2, 3, \cdots \infty$,

fermion : $n = 0, 1$

이다.

증명 n은 실수($a^+ a$가 에르미시안(hermitian))이고 $\hat{N}$은 양의 정부호($n \geq 0$) 임을 이용하여 증명할 수 있다. 🕮

[정리 7.2.3] $|0>$가 바닥상태(ground state)이면 규격화된 고유치 (normalized eigenstate)는

boson : $|n \geqq \frac{(a^+)^n}{\sqrt{n!}} |0>$,

fermion : $|n \geqq (a^+)^n |0>$

이다.

증명 IDHO와 같다. 차이는 IDHO에서는

a : 오름연산자(lowering operator)

a^+ : 내림연산자(raising operator)

[문제 7.2.1] 페르미온(fermion)에 대해서

$$a = \begin{pmatrix} 0 & 1 \\ 0 & 0 \end{pmatrix},\ a^+ = \begin{pmatrix} 0 & 0 \\ 1 & 0 \end{pmatrix}$$

로 두고 고유상태(eiqenstate)를

$$|0 \geqq \begin{pmatrix} 1 \\ 0 \end{pmatrix},\quad |1 \geqq \begin{pmatrix} 0 \\ 1 \end{pmatrix}$$

로 두고, 다음 물음에 답하라.

(1) $| n \geqq (a^+)^n | 0 >$ 가 성립하는가?

(2) $a^+ a | n \geqq n | n >$ 가 성립하는가?

(3) $< n_1 | n_2 \geqq \delta_{n_1 n_2}$ 인가?

[정의 7.2.4] 여러 상태 $k(k = 1,2,3,\ldots)$ 에 대해서 소멸연산자 a 와 생성연산자 a_k^+ 의 **교환규칙**(commutation relation)을 다음과 같이 정의한다.

$$\text{boson} : [a_k, a_l^+] = \delta_{kl},\quad [a_k, a_l] = 0,\quad [a_k^+, a_l^+] = 0.$$

$$\text{fermion} : \{a_k, a_l^+\} = \delta_{kl},\quad \{a_k, a_l\} = 0,\quad \{a_k^+, a_l^+\} = 0.$$

7.2.2 양자장(Quantized field)

[정의 7.2.5] 상태 k에 있는 입자의 고유함수

$$\phi_k(\boldsymbol{x})\ [h\,\phi_k(\boldsymbol{x}) = \epsilon_k\,\phi_k(\boldsymbol{x})]\ (h:\ \text{Hamiltonian})$$

와 에너지 ϵ_k에 대해서

$$\varphi(\boldsymbol{x},t) = \sum_k a_k\,\phi_k(\boldsymbol{x})\,e^{-i\epsilon_k t/\hbar}$$

를 **양자장량**(quantized field quantity) 또는 **장연산자**(field operator) 라 한다.

[정리 7.2.6] $\varphi(\boldsymbol{x},t)$는 다음을 만족한다.

(1) 시뢰딩거방정식(Schrödinger equation)을 만족한다.

(2) 하이젠베르그방정식(Heisenberg equation)을 만족한다.

(3) $\varphi(\boldsymbol{x},t)$와 $\varphi^+(\boldsymbol{x},t)$는 연속 변수(위치 $\boldsymbol{x}$)에 대한 각각 소멸 연산자와 생성연산자이다. 즉,

boson : $[\varphi(\boldsymbol{x},t),\varphi^+(\boldsymbol{x},t)] = \delta(\boldsymbol{x}-\boldsymbol{x}')$,

$[\varphi(\boldsymbol{x},t),\varphi(\boldsymbol{x}',t)] = 0$,

$[\varphi^+(\boldsymbol{x},t),\varphi^t(\boldsymbol{x}',t)] = 0$.

fermion : $\{\varphi(\boldsymbol{x},t),\varphi^+(\boldsymbol{x}',t)\} = \delta(\boldsymbol{x}-\boldsymbol{x}')$,

$\{\varphi(\boldsymbol{x},t),\varphi(\boldsymbol{x}',t)\} = 0$,

$\{\varphi^t(\boldsymbol{x},t),\ \varphi^+(\boldsymbol{x}',t)\} = 0$.

증명 boson에 대해서

$$[\varphi(\boldsymbol{x},t),\ \varphi^+(\boldsymbol{x},t)] = \sum_{k,l}\delta_{kl}\ \phi_k(\boldsymbol{x})\,\phi_l^*(\boldsymbol{x})\,e^{-i(\epsilon_k-\epsilon_l)t/\hbar}$$

$$= \sum_k \phi_k(\boldsymbol{x})\,\phi_k^*(\boldsymbol{x}') = \delta(\boldsymbol{x}-\boldsymbol{x}')$$

fermion에 대해서도 비슷하게 증명할 수 있다.

[정리 7.2.7] 정규직교화된 벡터(Orthonormalized vector)를

$$|\,\boldsymbol{x}_1, \boldsymbol{x}_2, \ldots, \boldsymbol{x}_N) = \frac{1}{\sqrt{N!}} \varphi^+(\boldsymbol{x}_1)\varphi^+(\boldsymbol{x}_2)\cdots \varphi^+(\boldsymbol{x}_N)\,|\,0>$$

$(N = 0, 1, 2, \ldots, \infty)$

로 정의하면, 다음 식이 성립한다.

(1) $(\boldsymbol{x}_1 \,|\, \boldsymbol{x}_1') = \delta(\boldsymbol{x}_1 - \boldsymbol{x}_1')$.

(2) boson에 대하여,

$$(\boldsymbol{x}_1, \boldsymbol{x}_2 \,|\, \boldsymbol{x}_1', \boldsymbol{x}_2') = \frac{1}{2!}\{\delta(\boldsymbol{x}_1 - \boldsymbol{x}_1')\delta(\boldsymbol{x}_2 - \boldsymbol{x}_2') + \delta(\boldsymbol{x}_1 - \boldsymbol{x}_2')\delta(\boldsymbol{x}_2 - \boldsymbol{x}_1')\}$$

이다.

(3) 일반적으로

$$(\boldsymbol{x}_1, \boldsymbol{x}_2, \ldots, \boldsymbol{x}_N \,|\, \boldsymbol{x}_1', \boldsymbol{x}_2', \ldots, \boldsymbol{x}_M')$$

$$= \delta_{MN} \frac{1}{N!} \sum_{(p)} \delta_p\, \delta(\boldsymbol{x}_1 - \boldsymbol{x}_1')\, \delta(\boldsymbol{x}_2 - \boldsymbol{x}_2') \cdots \delta(\boldsymbol{x}_N - \boldsymbol{x}_N')$$

boson : $\delta_p = +1$,

fermion : $\delta_p = +1$ (even permutation),

$\delta_p = -1$ (odd permutation)

증명 (1) $(\boldsymbol{x}_1 \,|\, \boldsymbol{x}_1') = <0\,|\,\varphi^+(\boldsymbol{x}_1')\varphi(\boldsymbol{x}_1) + \delta(\boldsymbol{x}_1 - \boldsymbol{x}_1')\,|\,0>$

$\varphi(\boldsymbol{x})\,|\,0 \geqq 0$ 이므로

$$(\boldsymbol{x}_1 \,|\, \boldsymbol{x}_1') = <0\,|\,\delta(\boldsymbol{x}_1 - \boldsymbol{x}_1')\,|\,0>$$

$$= \delta(\boldsymbol{x}_1 - \boldsymbol{x}_1') <0\,|\,0 \geqq \delta(\boldsymbol{x}_1 - \boldsymbol{x}_1')$$

(2) $(\boldsymbol{x}_1, \boldsymbol{x}_2 \mid \boldsymbol{x}_1{}', \boldsymbol{x}_2{}')$

$$= \frac{1}{2!} < 0 \mid \varphi(\boldsymbol{x}_2)\varphi(\boldsymbol{x}_1)\varphi^+(\boldsymbol{x}_1{}')\varphi^+(\boldsymbol{x}_2{}') \mid 0 >$$

$$= \frac{1}{2!} < 0 \mid \varphi(\boldsymbol{x}_2)$$

$$\left\{\varphi^+(\boldsymbol{x}_1{}')\varphi(\boldsymbol{x}_1) + \delta(\boldsymbol{x}_1 - \boldsymbol{x}_1{}')\right\}\varphi(\boldsymbol{x}_2{}') \mid 0 >$$

$$= \frac{1}{2!} < 0 \mid \varphi(\boldsymbol{x}_2)\varphi^+(\boldsymbol{x}_1{}')$$

$$\left\{\varphi^+(\boldsymbol{x}_2)\varphi(\boldsymbol{x}_1) + \delta(\boldsymbol{x}_1 - \boldsymbol{x}_1{}')\right\} \mid 0 >$$

$$+ \frac{1}{2!}\delta(\boldsymbol{x}_1 - \boldsymbol{x}_1{}') < 0 \mid \varphi(\boldsymbol{x}_2)\varphi^+(\boldsymbol{x}_2{}') \mid 0 >$$

$$= \frac{1}{2!}\{\delta(\boldsymbol{x}_1 - \boldsymbol{x}_1{}')\delta(\boldsymbol{x}_2 - \boldsymbol{x}_2{}')$$

$$+ \delta(\boldsymbol{x}_1 - \boldsymbol{x}_2{}')\delta(\boldsymbol{x}_2 - \boldsymbol{x}_1{}')\}$$ 🕮

7.2.4 제 2 양자화

[정리 7.2.8] 다체입자계(many identical particle system)의 **해밀토니안**은 다음과 같다.

$$\widehat{H}_0 = \int d\boldsymbol{x} \left[\frac{\hbar^2}{2m} \nabla \varphi^+(\boldsymbol{x},t) \nabla \varphi(\boldsymbol{x},t) + V(\boldsymbol{x})\varphi^+(\boldsymbol{x},t)\varphi(\boldsymbol{x},t) \right]$$

증명 $$\widehat{H}_0 = \sum_{k\cdot \ell} \int d\boldsymbol{x} \left[\frac{\hbar^2}{2m} \nabla \phi_k^*(\boldsymbol{x}) \nabla \phi_l(\boldsymbol{x}) + \phi_k^*(\boldsymbol{x})\, V(\boldsymbol{x})\, \phi_l(\boldsymbol{x}) \right]$$

$$a_k^+ a_l\, e^{i(\epsilon_k - \epsilon_l)t/\hbar}$$

$$= \sum_{k\ell} \int d\boldsymbol{x} \nabla \phi_k^* \left\{ -\frac{\hbar^2}{2m}\nabla^2 + V \right\} \phi_\ell\, a_k^+ a_l\, e^{i(\epsilon_k - \epsilon_l)t/\hbar}$$

$$= \sum_{k\ell} \int d\boldsymbol{x}\, \phi_k^* \, \phi_l \, \epsilon_\ell \, a_k^+ \, a_l \, e^{i(\epsilon_k - \epsilon_l)t/\hbar}$$

$$= \sum_{k\ell} \delta_{kl} \, \epsilon_\ell \, a_k^+ \, a_l \, e^{i(\epsilon_k - \epsilon_l)t/\hbar}$$

$$= \sum_k \epsilon_k \, a_k^+ \, a_k = \sum_k \widehat{N}_k \, \epsilon_k$$

📖

[정리 7.2.9] 상태함수 $| n_1, n_2, \ldots \geqq \Pi_k \dfrac{1}{\sqrt{n_k !}} (a_k^+)^{n_k} | 0 >$

(boson : $n_k = 0, 1, 2, \ldots, \infty$, fermion : $n_k = 0, 1$),

상태벡터 $\varphi(\boldsymbol{x}_1, \boldsymbol{x}_2, \ldots, \boldsymbol{x}_N ; t) = e^{iEt/\hbar} \Phi_{l_1 l_2 \ldots l_N}(\boldsymbol{x}_1, \boldsymbol{x}_2, \ldots, \boldsymbol{x}_N)$

(단, $\Phi_{l_1 l_2 \cdots l_N}(\boldsymbol{x}_1, \boldsymbol{x}_2, \ldots, \boldsymbol{x}_N)$

$$= \frac{1}{\sqrt{N!}} \sum_{(p)} \delta_p \, \phi_{l_1}(\boldsymbol{x}_1) \phi_{l_2}(\boldsymbol{x}_2) \cdots \phi_{l_N}(\boldsymbol{x}_N))$$

에 대하여

$$\Psi(t) = \sum_{N=0}^{\infty} \int d\boldsymbol{x}_1 \cdots d\boldsymbol{x}_N \varphi(\boldsymbol{x}_1 \cdots \boldsymbol{x}_N ; t)$$

를 정의하면, 다음 식이 성립한다.

$$i\hbar \frac{\partial \Psi(t)}{\partial t} = \widehat{H}_0 \Psi(t)$$

입자 사이의 상호작용

$$H_{int} = \frac{1}{2} \sum_{k \neq l}^{N} U(|\boldsymbol{x}_k - \boldsymbol{x}_l|)$$

이 존재하면

$$\widehat{H_{int}} = \frac{1}{2} \int d\boldsymbol{x} d\boldsymbol{x}' \varphi^+(\boldsymbol{x}) \varphi^+(\boldsymbol{x}') U(|\boldsymbol{x} - \boldsymbol{x}'|) \varphi(\boldsymbol{x}') \varphi(\boldsymbol{x})$$

이고, U 의 형태가 주어지면 제 2 양자화 꼴을 얻을 수 있다.

8 양자수송이론 2

8.1 자기장내의 고체전자의 에너지와 전류

8.1.1 자기장이 없을 때의 고체내의 전자

자기장이 없을 때의 하나의 전자(질량 m, 전하$-e$)의 해밀토니안 (Hamiltonian)은

$$H_0 = \frac{p^2}{2m} \tag{8.1.1}$$

이고 운동량 연산자 $\boldsymbol{p}$는

$$\boldsymbol{p} = -i\hbar\nabla \tag{8.1.2a}$$

이다. 이를 성분별로 쓰면

$$p_x = -i\hbar\frac{\partial}{\partial x}, \quad p_y = -i\hbar\frac{\partial}{\partial y}, \quad p_z = -i\hbar\frac{\partial}{\partial z} \tag{8.1.2b}$$

가 된다.

[정리 8.1.1] 해밀토니안 H_0 에 대한 직육면체 모양의 방안에 갇힌 전자의 에너지는

$$E_{\boldsymbol{k}} = \frac{\hbar^2 k^2}{2m} \tag{8.1.3}$$

이고 고유함수는

$$\Phi_{\boldsymbol{k}}(\boldsymbol{r}) = \frac{1}{\sqrt{V}} e^{\boldsymbol{k} \cdot \boldsymbol{r}} \tag{8.1.4}$$

이다. $V = L_x L_y L_z$ 는 계의 부피, 즉 규격화 체적(normalization volume)이고 L_x, L_y, L_z 는 각 성분별 규격화 길이(normalization length)이다.

증명 x-방향에 대한 고유 방정식

$$H_{0x} \Phi_{k_x}(x) = -\frac{\hbar^2}{2m} \frac{\partial^2}{\partial x^2} \Phi_{k_x}(x) = E_x \Phi_{k_x}(x)$$

의 해는

$$\Phi_{k_x}(x) = \frac{1}{\sqrt{L_x}} e^{ikx}, \quad E_x = \frac{\hbar^2 k_x^2}{2m}$$

이다. 이로부터 $E = E_x + E_y + E_z$ 와

$\Phi_{\boldsymbol{k}}(\boldsymbol{r}) = \Phi_{k_x}(x) \Phi_{k_y}(y) \Phi_{k_z}(z)$ 를 구하면 된다. □

8.2 자기장이 걸릴 때의 벡터 퍼텐셜

z-방향으로 전자기장 $\boldsymbol{B}$ 가 인가되는 경우에는 다음의 세 가지의 게이지(gauge)를 쓸 수 있다. **벡터 퍼텐셜**(vector potential) $\boldsymbol{A}$ 는

$$\boldsymbol{B} = \nabla \times \boldsymbol{A} \tag{8.1.5}$$

를 만족한다.

(가) 첫 번째 란다우 게이지(the first Landau gauge) (제 1 LG)

$$A = (0, Bx, 0) \tag{8.1.6}$$

증명

$$\nabla \times A = \begin{vmatrix} \hat{x} & \hat{y} & \hat{z} \\ \frac{\partial}{\partial x} & \frac{\partial}{\partial y} & \frac{\partial}{\partial z} \\ 0 & Bx & 0 \end{vmatrix} = B\hat{z}$$

($\hat{x}, \hat{y}, \hat{z}$ 는 각각 x, y, z 방향의 단위 벡터이다.) 🕮

(나) 두 번째 란다우 게이지(the second Landau gauge) (제 2 LG)

$$A = (-By, 0, 0) \tag{8.1.7}$$

증명

$$\nabla \times A = \begin{vmatrix} \hat{x} & \hat{y} & \hat{z} \\ \frac{\partial}{\partial x} & \frac{\partial}{\partial y} & \frac{\partial}{\partial z} \\ -By & 0 & 0 \end{vmatrix} = B\hat{z}$$

🕮

(다) 대칭적 게이지(the symmetric gauge) (SG)

$$A = (-By/2, Bx/2, 0) \tag{8.1.8}$$

증명

$$\nabla \times A = \begin{vmatrix} \hat{x} & \hat{y} & \hat{z} \\ \frac{\partial}{\partial x} & \frac{\partial}{\partial y} & \frac{\partial}{\partial z} \\ By/2 & Bx/2 & 0 \end{vmatrix} = B\hat{z}$$

🕮

8.3 $B = B\hat{z}$ 안에 있는 전자의 해밀토니안

[정리 8.3.1] 해밀토니안

$$H_0 = \frac{\Pi^2}{2m} = \frac{1}{2m}(\boldsymbol{p} + e\boldsymbol{A})^2 \qquad (8.1.9)$$

이다. 이것을 다음과 같이 쓸 수 있다.

$$H_0 = -\frac{\hbar^2}{2m}\nabla^2 - i\hbar\frac{eBx}{m}\frac{\partial}{\partial y} + \frac{e^2B^2x^2}{2m} \qquad (8.1.10)$$

증명 운동량 연산자 $\boldsymbol{p}$ 대신에

$$\boldsymbol{p} = -i\hbar\nabla\,,\ p_y = -i\hbar\frac{\partial}{\partial y}$$

를 대입하고, 파동함수를 Φ라 두면

$$\begin{aligned}(\boldsymbol{p}+e\boldsymbol{A})^2\Phi &= (\boldsymbol{p}+e\boldsymbol{A})\cdot(\boldsymbol{p}+e\boldsymbol{A})\Phi \\ &= \left(p^2 + e\boldsymbol{p}\cdot\boldsymbol{A} + e\boldsymbol{A}\cdot\boldsymbol{p} + e^2A^2\right)\Phi \\ &= \left(p^2 + e\,p_y A_y + e\,A_y p_y + e^2A^2\right)\Phi \\ &= -\hbar^2\nabla^2\Phi - i\hbar e\frac{\partial}{\partial y}(Bx\Phi) - i\hbar e\,Bx\frac{\partial\Phi}{\partial y} + e^2A^2\Phi \\ &= -\hbar^2\nabla^2\Phi - 2i\hbar e\,Bx\frac{\partial\Phi}{\partial y} + e^2B^2x^2\Phi\end{aligned}$$

이 된다. 여기서는 첫 번째 란다우 게이지(제 1 LG)를 사용했다.

□

8.4 에너지 고유치와 고유함수

[정리 8.4.1] 자기장 $\boldsymbol{B}=\hat{z}B=\nabla\times\boldsymbol{A}$, $\boldsymbol{A}=(0,Bx,0)$ 안에 있는 전자의 **시뢰딩거방정식**(Schrödinger equation)

$$\left(-\frac{\hbar^2}{2m}\Delta^2-i\hbar\frac{eBx}{m}\frac{\partial}{\partial y}+\frac{e^2B^2x^2}{2m}\right)\Psi=E\Psi \tag{8.1.11}$$

의 에너지 고유치는

$$E_{n,\boldsymbol{k}}=\left(n+\frac{1}{2}\right)\hbar\omega_0+\frac{\hbar^2k_z^2}{2m} \tag{8.1.12}$$

이고, 고유함수는

$$\Psi_{n,k_y,k_z}(x,y,z)=\frac{1}{\sqrt{L_yL_z}}e^{iyk_y+izk_z}\overline{\Phi_n}(x) \tag{8.1.13}$$

$$\begin{aligned}\overline{\Phi_n}(x)&\equiv\Phi_n(x-X)\\&=\sqrt{\frac{\alpha}{2^n n!\sqrt{\pi}}}\,exp\left[-\frac{\alpha^2}{2}(x-X)^2\right]H_n[\alpha(x-X)]\end{aligned} \tag{8.1.14}$$

이다. 여기서

$X\equiv-\dfrac{\hbar k_y}{eB}$: 바닥상태궤도 중심(center of the ground state orbit),

$\alpha\equiv\sqrt{\dfrac{m\omega_0}{\hbar}}$,

$r_0\equiv\dfrac{1}{\alpha}=\sqrt{\dfrac{\hbar}{m\omega_0}}$,

n: 란다우 지수(index of the Landau level),

$\boldsymbol{k}$: 전자 파동 벡터(electron wave vector),

H_n: 에르미트 다항식(Hermite polynomial)

이다.

증명 시행 파동 함수(trial wave function)를

$$\Psi = \frac{1}{\sqrt{L_y L_z}} e^{iyk_y + izk_z} \overline{\Phi}(x)$$

로 두고 $\overline{\Phi}(x)$를 구한다. L_y, L_z는 각각 y, z 방향의 규격화 길이(normalization length)이다. 위 식을 식 (8.1.11)에 대입하면

$$\left(-\frac{\hbar^2}{2m}\frac{\partial^2}{\partial x^2} + \frac{\hbar^2 k_y^2}{2m} + \frac{\hbar^2 k_z^2}{2m} + \frac{eB}{m}\hbar k_y x + \frac{e^2B^2}{2m}x^2\right)\overline{\Phi}(x)$$
$$= E\overline{\Phi}(x)$$

을 얻을 수 있고, $\overline{x} \equiv x + \frac{\hbar k_y}{eB}$ 로 두면

$$\left(-\frac{\hbar^2}{2m}\frac{\partial^2}{\partial \overline{x}^2} + \frac{e^2B^2}{2m}\overline{x}^2\right)\overline{\Phi}(\overline{x}) = \left(E - \frac{\hbar^2 k_z^2}{2m}\right)\overline{\Phi}(\overline{x})$$

이 된다. 왼쪽은 1DHO(1-dimensional harmonic oscillator)의 시뢰딩거방정식

$$\left(-\frac{\hbar^2}{2m}\frac{\partial^2}{\partial \overline{x}^2} + \frac{1}{2}k\overline{x}^2\right)\Phi_n^{Har}(\overline{x}) = \left(n + \frac{1}{2}\right)\hbar\omega_0 \Phi_n^{Har}(\overline{x})$$

와 같은 형태이다. 즉, 위의 두 식은

$$k \equiv \frac{e^2B^2}{m} \equiv m\omega_0^2,$$

$$\omega_0 \equiv \frac{eB}{m}$$

로 정의하면 같은 식이 된다. 따라서

$$E \equiv E_{n,k_z} = \left(n + \frac{1}{2}\right)\hbar\omega_0 + \frac{\hbar^2 k_z^2}{2m}$$

을 얻는다.

1DHO로부터 파동함수 $\Phi_n^{Har}(\overline{x})$는

$$\Phi_n^{Har}(\bar{x}) = e^{-\alpha^2\bar{x}^2/2} H_n(\alpha\bar{x}) \sqrt{\frac{\alpha}{2^n n! \sqrt{\pi}}}$$

로 주어진다. 따라서 $X \equiv -\hbar k_y / eB$라고 하면,

$$\overline{\Phi_n}(x) = \Phi_n^{Har}(\bar{x}) = \Phi_n^{Har}\left(x + \frac{\hbar k_y}{eB}\right) = \Phi_n^{Har}(x - X)$$

$$= \exp\left[-\frac{1}{2}\alpha^2(x-X)^2\right] H_n[\alpha(x-X)] \sqrt{\frac{\alpha}{2^n n! \sqrt{\pi}}}$$

을 (8.1.12)에 대입하면 고유함수가 된다. 🕮

8.5 자기장 안의 전자의 전류연산자

(가) 해밀토니안과 상태함수(제 1 LG)

1DHO	자기장 $B = \hat{z}B$ 안의 전자
해밀토니안 $H = -\frac{\hbar^2}{2m}\frac{\partial^2}{\partial \bar{x}^2} + \frac{1}{2}m\,\omega_0^2\bar{x}^2$ $(\omega_0 = \frac{eB}{m})$	$\bar{x} \Rightarrow x - X = x + \frac{\hbar k_y}{eB}$
파동함수 $\Phi_n^{Har}(\bar{x})$	$\Psi_n^{el}(\bar{x}, y, z) \Rightarrow \Psi_{n,k_y,k_z}^{Har}(x - X, y, z)$ $= \frac{1}{\sqrt{L_y L_z}} e^{iyk_y + izk_z}\Phi_n^{Har}(x - X)$

(나) a와 a^+를 식 (7.1.20a), (7.1.20b)와 같이 정의하면 다음이 성립한다.

$$i(2\hbar eB)^{-1/2}(p_{\bar{x}} - ieB\bar{x})|n\geq\ = \sqrt{n}\,|n-1>,$$

$$i(2\hbar eB)^{-1/2}(p_{\bar{x}} + ieB\bar{x})|n\geq\ = \sqrt{n+1}\,|n+1> \qquad (8.1.15)$$

증명 $p_{\bar{x}}$ 와 $\bar{x}$ 를 a 와 a^+ 로 표현하고 식 (2.22)와 식 (2.23)을 사용하면 된다. 🕮

(다) $\Pi \equiv \boldsymbol{p} + e\boldsymbol{A}$ 에 대하여

$$(\Pi_x + i\,\Pi_y)\Psi^{el}_{n,k_y,k_z}(x,y,z) \quad ,$$

$$= -i\,(2\hbar eB)^{1/2}\sqrt{n+1}\,\Psi^{el}_{n+1,k_y,k_z}(x,y,z)$$

$$(\Pi_x - i\,\Pi_y)\Psi^{el}_{n,k_y,k_z}(x,y,z) \tag{8.1.16}$$

$$= i\,(2\hbar eB)^{1/2}\sqrt{n}\,\Psi^{el}_{n-1,k_y,k_z}(x,y,z)$$

증명 $(\Pi_x + i\,\Pi_y)\Psi^{el}_{n,k_y,k_z}(x,y,z)$

$$= \{p_x + i\,(p_y + eBx)\}\Psi^{el}_{n,k_y,k_z}(x,y,z)$$

$$= \left\{p_x + i\,eB\left(x + \frac{\hbar k_y}{eB}\right)\right\}\Psi^{el}_{n,k_y,k_z}(x,y,z)$$

$$= \{p_x + i\,eB\bar{x}\}\Psi^{el}_{n,k_y,k_z}(x,y,z)$$

$$= -i\,(2\hbar eB)^{1/2}\sqrt{n+1}\,\Psi^{el}_{n+1,k_y,k_z}(x,y,z)$$

두 번째 식도 같은 방식으로 증명하면 된다. 🕮

(라) 전류연산자를

$$j^{\pm} \equiv -\frac{e}{m}\Pi^{\pm}, \tag{8.1.17}$$

$$\Pi^{\pm} \equiv \Pi_x \pm i\,\Pi_y \tag{8.1.18}$$

로 정의하면,

$$j^+|n \geq i\,e\sqrt{\frac{2\hbar\omega_0}{m}}\sqrt{n+1}\,|n+1> \quad ,$$

$$j^{-}|n> = -ie\sqrt{\frac{2\hbar\omega_0}{m}}\sqrt{n}\,|n-1> \qquad (8.1.19)$$

이다.

8.6 전자-포논계의 동력학적 전도율

8.6.1 고체내의 전자와 포논의 상호작용

(가) **변위**

선사와 포논(lattice vibration)에 의한 변위(displacement)는

$$u_{\mu}(\boldsymbol{r}) = \sum_{\boldsymbol{q}} u_{\mu\boldsymbol{q}}(\boldsymbol{r}),$$

$$u_{\mu\boldsymbol{q}}(\boldsymbol{r}) = \sqrt{\frac{\hbar}{2NM\omega_{\mu q}}}\,[\hat{\boldsymbol{e}}_{\mu q} b_{\mu q} e^{i\boldsymbol{q}\cdot\boldsymbol{r}} + h.c.]$$

이다. 여기서 M은 단위 셀 질량(unit cell mass), N은 계의 단위 셀(unit cell)의 총수(NM은 전체 질량 : total mass), μ는 모드 지표(mode index), $b_{\mu q}$는 진폭(amplitude)에 비례하는 인수(factor)로써 소멸연산자(annihilation operator)로 쓴다. $\hat{e}_{\mu q}$는 $(\mu, \boldsymbol{q})$ 성분의 단위벡터이다.

전자와 포논(lattice vibration)의 상호작용 항을

$$\hat{H}_{int} = \sum_{q} C_q\, e^{i\boldsymbol{q}\cdot\boldsymbol{r}}\, b_q + h.c = \sum_{\mu,\boldsymbol{q}} C_{\mu,\boldsymbol{q}}\, e^{i\boldsymbol{q}\cdot\boldsymbol{r}} b_{\mu\boldsymbol{q}} + h.c$$

의 꼴로 쓴다면 $q-(\mu,\boldsymbol{q})$ 이다.

$b_{\mu\boldsymbol{q}}$: 모드 μ, 파동 벡터 $\boldsymbol{q}$(즉, 모멘트: momentum $\hbar\boldsymbol{q}$)인 포논에 대한 소멸연산자, $b^{+}_{\mu\boldsymbol{q}}$: 모드 μ, 파동 벡터 $\boldsymbol{q}$의 포논에 대한 생성연산자이다.

(나) **변형 퍼텐셜**(deformation potential)

Ge, Si과 같은 물질의 결정구조 내에서는 음파에 의한 압력으로 생기는 변위의 변화로 변형 퍼텐셜이 생겨서 $\hat{H}_{int}$를 준다. 고전 역학적인 유사성으로부터 $\hat{H}_{int}$를 다음과 같이 유도한다. 이때 생기는 세로 변위(longitudinal displacement)를 $\boldsymbol{u}_l(\boldsymbol{r})$라 하면, 에너지는 $\nabla \cdot \boldsymbol{u}_l(\boldsymbol{r})$에 비례한다.(모드 μ에는 longitudinal mode l만 있다고 가정한다).

$$\hat{H}_{int} = E_1 \nabla \cdot \boldsymbol{u}_l(\boldsymbol{r})$$

비례 상수 E_1을 변형 퍼텐셜 상수(deformation potential constant)라 한다. 따라서

$$\begin{aligned}\hat{H}_{int} &= \sum_q C_q e^{i\boldsymbol{q}\cdot\boldsymbol{r}} b_q + h.c \\ &= \sum_q E_1 \left(\frac{\hbar}{2NM\omega_{l\boldsymbol{q}}}\right)^{1/2} (\hat{\boldsymbol{e}}_{l\boldsymbol{q}} \cdot i\boldsymbol{q}) e^{i\boldsymbol{q}\cdot\boldsymbol{r}} + h.c\end{aligned}$$

여기서

$$\hat{\boldsymbol{e}}_{l\boldsymbol{q}} \cdot \boldsymbol{q} = q,$$

$$\omega_{l\boldsymbol{q}} = sq,$$

$$(\text{전체 질량 : total mass}) = NM = \rho V$$

를 고려한다. 여기서는 $q \equiv |\boldsymbol{q}|$이고 ρ는 질량 밀도(mass density), V는 부피(volume), s는 물질 내의 음속(speed of sound)이다. 그러면

$$C_q = i\left(\frac{\hbar E_1^2}{2\rho s V} q\right)^{1/2}$$

이다.

(다) **압전 상호작용**(Piezeolectric interaction)

CdS, PbS와 같은 압전 물질(piezeolectric material)에서는 압력에 의한 국소변형으로 인하여 전기장$\boldsymbol{E}$가 생긴다. 전기장의 α성분은

$$E_\alpha = \sum_{\beta\gamma} \frac{e_{\alpha\beta\gamma}}{\epsilon} S_{\beta\gamma}$$

이다. 여기에서

$e_{\alpha\beta\gamma}$: 압전 텐서(piezoelectric tensor)로서 근사적으로 e_0 로 둔다.

$S_{\beta\gamma}$: 층밀리기계수(strain)으로 근사적으로 $\nabla \cdot u$ 로 둔다.

ϵ : 유전체 상수(dielectric constant)

이다. 그러면

$$\begin{aligned} \boldsymbol{E}(\boldsymbol{q},\boldsymbol{r}) &= \frac{e_0}{\epsilon} \nabla \cdot u_{l\boldsymbol{q}} \\ &= \frac{e_0}{\epsilon}\left(\frac{\hbar}{2\rho V s q}\right)(b_q e^{i\boldsymbol{q}\cdot\boldsymbol{r}} + h.c.) i\boldsymbol{q} \end{aligned}$$

가 되고

$$-\nabla \widehat{H}_{int} = -e\boldsymbol{E}$$

에 의해서

$$C_q = i\left(\frac{K^2 e^2 s\hbar}{2\epsilon Vq}\right)^{1/2}$$

가 얻어진다. K는 이 관계에서 얻어지는 상수로서 전기기계상수(electromechanical constant) 또는 압전상수(piezoelectric constant)라 한다.

(라) **광학 포논**(optical phonon)

GaAs, InSb 등에서는 이온(ion)들이 만드는 유효 전하(effective charge) e^* 로 인하여 분극(polarization) ($\boldsymbol{P}_q$)이 생긴다.

$$\boldsymbol{P}_q = \frac{e^*}{v_0} \boldsymbol{u}_{l\boldsymbol{q}}$$

v_0 는 단위 셀(unit cell)의 부피다($V = Nv_0$). 그러면 이때 생기는 퍼텐셜 $\varphi_{\boldsymbol{q}}$ 는

$$\nabla \varphi_{\boldsymbol{q}} = -\boldsymbol{E}_{\boldsymbol{q}} = \frac{\boldsymbol{P}_{\boldsymbol{q}}}{\epsilon_0} \quad (\text{또는 } \nabla^2 \varphi_{\boldsymbol{q}} = \frac{1}{\epsilon_0} \nabla \cdot \boldsymbol{P}_{\boldsymbol{q}})$$

로부터 얻을 수 있다. 구하는 $\hat{H}_{int}$ 는 다음과 같다.

$$\begin{aligned} \hat{H}_{int} &= -e\varphi_{\boldsymbol{q}} \\ &= i\frac{e^* e}{\epsilon_0 v_0 q}\left(\frac{\hbar}{2NM\omega_{l\boldsymbol{q}}}\right)^{1/2} [b_{l\boldsymbol{q}} e^{i\boldsymbol{q}\cdot\boldsymbol{r}} - b_{l\boldsymbol{q}}^* e^{-i\boldsymbol{q}\cdot\boldsymbol{r}}] \end{aligned}$$

여기에서 $\omega_{l\boldsymbol{q}} = \omega_l$ (상수)이고 M은 환산 질량(reduced mass)이고,

$$(e^*)^2 = \epsilon_0 M \omega_l^2 v_0 \left(\frac{1}{\epsilon_\infty} - \frac{1}{\epsilon_s}\right)$$

로 선택한다.(ϵ_∞ 는 고주파에 대한 유전율(permittivity), ϵ_s 는 저주파에 대한 것이다.) 그러면

$$C_q = i\left[\frac{\hbar\omega_l e^2}{2V\epsilon_0}\left(\frac{1}{\epsilon_\infty} - \frac{1}{\epsilon_s}\right)\right]^{1/2}$$

이 된다.

(마) **다체 표현**

(a) 전자-포논계의 물리량 X는 다음과 같은 다체 표현을 쓴다.

$$X = \sum_{q,q'} \sum_{\mu,\mu'} < q,\mu \mid X \mid \mu',q' > a_\mu^+ a_{\mu'} b_q^+ b_{q'}$$

(b) 해밀토니안은 다음과 같이 쓸 수 있다.

$$H_l = \sum_{\alpha} < \alpha \mid h_0 \mid \alpha > a_\alpha^+ a_\alpha$$

$$(h_0 = \frac{\pi^2}{2m} = \frac{1}{2m}(-i\hbar\nabla + e\boldsymbol{A_s})^2)$$

여기서 $\boldsymbol{A}_s$ 는 정전자기장(static field)에 대한 벡터 퍼텐셜이다. 특히 전자기장($\boldsymbol{B} = \nabla \times \boldsymbol{A}_s$)은 이러한 퍼텐셜에 대한 어떠한 게이지 변환에 대해서도 불변(invariant)이므로 다음과 같은 쿨롱 게이지(coulomb gauge)를 택해도 무방하다.

스칼라 퍼텐셜(scalar potential) $\phi_s = 0$

벡터 퍼텐셜(vector potential) $\nabla \cdot \boldsymbol{A}_s = 0$

이후부터 $\boldsymbol{B} = (0, 0, B)$ 에 대해서 $\boldsymbol{A}_s = (0, Bx, 0)$ 을 선택하기로 한다.

(c) 포논의 해밀토니안과 전자-포논 상호작용 해밀토니안은 다음과 같이 쓸 수 있다.

$$H_p = \sum_q \hbar\omega_q b_q^+ b_q,$$

$$V = \sum_q \sum_{\alpha,\mu} < \alpha \mid C_q \mid \mu > a_\alpha^+ a_\mu (b_q + b_{-q}^+)$$

여기서 $\pm q \equiv$ (모드, $\pm \boldsymbol{q}$)이다.

8.6.2 전도율 텐서(Conductivity tensor)

(가) 밀도 연산자(density operator)와 기대치

(a) 평형계

평형상태(온도 T)에 있는 전자계의 해밀토니안은

$$H_{eq} = H_0 + V,$$

$$H_0 = \text{전자부분} + \text{포논부분} = H_e + H_p$$

로 주어진다. 이 계의 밀도 연산자는

$$\rho_{eq}(H_{eq}) = \frac{\rho_{eq}(H_0)[1 + S(V)]}{Z_r},$$

$$\rho_{eq}(H_0) = \frac{\exp[-\beta(H_0 - \zeta\widehat{N})}{T_R\{\exp[-b(H_0 - \zeta\widehat{N})]},$$

이다. 여기서

$$Z_r \equiv 1 + T_R\{\rho_{eq}(H_0)S(V)\},$$

$$S(V) \equiv \sum_{n=0}^{\infty}(-\beta)^n \int_0^1 d\lambda_1 \int_0^{\lambda_1} d\lambda_2 \cdots \int_0^{\lambda_{n-1}} d\lambda_n$$

$$V(\lambda_1)V(\lambda_2)\cdots V(\lambda_n),$$

$$V(\lambda) = \exp[\lambda\beta(H_0 - \zeta\widehat{N})]V\exp - \lambda\beta(H_0 - \zeta\widehat{N})],$$

$$\beta = 1/kT,$$

ζ : 전자의 화학적 퍼텐셜(chemical potential),

T_R : 전자 포논 추적(electron-phonon trace)

이다. 이것으로부터 역학량 X의 기대치(expectation value) $< X>$ 를 구할 수 있다.

$$< X \geq T_R\{\rho_{eq}(H_{eq})X\}$$

(b) 비평형

외부로부터 시간 의존적인 미약한 섭동(perturbation)이 있으면 총 해밀토니안(total Hamiltonian) $H_t(t)$는

$$H_t(t) = H_{eq} + \delta H(t)$$

로 쓸 수 있다. 이에 대응하여 총 밀도 연산자(total density operator) $\rho_t(t)$는

$$\rho_t(t) = \rho_{eq} + \delta\rho(t)$$

로 쓸 수 있다. 이것을 리우빌 방정식에 대입하여 약간의 대수적인 계산을 거치면 다음을 얻는다. $t = -\infty$ 에서는 $\delta H(-\infty) = 0$ 이고 이것이 서서히 진화(evolve)하여 시간 t 에서는 $H_t(t) = H_{eq} + \delta H(t)$ 가 된다고 하는 선형근사를 택하면 다음 식을 얻는다.

$$\delta\rho(t) = \frac{1}{i\hbar}\int_0^{\infty} ds \exp\left(\frac{is H_{eq}}{\hbar}\right) \times [\delta H(t-s), \rho_{eq}] \exp\left(is\frac{H_{eq}}{\hbar}\right)$$

이것으로부터 역학량 X의 기대치 $< X(t) >$ 를 구할 수 있다.

$$< X(t) \geq T_R\{X\delta\rho(t)\}$$

(나) 진동 전기장(oscillatory electric field)에 대한 전류(current)의 기대치

(a) 다전자계의 전류 밀도 연산자

$$\boldsymbol{J} = -e\frac{\boldsymbol{P}}{m} = \sum_{\alpha,\mu} < \alpha \mid \boldsymbol{j} \mid \mu > a_\alpha^t a_\mu \quad ,$$

$$\boldsymbol{j} = \frac{e}{m}(-i\hbar\nabla + e\boldsymbol{A}_s)$$

이다. 여기에서 $\boldsymbol{j}$는 난선사 진류(single clcctron current)이고, α, μ는 상태 지수(index), $\boldsymbol{A}_s$는 정전자기장(static field) 등의 벡터 퍼텐셜이다. 앞으로 시간진화 진류연산지(time-displaced current operator)

$$\boldsymbol{J}(t) = e^{itL_{eq}t/\hbar}\boldsymbol{J} = e^{itH_{eq}/\hbar}\boldsymbol{J}e^{-itH_{eq}/\hbar}$$

를 쓸 때도 있다. L_{eq}는 H_{eq}에 대응하는 리우빌 연산자로서 임의의 연산자 X에 대해

$$L_{eq}X=[H_{eq}, X]$$

을 만족한다.

(b) 진동 전기장에 대한 $\delta H(t)$

$$\boldsymbol{E}(t)=\frac{E_0}{2}\{\hat{u}e^{i\omega t}+\hat{u}^*e^{-i\omega t}\}$$

는 평면 편광파의 전기장이다. $\hat{u}$는 **분극 벡터**(polarization vector)이고 * 표시는 **켤레 복소수**(complex conjugate)를 의미한다. 이러한 전자기파의 벡터 퍼텐셜은 $\boldsymbol{E}(t)=-\dfrac{\partial \boldsymbol{A}_L(t)}{\partial t}$ 로부터

$$\boldsymbol{A}_L(t)=\frac{iE_0}{2\omega}[\hat{u}e^{i\omega t}-\hat{u}^*e^{-i\omega t}]$$

이다. 정적 장(static field)에 대한 벡터 퍼텐셜을 $\boldsymbol{A}_s$라 하면

$$H_t(t)=\sum_{\alpha,\mu}\left\langle\alpha\left|\frac{[-i\hbar\nabla+e\boldsymbol{A}_s+e\boldsymbol{A}_L(t)]^2}{2m}\right|\mu\right\rangle a_\alpha^t a_\mu$$

$$+H_p+V$$

이다. $\boldsymbol{A}_L(t)$의 1차 근사에서

$$H_t(t)=H_{eq}+\rho H(t)$$

로 두면

$$\delta H(t)=\lim_{\eta\to 0^+}\frac{E_0}{2i\omega}[\hat{u}\cdot\boldsymbol{J}e^{i\bar{\omega}t}-\hat{u}^*\cdot e^{-i\bar{\omega}^*t}]$$

이다. $\bar{\omega}=\omega-i\eta$ 이다.

(c) 전류의 기대치

이제 $< J(t) \geq T_R[J\delta\rho(t)]$ 를 구하기 위한 준비가 되었다. 선형근사에서 **오믹 형태**(Ohmic form)

$$< J(t) \geq \sigma(\omega) E(t)$$

을 만족한다고 가정하면, 전기전도도 텐서 $\sigma_{kl}(\omega)$ 는 다음과 같이 된다.

$$\begin{aligned}
\sigma_{kl}(\omega) &= \frac{1}{\hbar\omega} \lim_{\eta \to 0^+} \int_0^\infty ds\, e^{-i\bar{\omega}s} T_R\{\rho_{eq}(H_{eq})[J_l, J_k(s)]\} \\
&= \frac{i}{\omega} \lim_{\eta \to 0^+} T_R\{\rho_{eq}(H_{eq})[(\hbar\bar{\omega} - L_{eq})J_k, J_l] \\
&= \frac{i}{\omega} \lim_{\eta \to 0^+} < [(\hbar\bar{\omega} - L_{eq})J_k, J_l] >_{eq}
\end{aligned}$$

(d) 흡수율과 전기전도도의 관계

고체에 입사한 전자기파에 대한 전자계의 단위체적당 흡수율 $P(t)$ 는

$$P(t) = E(t) \cdot < J(t) >$$

와 같이 주울(Joule) 열 형식으로 쓸 수 있다. 여기서 $E(t)$ 와 $< J(t) >$ 를 대입하면

$$\begin{aligned}
P(t) = \frac{E_0^2}{4}[&\hat{u} \cdot \sigma(\omega) \cdot \hat{u} e^{2i\omega t} + \hat{u}^* \cdot \sigma(\omega) \cdot \hat{u} \\
&+ \hat{u} \cdot \sigma(\omega)^* \cdot \hat{u}^* + \hat{u}^* \cdot \hat{\sigma}(\omega)^* \cdot \hat{u}^* e^{-2i\omega t}]
\end{aligned}$$

가 된다. 흡수율은 정상상태에 도달했을 때 측정값인데, 이것은 $P(t)$ 의 장시간 평균을 의미한다. $T_0 \equiv 2\pi/\omega$ 로 두면 평균흡수율은

$$\begin{aligned}
P(\omega) &= \lim_{n \to \infty} \frac{1}{nT_0} \int_{-nT_0/2}^{nT_0/2} dt\, \underline{P}(t) \\
&= \frac{E_0^2}{4} [\sigma_{uu}(\omega) + c\, c\,]
\end{aligned}$$

$$= \frac{E_0^2}{2} \mathrm{Re}\{\sigma_{u^*u}(\omega)\}$$

이다. 여기서 Re은 실수 부분(real part)을 의미하고 $\sigma_{u^*u}(\omega)$는 다음과 같이 정의된다.

$$\begin{aligned}
\sigma_{u^*u} &\equiv \hat{u}^* \cdot \sigma(\omega) \cdot \hat{u} \\
&= \frac{1}{\hbar\omega} \lim_{\eta \to 0^+} \int_0^\infty ds\, e^{-i\overline{\omega}s} T_R\{\rho_{eq}(H_{eq})[\hat{u} \cdot J, \hat{u}^* \cdot J(s)]\} \\
&= \frac{i}{\omega} \lim_{\eta \to 0^+} T_R\left\{\rho_{eq}(H_{eq})\left[\frac{1}{\hbar\overline{\omega} - L_{eq}} \hat{u}^* \cdot J, \hat{u} \cdot J\right]\right\} \\
&= \frac{i}{\omega} \lim_{\eta \to 0^+} < [\hbar\overline{\omega} - L_{eq})^{-1} \hat{u}^* \cdot J, \hat{u} \cdot J] >_{eq}.
\end{aligned}$$

(e) 원형광파에 대한 광전도도

외부에서 걸어준 전자기장($B = \hat{z}B$)과 전자기파의 방향(파수벡터의 방향)이 나란한 경우를 파라데이 묘사(Faraday configuration)이라 하고, 수직인 경우를 보이그트(Voigt) 묘사(Voigt configuration)이라 한다.

원편광의 경우에 관측자가 $-z$ 방향을 보고 있을 때 xy 평면에서 전자기파의 전기장 벡터의 방향이 시침(반시침) 방향일 때, 이 경우를 우(좌) 원편광이라 한다. 우리가 선택하는 파라데이 묘사(Faraday configuration)에서 파수 벡터를 z 방향으로 잡으면 우(좌) 원편광에서는 $\hat{u}_R = \hat{x} + i\hat{y}$ ($\hat{u}_L = \hat{x} - i\hat{y}$)가 된다. 이 경우에는 좌 원편광만이 공명흡수를 일으킨다.(편광면의 회전방향 및 진동수가 정자기장내의 전자의 회전운동 방향 및 진동수(cyclotron frequency)와 일치 할 때 공명흡수) 따라서

$$\hat{u} = \hat{x} - i\hat{y}$$

가 되므로 흡수일률과 전기전도도는 다음과 같다.

$$P(\omega) = \frac{E_0^2}{2}\mathrm{Re}[\sigma_{\pm}(\omega)]$$

여기서 $\sigma_{\pm}(\omega) = \frac{i}{\omega}\lim_{\eta \to 0^+} T_R\{\rho_{eq}(H_{eq})[(\hbar\overline{\omega} - L_{eq})^{-1}J^+, J^-]\}$

$$= \frac{i}{\omega}\lim_{\eta \to 0^+} < [(\hbar\overline{\omega} - L_{eq})^{-1}J^+, J^-] >_{eq},$$

이 된다. 단, $J^{\pm} = J_x \pm i\, J_y$ 이다.

다전자계의 전류밀도의 제 2 양자화 표현은

$$J^+ = \sum_{\alpha} j_{\alpha}^+ a_{\alpha+1}^+ a_{\alpha},$$

$$J^- = \sum_{\alpha} (j_{\alpha}^+)^* a_{\alpha}^+ a_{\alpha+1}$$

이고, 단일전자의 전류연산자와 그 행렬요소는

$$j^{\pm} = j_x \pm i\, j_y$$

$$j_{\alpha}^+ \equiv < \alpha + 1 \mid j^+ \mid \alpha >$$

$$= -\, i\, e\left[2(N_{\alpha}+1)\frac{\hbar\omega_c}{m}\right]^{1/2}$$

이다. 상태 $\mid \alpha \geqq \mid N_{\alpha}, k>$ 에서 N_{α}는 란다우 지수(Landau index)이고 k는 전자의 파동 벡터이다. $\omega_c = eB/m$은 사이클로트론 진동수(cyclotron frequency)이고 m은 고체내의 전자의 유효질량(effective mass)이다.

8.6.3 사영된 리빌 방정식 체계(Projection Liouville Equation Scheme)

이 방법은 전자의 상태 지표(index) α와 벡터 성분 지표(index) k(또는 l)를 동시에 포함한 것이다.

(가) 전류

(a) l 방향($l = x, y, z, +, -$)으로 걸린 시간에 따라 진동적으로 변하는 전기장

$$\boldsymbol{E}(t) = \hat{l}\, E_l \exp(-i\omega t)$$

에 대하여 다전자계의 해밀토니안은 시간에 의존하지 않는 부분인 H_s와 시간에 의존하는 섭동 부분인 $H'(t)$로 이루어진다.

$$H(t) = H_s + H'(t),$$

$$H'(t) = -P_l E_l(t)$$

이다. P_l은 l 방향의 분극(polarization)성분이고 $\hat{l}$은 l 방향의 단위 벡터이다.

(b) $H(t)$에 대응하는 뤼빌 연산자(Liouville operator)를 $L(t) = L_s + L'(t)$, $L'(t) = L_l' E_l(t)$라 두면 밀도 연산자 $\rho(t)$를 결정하는 리우빌 방정식은 다음과 같다.

$$i\hbar \frac{\partial \rho(t)}{\partial t} = L(t)\rho(t) = [H(t), \rho(t)]$$

이다. ρ_s는 평형상태에서의 밀도 연산자일 때,

$$\rho(t) = \rho_s + \rho'(t)$$

로 두고 이 식으로부터 $\rho'(t)$를 찾으면 전류의 기대치는

$$< J_k(t) \geqq T_R[\rho(t) J_k] = \sum_{\alpha} J_{k\alpha}(t),$$

$$J_{k\alpha}(t) = (J_k \rho(t))_{\alpha\alpha}$$

로 주어진다. J_k는 전류 연산자의 k 성분이고, T_R는 다체계의 대각합

(trace), α는 전자계의 상태 지수이다.

(나) CPT

(a) 정의

지금 k와 α에 의존하는 사영 연산자(결합 사영 연산자) $P_{k\alpha}$와 그 역 원소 $\overline{P}_{k\alpha}$를

$$P_{k\alpha} X = B_{k\alpha}(J_k X)_{\alpha\alpha},$$

$$\overline{P}_{k\alpha} = 1 - P_{k\alpha}$$

와 같이 정의한다. $P_{k\alpha}$가 시간에 독립이면 사영축 $B_{k\alpha}$도 시간에 독립이다. 이것을

$$B_{k\alpha} = \frac{L'(t)\rho_s}{\Lambda_{kl}^{(\alpha)}},$$

$$\Lambda_{kl}^{(\alpha)} = (J_k L'_l \rho_s)_{\alpha\alpha}$$

와 같이 두면 계산이 쉬워진다는 것을 다음에서 알게 된다.

(b) 전류

$$J_{k\alpha}(t) = \frac{P_{k\alpha}\,\rho(t)}{B_{k\alpha}}$$

전류의 시간변화는 다음과 같다.

$$\frac{\partial J_{k\alpha}(t)}{\partial t} = \frac{1}{B_{k\alpha}}\frac{\partial}{\partial l}[P_{k\alpha}\rho'(t)]$$

$$= \frac{-i}{\hbar B_{k\alpha}}[P_{k\alpha}L'(t)\rho_s + P_{k\alpha}L(t)P_{k\alpha}\rho'(t)$$

$$- \frac{i}{\hbar}P_{k\alpha}L(t)\int_0^t G_{k\alpha}(t,s)\overline{P}_{k\alpha}L(s)P_{k\alpha}\,\rho'(s)ds]$$

증명 먼저

$$\frac{\partial}{\partial t}y = D(t)y + C(t)$$

를 풀면

$$y(t) = \exp\left[\int_0^t D(t')dt'\right]$$
$$\left\{\int_0^t \exp\left[-\int_0^s D(t')dt'\right]C(s)ds + y(0)\right\}$$

가 된다. 여기에

$$y \equiv (1-P_{k\alpha})\rho'(t),$$

$$D(t) \equiv -\frac{i}{\hbar}(1-P_{k\alpha})L(t),$$

$$C(t) \equiv -\frac{i}{\hbar}(1-P_{k\alpha})L(t)P_{k\alpha}\rho'(t) + (1-P_{k\alpha})L'(t)\rho_s$$

를 대입하면,

$$(1-P_{k\alpha})\rho'(t) = -\frac{i}{\hbar}\int_0^t G(t,s)\ [(1-P_{k\alpha})L(s)P_{k\alpha}\rho'(s)$$
$$+(1-P_{k\alpha})L'(s)\rho_s]ds - \frac{i}{\hbar}G(t,0)(1-P_{k\alpha})\rho'(0),$$

$$G_{k\alpha}(t) = \exp\left[-\frac{i}{\hbar}\int_0^t (1-P_{k\alpha})L(s)ds\right]$$

를 얻는다. $1-P_{k\alpha} = \overline{P}_{k\alpha}$, 즉

$$P_{k\alpha}L'(s)\rho_s = L'(s)\rho_s$$

로부터 둘째 항은 0이 된다. 또 초기조건을 $\rho'(0)$로 두면 끝항도 0이 된다. 🕮

(c) 전류의 시간 미분식 (b)의 첫째항은

$$-\frac{i}{\hbar B_{k\alpha}}P_{k\alpha}L'(t)\rho_s = -\frac{i}{\hbar}\Lambda_{kl}^{(\alpha)}E_l(t)$$

이 되고 둘째 항은

$$\frac{-i}{\hbar B_{k\alpha}} P_{k\alpha} L(t) P_{k\alpha}\, \rho'(t) = i\, A_{kl}^{(\alpha)} J_{k\alpha}(t)$$

가 된다. 단,

$$A_{kl}^{(\alpha)} \approx -\frac{(J_k L(t) L'l\, \rho_s)_{\alpha\alpha}}{\hbar \Lambda_{kl}^{(\alpha)}}$$

이다.

증명 둘째 항은 다음과 같다.

$$\frac{-i}{\hbar B_{k\alpha}} P_{k\alpha} L(t) P_{k\alpha}\, \rho'(t)$$

$$= \frac{-i}{\hbar B_{k\alpha}} B_{k\alpha} (J_k L(t) B_{k\alpha} (J_k \rho'(t))_{\alpha\alpha})_{\alpha\alpha}$$

$$= -\frac{i}{\hbar} (J_k \rho'(t))_{\alpha\alpha}) (J_k L(t)\, B_{k\alpha})_{\alpha\alpha}$$

$$= i\, A_{kl}^{(\alpha)} J_{k\alpha}(t)$$

가 된다. 여기에 $(J_k L(t) B_{k\alpha})_{\alpha\alpha}$ 에 포함되는 $L(t)$ 를 L_s 로 근사시키면

$$A_{kl}^{(\alpha)} \approx -\frac{(J_k L_s L_l^{'}\, \rho_s)_{\alpha\alpha}}{\hbar \Lambda_{kl}^{(\alpha)}}$$

이다. 🕮

(d) 앞의 선류의 시간변화의 셋째 항의 계산은 복잡하다. 그러나 한 번의 근사를 거치면

$$\frac{-1}{\hbar^2 B_{k\alpha}} P_{k\alpha} L(t) \int_0^t G_{k\alpha}(t,s)\, \overline{P}_{k\alpha}\, L(s) P_{k\alpha}\, \rho'(s) ds$$

$$\approx \int_0^t Q_{kl}^{(\alpha)}(t,s) J_{k\alpha}(s) ds$$

을 얻는다. 단,

$$Q_{kl}^{(a)}(t,s) = -\frac{1}{\hbar^2 \Lambda_{kl}^{(\alpha)}}[J_k L_s G_{k\alpha}(t,s)(1-P_{l\alpha})L_s L_l' \rho_s]_{\alpha\alpha},$$

$$G_{k\alpha}(t,s) = \exp\left[-\frac{i}{\hbar}\int_s^t \overline{P}_{k\alpha} L(s)ds\right]$$

이다.

증명 셋째 항에

$$B_{k\alpha}^{-1} P_{k\alpha} X = (J_k X)_{\alpha\alpha} \;,$$

$$P_{k\alpha}\rho'(s) = [L_l' \rho_s (J_k L_l' \rho_s)_{\alpha\alpha}](J_k \rho'(s))_{\alpha\alpha}$$

를 고려하면,

$$\frac{-1}{\hbar^2 \Lambda_{kl}^{(\alpha)}}\left[J_k L(t)\int_0^t G_{k\alpha}(t,s)\overline{P}_{k\alpha} L(s) L_l' \rho(s)(J_k \rho(s))_{\alpha\alpha} ds\right]_{\alpha\alpha}$$

에서 앞부분의 $L(t)$를 L_s로 근사시킨다. 🕮

(e) 따라서 다음 식을 얻는다.

$$\frac{\partial J_{k\alpha}(t)}{\partial t} = \frac{-i}{\hbar}\Lambda_{kl}^{(\alpha)} E_l(t) - \frac{i}{\hbar} A_{kl}^{\alpha}\,(J_k \rho'(t))_{\alpha\alpha} - \frac{1}{\hbar}\int_0^t Q_{kl}^{(\alpha)}(t,s) J_{k\alpha}(s) ds$$

(다) FLT

FLT(**푸리에 라플라스 변환**: Fourier-Laplace Transform)

$$\widetilde{X}(z) = \mathrm{FLT}\{\mathrm{X}(\mathrm{t})\} = \int_0^\infty \exp(-zt) X(t)\, dt$$

$(\mathrm{Re}(z) > 0,\, z = i\omega + a,\, a \to 0^+)$

을 쓴다.

(a) 변환 후의 전류는 다음과 같다.

$$\tilde{J}_{k\alpha}(z)=\tilde{\sigma}_{kl}^{(\alpha)}(z)\tilde{E}_l(z),\ \tilde{\sigma}_{kl}^{(\alpha)}(z)=\frac{-i\Lambda_{kl}^{(\alpha)}/\hbar}{z+iA_{kl}^{(\alpha)}+Q_{kl}^{(\alpha)}(z)}$$

증명

$$z\tilde{J}_{k\alpha}(z)=-\frac{i}{\hbar}\tilde{\Lambda}_{kl}^{(\alpha)}\tilde{E}_l(z)-\frac{i}{\hbar}\tilde{A}_{kl}^{(\alpha)}\tilde{J}_{k\alpha}(z)$$

$$-\frac{1}{\hbar}\tilde{Q}_{kl}^{(\alpha)}(z)\tilde{J}_{k\alpha}(z)$$

(b) 이것으로부터

$$<\tilde{J}_k(z)\geq\tilde{\sigma}_{kl}^{(\alpha)(z)}\tilde{E}_l(z),$$

$$\tilde{\sigma}_{kl}(z)=\sum_\alpha\tilde{\sigma}_{kl}^{(\alpha)}(z)$$

을 얻고, 다시 실공간에서의 값은

$$<J_k(t)>=\int_0^t\sigma_{kl}(t-s)E_l(s)ds$$

와 같이 시간 상관함수의 형태로 주어지고 전기전도 응답 함수는

$$\sigma_{kl}(t)=\mathrm{FLT}^{-1}\{\tilde{\sigma}_{\mathrm{kl}}(\mathrm{z})\}$$

이 된다. 즉, 계의 구체적인 모습이 결정되면 전류의 기내치를 구할 수 있다.

8.7 양자수송이론의 평형 분리 평균 사영연산자 방법에 의한 다체계 일반적 감수율(The Generalized Susceptibility of Many Body System Based on the Equilibrium Separate Average Projection Scheme(ESAPS))

리우빌 방정식(Liouville equation)에 기초를 둔 양자수송이론은 다 입자 계의 미시적 산란 구조를 이해하는데 중요한 의미를 가진다. 지금까지 많은 반응 함수의 이론들과 그 속에 포함된 산란인자의 공식들이 제시되어 왔다. 특히 정 자장이 걸린 전자계의 공명현상에 대한 연구는 많은 성공을 거두어 왔다.

8.7.1 외부 장이 작용하는 계의 반응이론 외부 장이 작용하는 계의 운동방정식(kinetic equation)과 반응함수의 유도

외부에서 자극이 작용한 계의 해밀토니안(Hamiltonian)은 다음과 같이 표현된다.

$$H(t) = H_s + H_l(t),$$

$$H_s = H_o + H_B + H_{eB} \equiv H_{sd} + H_{eB},$$

$$H_l(t) = -\vec{P} \cdot \vec{E}(t) = -\sum_{rl} P_r \cos\theta_{rl} E_l e^{-i\omega_l t}$$

$$= -\sum_l P_l E_l e^{-i\omega_l t} = \sum_l H_l E_l e^{-i\omega_l t}$$

여기서 H_s는 계의 시간독립인 해밀토니안이고, 입자자체의 해밀토니안 H_o, 계의 배경(background)의 해밀토니안 H_B, 입자계와 배경의 상호작용 해밀토니안H_{eB}로 구성된다. $H_l(t)$는 외장(external field)에 의한 시간에 의존하는(time dependent) 해밀토니안이며, 외부장 $\vec{E}(t)$와 계의 반응 $\vec{A}$의 내적으로 표현될 수 있다. 또 이것에 대응하는 리우빌

연산자(Liouville operator)를

$$L(t)X = L_s + L_l(t) = [H_s, X] + [H_l, X]e^{-i\omega_l t},$$

$$L_s = L_o + L_B + L_{eB} \equiv L_{sd} + L_{eB} \equiv [H_{sd}, X] + [H_{eB}, X]$$

라고 하면, l 방향의 외부장에 의한 k 방향의 임의의 역학변량 $r_{kl}(t)$의 기대치는

$$r_{kl}(t) = Tr[r_{kl}\rho'(t)] = \sum_{\alpha}[r_{kl}\rho'(t)]_{\alpha\alpha}$$

이다. 여기서 $[x]_{\alpha\alpha} = <\alpha \mid x \mid \alpha>$이고, α는 직교 규격화된 임의의 평형분포 양자상태계의 양자상태이다.

$$r_{k\alpha}(t) \equiv [r_{kl}\rho'(t)]_{\alpha\alpha}$$

로 두면

$$r_{kl}(t) \equiv \sum_{\alpha} r_{k\alpha}(t)$$

또는 z-공간(FLT)에서

$$r_{kl}(z) \equiv \sum_{\alpha} r_{k\alpha}(z)$$

이다. 다음과 같은 사영 연산자(projection operator)

$$P_{k0}X \equiv B_{k0}[r_{kl}X]$$

를 도입한다. 이때, B_{k0}가 전개 과정에서 ρ_{sd}를 포함하므로 이 사영 연산자를 대각평형분포 사영 연산자(ESAPS, equilibrium separate average projection scheme)로 하고, 이 사영연산자는 $[X]$의 정의에 의해 다음과 같이 두 가지 이론 체계를 동시에 표현할 수 있다. 즉,

$[X] \equiv Tr[X]$: 평형 분리 대각 밀도 사영연산자

Equilibrium Separate Average projection Scheme(ESAPS)

또는

$$[X] \equiv [X]_{\alpha\alpha}$$: 대각 결합 사영연산자

Separate Diagonal Combined Projection Scheme(SDCPT) 로 두자 그러면 k 방향의 임의의 역학변량 $r_{kl}(t)$의 기대치는

$$r_{kl}(t) = [r_{kl}\rho'(t)] \equiv Tr[r_{kl}\rho'(t)] = \sum_{\alpha} Tr[r_{kl}\rho'(t)]$$

$$= (1/B_{k\ 0})(P_{k\ 0}\rho'(t))$$

또는

$$r_{k\ \alpha}(t) = [r_{kl}\rho'(t)] \equiv [r_{kl}\rho'(t)]_{\alpha\ \alpha} = (1/B_{k\ 0})(P_{k\ 0}\rho'(t))$$

이므로 사영연산자 $P_{k\ 0}X \equiv B_{k\ 0}[r_{kl}X]$의 정의에 의해 역학변량 기대치 $r_{kl}(t)$와 α 성분의 기대치 $r_{k\ \alpha}(t)$를 각각의 경우에 대응하는 하나의 정의에 의해 표현할 수 있다. 이때 r_{kl}는 역학변량 $r_{kl}(t)$에 대응하는 시간독립 연산자이다. 여기서 r_{kl}의 기대치 $r_{kl}(t)$는 시뢰딩거 표현(schrödinger picture)이다. 초기 조건을

$$\rho(0) = \rho_{sd}$$

로 두고, 입자 상호작용과 외부장에 의한 계의 변화를 비대각성분으로 해석하여

$$\rho_{nd} = \rho'$$

로 둔다. 따라서 밀도 행렬(density matrix)은

$$\rho(t) = \rho_{sd} + \rho'$$

로 쓸 수 있으며, 뤼빌 연산자는

$$L(t) = L_{sd} + L_v + L'f_l(t) = L_s + L'f_l(t)$$

로 둔다.

리우빌 방정식에 $P_{kl\ 0}$와 $P_{kl\ 0}{}' \equiv (1 - P_{kl\ 0})$을 작용하여

$$i\hbar\frac{\partial P_{kl\ 0}\rho'(t)}{\partial t}=P_{kl\ 0}L_v\rho_{sd}+P_{kl\ 0}L_sP_{kl\ 0}\rho'(t)$$

$$+P_{kl\ 0}L_sP_{kl\ 0}{}'\rho'(t)+[P_{kl\ 0}D_{sd}+P_{kl\ 0}D_0{}'(t)]f_l(t)$$

$$i\hbar\frac{\partial P_{kl\ 0}{}'\rho'(t)}{\partial t}=P_{kl\ 0}{}'L_v\rho_{sd}+P_{kl\ 0}{}'L_sP_{kl\ 0}{}'\rho'(t)$$

$$+P_{kl\ 0}{}'L_sP_{kl\ 0}\rho'(t)+[P_{kl\ 0}{}'D_{sd}+P_{kl\ 0}{}'D_0{}'(t)]f_l(t)$$

로 정리한다. 여기서

$$D_{sd}\equiv L_l{}'\rho_{sd}\ ,\ D_0{}'(t)\equiv L_l{}'\rho'(t)$$

이다. 사영 연산자(projection operator)를

$$P_{kl\ 0}X\equiv B_{k\ d}[r_{kl}X],$$

$$B_{k\ d}\equiv\frac{L_l{}'\rho_{sd}}{\Lambda_{kl\ 0}}\equiv\frac{D_{sd}}{\Lambda_{kl\ 0}},$$

$$\Lambda_{kl\ 0}\equiv\ [r_{kl}L_l{}'\rho_{sd}]\equiv\ [r_{kl}D_{sd}]$$

로 정의한다.

위의 정의는 평형분포 ρ_{sd}에 대한 계의 사영의 의미가 있으며, 식 (2)의 네 번째항이 소거되면서 계의 전개를 평형분포 ρ_{sd}에 대한 전개가 가능하도록 하는 역할을 하는 것을 의미한다. 이 단계에서는 비선형항만을 전개하기 위한 시간 도입으로 보다 간략하게 정의된 것이 특징이다. $L_l{}'\rho'(t)$를 다음과 같은 전개를 가정한다.

$$D_0{}'(t)f_l(t)\equiv D_{sd}\frac{[r^1_{kj_1l}\rho'(\widetilde{t_1})f_{j_1l}(\widetilde{t_1})]}{[r_{kl}D_{od}]}$$

$$r^1_{kj_1l}\equiv r^1_{kl}L_{j_1}\ ;$$

외부장은 곱해져서 합성되는 외부장인

$$f_{j_1 l}(\widetilde{t_1}) \equiv f_{j_1}(-\omega_{j_1 l}\widetilde{t_1}) f_l \exp(-\omega_{j_1 l}\widetilde{t_1})\ ;$$

이거나, 더해져서 합성되는 외부장인

$$f_{j_1 l}(\widetilde{t_1}) \equiv f_{j_1}\exp(-\omega_{j_1 l}\widetilde{t_1}) + f_l \exp(-\omega_{j_1 l}\widetilde{t_1})\ ;$$

로 간주한다. 여기서

$$\omega_{j_1 l} \equiv (\omega_{j_1} + \omega_l)\ ;\ \widetilde{t_1} \equiv t - s_1\ ;$$

이다.

위의 가정은 $t-s$만큼의 시간지연 뒤의 또 다른 임의의 j_1 방향의 외부장에 의한 비선형항의 변화를 선형항의 변화와의 비로 전개할 수 있다는 의미의 가정이며, $r^1_{kj_1 l}(\widetilde{t_1}) \equiv [r^1_{kj_1 l}\rho'(\widetilde{t_1})] f_{j_1 l}(\widetilde{t_1})$ 항의 1차 비선형효과를 시간지연의 미지항으로 남겨두는 것을 의미한다. 따라서 해는 다음과 같다.

$$P_{kl\ 0}{}'\rho'(t) = (\frac{-i}{\hbar})\int_0^t ds_1\, G_{k\ 0}(t-s_1) P_{kl\ 0}{}' L_v \rho_{sd}$$

$$+ (\frac{-i}{\hbar})\int_0^t ds_1\, G_{k\ 0}(t-s_1) P_{kl\ 0}{}' L_s P_{kl\ 0}\rho'(s),$$

$$G_{k\ 0}(t) = \exp(-i\ t\ P_{kl\ 0}{}' L_s/\hbar)$$

식 (2)의 둘째항의 꼴이 EDPT와 같으므로 전파인자의 꼴이 EDPT에서와 같이 주어짐을 알 수 있다. (7)식을 (1)식에 대입하여 정리하면, 다음 식을 얻는다.

$$i\hbar\frac{\partial P_{kl\ 0}\rho'(t)}{\partial t} = P_{kl\ 0} L_v\, \rho_{sd} + P_{kl\ 0} L_s P_{kl\ 0}\rho'(t)$$

$$+ P_{kl\ 0} L_s (\frac{-i}{\hbar}) \int_0^t ds_1\, G_{k\ 0}(t - s_1) P_{kl\ 0}{}' L_v \rho_{sd}$$

$$+ P_{kl\ 0} L_s (\frac{-i}{\hbar}) \int_0^t ds_1\, G_{k\ 0}(t - s_1) P_{kl\ 0}{}' L_s P_{kl\ 0} \rho'(s)$$

$$+ [P_{kl\ 0} D_0{}'(t) + P_{kl\ 0} D_{sd}] f_l(t),$$

또는

$$\frac{\partial r_{kl}(t)}{\partial t} = A_{kl\ 0} r_{kl}(t) - \int_0^t Q_{kl\ 0}(t - s_1) r_{kl}(s) ds_1$$

$$- (i/\hbar) \Lambda_{kl\ 0} f_l(t) - (i/\hbar) r^1_{kj_1 l}(t)$$

$$+ C_{kl\ v\ d} - \int_0^t M_{kl\ v\ d}(t - s_1)\ ds_1$$

이다. 여기서

$$A_{kl\ 0} \equiv \frac{-i}{\hbar \Lambda_{kl\ 0}} [r_{kl\ 1} D_{sd}],$$

$$\Lambda_{kl\ 0} \equiv\ [r_{kl} D_{sd}]\ ;\ r_{kl\ 1} \equiv r_{kl} L_s\ ;\ D_{sd} \equiv L_l{}' \rho_{sd},$$

$$Q_{kl\ 0}(t) \equiv \frac{1}{\hbar^2 \Lambda_{kl\ 0}} [R_{k\ 1} G_{k\ 0}(t) P_{kl\ 0}{}' L_s D_{sd}],$$

$$G_{k\ 0}(t) = \exp(-i\ t\ P_{kl\ 0}{}' L_s / \hbar),$$

$$C_{kl\ v\ d} = (\frac{-i}{\hbar}) [r_{kl} L_v \rho_{sd}],$$

$$M_{kl\ v\ 0}(t) = (\frac{1}{\hbar^2}) [R_{k\ 1} G_{k\ 0}(t) P_{kl\ 0}{}' L_v \rho_{sd}],$$

$$r_{kj_1l}^{(1)}(\widetilde{t_1}) \equiv [r_{kj_1l}^{(1)}\rho'(\widetilde{t_1})]f_{j_1l}(\widetilde{t_1}),$$

$$r_{kj_1l}^{1} \equiv r_{kl}^{1}L_{j_1} \;;f_{j_1l}(\widetilde{t_1}) \equiv f_{j_1}e^{-\omega_{j_1l}(t-s_1)} \;;\omega_{j_1l} \equiv (\omega_{j_1}+\omega_l) \;;$$

$$\widetilde{t_1} \equiv t-s_1, r_{kj_1l}^{(1)} \equiv r_{kl}L_{j_1}{}'$$

로 정리할 수 있다.

위의 미적분방정식을 풀기 위하여 **푸리에-라플라스**(Fourier-Laplace) **변환**

$$X(\omega_l) \equiv FLT[X(t)] = \int_0^\infty \exp(-i\omega_l t)X(t)dt$$

을 하여 $r_{kl}(t)$, $Q_{kl\ 0}(t)$, $f_l(t)$, $r_{kl}^1(t)$의 푸리에-라플라스 변환을 각각 $\widetilde{r_{kl}}(\omega_l)$, $\widetilde{Q_{kl\ 0}}(\omega_l)$과 $\widetilde{f_l}(\omega_l)$, $\widetilde{r_{kjl}^1}(\omega_l)$로 두면 $\omega_l{}^-$ 공간(ω_l-space)에서의 역학변량의 해는 다음과 같다.

$$r_{kl}(\omega_l) = \frac{(i/\omega_l)(C_{kl\ v\ d} - M_{kl\ v\ 0}(\omega_l))}{\omega_l - A_{kl\ 0} + Q_{kl\ 0}(\omega_l)}$$

$$+\frac{-(i/\hbar)\Lambda_{kl\ 0}f_l(\omega_l)}{\omega_l - A_{kl\ 0} + Q_{kl\ 0}(\omega_l)} + \frac{-(i/\hbar)r_{kj_1l}^{(1)}(\omega_l)}{\omega_l - A_{kl\ 0} + Q_{kl\ 0}(\omega_l)}$$

$\omega_l{}^-$ 공간에서의 역학변량의 해 $r_{kl}(\omega_l)$는

$$Y_{kl\ v\ d}^0 \equiv (C_{kl\ v\ d} - M_{kl\ v\ d}(\omega_l))(i/\omega_l)$$

로 두고

$$T_{kl\ 0}^0 \equiv \frac{-(i/\hbar)}{\omega_l - A_{kl\ 0} + Q_{kl\ 0}(\omega_l)}$$

을 도입하면,

$$r_{kl}(\omega_l) = T^0_{kl\ 0} Y^0_{kl\ v\ 0} + T^0_{kl\ 0} \Lambda^0_{kl\ 0} f_l(\omega_l) + T^0_{kl\ 0} r^{(1)}_{kj_1 l}(\omega_l)$$

로 간략히 표현된다.

이 이론에서는 다른 이론에서 제시되지 않았던 첫째 항이 상호작용이 대각평형분포를 전개하는 항으로 분리되어져 나온다. 이 항에는 역학변량의 기대치의 분자 항이 계 내부의 상호작용에 의한 시간 지연 항(기억함수; memory function)의 형태로 나타나는 것이 특징이며, 지금까지의 많은 이론들에서는 이 항이 ρ_s에 대한 시간 지연항 속에 포함되어 있었고 실제 계에의 적용에서 대각화 근사과정으로 근사가 취해져 무시되어 왔다. 둘째 항은 많은 이론에서 제시된 선형 반응이론 항이며 에너지 공간에서의 쿠보(Kubo)의 선형응답이론과 형식적으로 일치한다. 셋째 항은 외부장의 효과에 의해 계의 반응이 보다 더 시간지연 되는 비선형 반응항이며 이 단계에서는 미지항으로 남아있으며 앞에서와 유사한 방법으로 다음 단계에서 전개되어 질 수 있다. 이 이론에서 각 요소들의 양자상태에 대한 연산과 정준 평균(ensemble average)이 ρ_{sd}에 대하여 수행되므로 실제 계의 적용에서 쿠보(Kubo) 등식의 양자상태의 연산과정에서의 대각화 근사의 문제나, 다른 많은 연구들에서 취해진 상호작용이 있는 밀도함수에 대한 정준평균을 상호작용이 없는 대각밀도함수에 대한 정준평균을 취한 근사의 한계를 극복할 수 있다.

8.7.2 m차 비선형 사영 연산자 전개

m차 비 선형항의 역학변량의 표현을 다음과 같은 간략한 정의들을 도입한다. 여러 임의의 다른 임의의 방향과 임의의 진동파가 입사되는 비선형계에서는 역하변량은

$$r^m_k(t) \equiv r^{(m)}_{kj_m l}(\widetilde{t_m}) \equiv [r^{(m)}_{kj_m l}\, \rho'(\widetilde{t_m})] f_{j_m j_{m-1} j_{m-2} \cdots\cdots\cdots j_2 j_1 l}(\widetilde{t_m})$$

$$\equiv [R^m_k \rho'(\widetilde{t_m})] f_{jml}(\widetilde{t_m}), R^{(m)}_k \equiv r^{(m)}_{kj_m l} \equiv r_{kl}[\Pi^{k=m}_{k=1} L_{j_k}{}']$$

로 간주한다. 외부장은 곱해져서 합성되는 외부장인

$$(f_l(t))^{(m)} \equiv f_{jml}(\widetilde{t_m}) \equiv f_{j_m j_{m-1} j_{m-2} \cdots\cdots\cdots j_2 j_1 l}$$

$$(f(\widetilde{t_m}) \equiv [\Pi_{k=1}^{k=m} f_{j_k}] f_l \exp(-\omega_{jml}\widetilde{t_m})$$

이거나 더해져서 합성되는 외부장인

$$\begin{aligned}
&(f_l(t))^{(m)} \equiv f_{jml}(\widetilde{t_m}) \\
&\equiv f_{j_m}(\widetilde{t_m}) + f_{j_{m-1}}(\widetilde{t_m}) + f_{j_{m-2}}(\widetilde{t_m}) + \cdots\cdots\cdots \\
&\quad + f_{j_2}(\widetilde{t_m}) + f_{j_1}(\widetilde{t_m}) + f_l(\widetilde{t_m}) \\
&\equiv [\sum_{k=1}^{k=m} f_{j_k} \exp(-\omega_{jml}\widetilde{t_m})] + f_l \exp(-\omega_{jml}\widetilde{t_m})
\end{aligned}$$

로 해석하며, 여기서

$$\omega_{jml} \equiv [\sum_{k=1}^{k=m} \omega_k] + \omega_l \ ; \ \widetilde{t_m} \equiv t - [\sum_{k=1}^{k=m} s_k]$$

이다.

m차 비 선형부분을 전개하기 위하여 새로운 사영연산자

$$P_{k\ 0}^{m} X \equiv B_{k\ 0}^{m}(t)\ [R_k^m X],$$

$$P_{k\ 0}^{m}{}' X \equiv 1 - P_{k\ 0}^{m} X,$$

$$B_{k\ 0}^{m}(t) \equiv D_{sd} / \Lambda_{kl\ 0}^{m},$$

$$\Lambda_{kl\ 0}^{m} \equiv [R_k^m D_{sd}]$$

를 도입하고 외부장이 시간진동형태(oscillating external field)에서

$$\omega_{jml} \equiv [\sum_{k=1}^{k=m} \omega_k] + \omega_l$$

로 두면, 다음과 같다.

$$\frac{\partial r_k^m(\widetilde{t_m})}{\partial \widetilde{t_m}} = -i\omega_{jml}\, r_k^m(\widetilde{t_m}) + [\frac{1}{B_{k0}^m}\frac{\partial P_{k\,0}^m\,\rho'(\widetilde{t_m})}{\partial \widetilde{t_1}}] f_{jml}(\widetilde{t_1}),$$

또는

$$\frac{\partial P_{k\,0}^m\,\rho'(\widetilde{t_m})}{\partial \widetilde{t_1}} = [\frac{\partial r_k^m(\widetilde{t_m})}{\partial \widetilde{t_m}} + i\omega_{jml}\, r_k^m(\widetilde{t_m})]\frac{B_{k\,0}^m}{f_{jml}(\widetilde{t_1})}$$

이다.

뤼빌 방정식으로부터 위의 전개과정과 유사한 과정으로 이 항에 대한 해석을 할 수 있다. 뤼빌 방정식에 $P_{k\,0}^m$ 와 $P_{k\,0}^m{}'$을 작용하여 다음과 같이 정리할 수 있나.

$$\begin{aligned} i\hbar\frac{\partial P_{k0}^m\,\rho'(t)}{\partial t} &= P_{k0}^m L_v \rho_d + P_{k0}^m L_s P_{k0}^m\,\rho'(t) \\ &+ P_{k0}^m L_s P_{k0}^m{}'\,\rho'(t) + P_{k0}^m L'\rho'(t) + P_{k0}^m L'\rho_{sd}\}f_l(t), \\ i\hbar\frac{\partial P_{k0}^m{}'\,\rho'(t)}{\partial t} &= P_{k0}^m{}' L_v \rho_d + P_{k0}^m{}' L_s P_{k0}^m{}'\,\rho'(t) \\ &+ P_{k0}^m{}' L_s P_{k0}^m\,\rho'(t) + \{P_{k0}^m{}' L'\rho(t)' + P_{k0}^m{}' L'\rho_{sd}\}f_l(t) \end{aligned}$$

따라서 해는

$$\begin{aligned} P_{k0}^m{}'\rho'(t) = (\frac{i}{\hbar})\int_0^t ds_1\, G_{k0}^m(t-s_1) P_{k0}^m{}' L_s P_{k0}^m\,\rho'(s_1) \\ + (\frac{-i}{\hbar})\int_0^t ds_1\, G_{k0}^m(t-s_1) P_{k0}^m{}' L_v \rho_d, \end{aligned}$$

$$G_{k0}^m(t) = \exp(-i\ t\ P_{k0}^m{}' L_s/\hbar)$$

이다

다음과 같은 운동방정식으로 정리된다.

$$\frac{\partial r_k^m(t)}{\partial t} = C_{k\ v}^m f_l^m(t) - \int_0^t M_{k\ v}^m (t-s)\ f_l^m(s_1)ds$$

$$+ A_{kl\ 0}^m r_k^m(t) - \int_0^t Q_{kl\ 0}^m (t-s_1) r_k^m(s_1) ds_1$$

$$-(i/\hbar)\Lambda_{kl\ 0}^m f_l(\widetilde{t_m}) f_{jml}(\widetilde{t_1}) - (i/\hbar) r_k^{m+1}(\widetilde{t_{m+1}})$$

ω_{jml}^- 공간으로 FLT를 취하여 해를 구하고 결과를 정리하면,

$$r_k^m(\omega_{jml}) = Y_{k\ v\ d}^m T_{kl\ 0}^m f_{j(m-1)l}(\omega_{j(m-1)l})$$

$$+ T_{kl\ 0}^m \Lambda_{kl\ 0}^m f_{jml}(\omega_{jml}) + T_{kl\ 0}^m r_k^{m+1}(\omega_{j(m+1)l})$$

이다. 낮은 비선형차수에 위의 식을 축차적으로 대입하여 정리하면,

$$r_k(\omega_{j_m l}) = Y_{k\ v\ d}^0 T_{kl\ 0}^0 + T_{kl\ 0}^0 \Lambda_{kl\ 0}^0 f_l(\omega_l)$$

$$+ T_{kl\ 0}^0 Y_{k\ v\ d}^1 T_{kl\ 0}^1 f_l(\omega_{j_1 l}) + T_{kl\ 0}^0 T_{kl\ 0}^1 \Lambda_{kl\ 0}^1 f_l(\omega_{j_1 l}) f_{j_1 l}(\omega_{j_1 l})$$

$$+ T_{kl\ 0}^0 T_{kl\ 0}^1 r_k^{(2)}(\omega_{j_1 l}) + \cdots + [(\prod_{j=0}^{m} T_{kl\ 0}^j)\Lambda_{kl\ 0}^m f_{jml}(\omega_{jml})$$

$$+ (\prod_{j=0}^{m+1} T_{kl\ 0}^j) Y_{k\ v\ d}^{m+1} f_{j(m+1)l}(\omega_{j(m+1)l})]$$

$$+ (\prod_{j=0}^{m+1} T_{kl\ 0}^j)\Lambda_{kl\ 0}^{m+1} f_{j(m+1)l}(\omega_{j(m+1)l})$$

그러면,

$$r_k(\omega_l) = Y_{k\ v\ d}^0 T_{kl\ 0}^0$$

$$+ \sum_{m=0}^{\infty} \left\{ (\prod_{j=0}^{m} T_{kl\ 0}^j)\Lambda_{kl\ 0}^m f_{jml}(\omega_{jml}) \right.$$

$$\left.(\prod_{j=0}^{m+1} T^{j}_{kl\ 0})Y^{m+1}_{k\ v\ d} f_{j(m+1)l}(\omega_{j(m+1)l})\right\}$$

$$+(\prod_{j=0}^{m+1} T^{j}_{kl\ 0})\Lambda^{m+1}_{kl\ 0} f_{j(m+1)l}(\omega_{j(m+1)l}),$$

또는

$$f_l(\omega_l)=f_l(\omega_{j_1 l})=\cdots\cdots\cdots=f_l(\omega_{jml})$$

$$r_k(\omega_{j_m l})=Y^0_{k\ v\ d}T^0_{kl\ 0}+[T^0_{kl\ 0}\Lambda^0_{kl\ 0}+T^0_{kl\ 0}T^1_{kl\ 0}Y^1_{k\ v\ d}]f_l(\omega_l)$$

$$+[T^0_{kl\ 0}T^1_{kl\ 0}\Lambda^1_{kl\ 0}f_l(\omega_l)+T^0_{kl\ 0}T^1_{kl\ 0}T^2_{kl\ 0}Y^2_{k\ v\ d}f_l(\omega_l)]f_l(\omega_l)$$

$$+\cdots$$

$$+[(\prod_{j=0}^{m} T^{j}_{kl\ 0})\Lambda^{m}_{kl\ 0}+(\prod_{j=0}^{m+1} T^{j}_{kl\ 0})Y^{m+1}_{k\ v\ d}f^{m-1}_l(\omega_l)]f_l(\omega_l)$$

$$+(\prod_{j=0}^{m+1} T^{j}_{kl\ 0})\Lambda^{m+1}_{kl\ 0}f^{m+1}_l(\omega_l)$$

이 식을 간략히 쓰면, 다음과 같다.

$$r_k(\omega_l)=Y^0_{k\ v\ d}T^0_{kl\ 0}$$

$$+\sum_{m=0}^{\infty}\left\{[(\prod_{j=0}^{m} T^{j}_{kl\ 0})\Lambda^{m}_{kl\ 0}+(\prod_{j=0}^{m+1} T^{j}_{kl\ 0})Y^{m+1}_{k\ v\ d}]f^{m-1}_l(\omega_l)\right\}f_l(\omega_l)$$

$$+(\prod_{j=0}^{m+1} T^{j}_{kl\ 0})\Lambda^{m+1}_{kl\ 0}f^{m+1}_l(\omega_l)$$

위 식에서

$$Y^m_{k\ v\ d}\equiv(C^m_{kvd}-M^m_{k\ v\ d}(\omega_{j_m l})),$$

T-tensor는

$$T^m_{kl\ 0}=\frac{-(i/\hbar)}{\omega_{j_m l}-A^m_{kl\ 0}+Q^m_{kl\ 0}(\omega_{j_m l})}$$

이다. 여기서

$$A_{kl\ 0}^{m} \equiv -i\omega_{jm\,l} + \frac{-i}{\hbar\Lambda_{kl\ 0}^{m}}[R_{k\ 1}^{m} D_{sd}],$$

$$\omega_{jm\,l} \equiv ([\sum_{k=1}^{k=m} \omega_{j_k}] + \omega_l),$$

$$\Lambda_{kl\ 0}^{m} \equiv [R_k^m D_{sd}],$$

$$R_{k\ 1}^{m} \equiv R_k^m L_s,$$

$$R_k^{(m)} \equiv r_{kj_m l}^{(m)} \equiv r_{kl}[\Pi_{k=1}^{k=m} L_{j_k}'],$$

$$Q_{kl\ 0}^{m}(t) \equiv \frac{1}{\hbar^2 \Lambda_{kl\ 0}^{m}}[R_{k\ 1}^{m} G_{k\ 0}^{m}(t) P_{k\ 0}^{m}{}' L_s D_{sd}],$$

$$G_{k0}^{m}(t) = \exp(-it P_{k0}^{m}{}' L_s/\hbar),$$

$$C_{kvd}^{m} = (\frac{-i}{\hbar})[R_k^m L_v \rho_{sd}],$$

$$M_{kvd}^{m}(t) = (\frac{1}{\hbar^2})[R_{k\ 1}^{m} G_{k\ 0}(t) P_{k\ 0}^{m}{}' L_v \rho_{sd}],$$

$$r_k^{m+1}(\omega_{j_m l}) \equiv [R_k^{m+1} \rho'(\omega_{j_{m+1} l})](f_l(\omega_{j_{m+1} l}))$$

이다.

위의 결과 식은 첫 항과 둘째 항이 선형 응답의 항이며 다음 항부터 외부장의 효과가 클 경우 시간 지연효과를 보다 포괄적으로 고려할 수 있는 비선형 항이 된다. 이 경우 외부장의 크기에 따라 전개항의 차수를 정할 수 있으며, 비 선형항의 전개에서 외부장의 효과가 곱의 형식으로 기여하므로 대부분의 실제 계의 연산에서 외부장의 효과가 1 보다 적을 경우 차수의 전개에 따라 그 값이 급격하게 작아져서 수차까지의 비선형 전개로서 수렴범위를 정할 수 있을 것으로 예상되며 이 범위 내에서의 비 형 효과가 실제 계의 해석에 중요한 의미를 제시할 수도 있다.

전도도 텐서의 예에서는 역학변량 $r_k(t)$는 $J_k(t)=Tr\,[J_k\rho'(t)]$로 할 수 있으므로 위의 전개에서 R_k를 J_k로 두면 된다. 또 외부 장이 진동전장파인 경우 $f(t)$를 $E(t)=E_0 e^{-i\omega t}$로 하면

$$f_{j_1 l}(\omega_{j_1 l})=E_0^2\int_0^{\infty}\exp(-iz\widetilde{t_1})\exp(-(\omega+\omega)\widetilde{t_1})d\widetilde{t_1}$$

또는

$$\widetilde{E}^2(z)=E_0^2\int_0^{\infty}e^{-izt}e^{-i2\omega t}dt=E_0^2(iz+i2\omega)^{-1}$$
$$=[1+\sum_n(-1)^n(i\omega)^n(iz+i\omega)^{-n}]E_0\widetilde{E}(z)$$

이다. 전장의 세기가 아주 크지 않을 때 1차 비 선형 항까지만 고려하면,

$$r_{kl}(\omega_l)=T^0_{kl\ 0}Y^0_{kl\ v\ 0}+T^0_{kl\ 0}\Lambda^0_{kl\ 0}f_l(\omega_l)$$
$$+T^0_{kl\ 0}T^1_{kl\ 0}\left\{Y^1_{k\ v\ d}+\Lambda^1_{kj_1l\ 0}f_l(\omega_{j_1l})\right\}f_{j_1l}(\omega_{j_1l})$$
$$+T^0_{kl\ 0}T^1_{kl\ 0}T^2_{kl\ 0}\left\{Y^2_{k\ v\ d}f_{j_1l}(\omega_{j_1l})+\Lambda^2_{kj_1l\ 0}f_l(\omega_{j_1l})f_{j_1l}(\omega_{j_1l})\right\}$$
$$f_{j_2l}(\omega_{j_2l})+T^0_{kl\ 0}T^1_{kl\ 0}T^2_{kl\ 0}\Lambda^3_{kj_1l\ 0}f_{j_2l}(\omega_{j_2l})$$

에서

$$\widetilde{J_k}(z)=Y^0_{k\ v\ d}T^0_{kl\ 0}$$
$$+\left\{T^0_{kl\ 0}\Lambda_{kl\ 0}+T^0_{kl\ 0}T^1_{kl\ 0}Y^1_{k\ v\ d}\right\}\widetilde{E_l}(z)$$
$$+\Big\{[T^0_{kl\ 0}T^1_{kl\ 0}\Lambda_{kl\ 1}+T^0_{kl\ 0}T^1_{kl\ 0}T^2_{kl\ 0}Y^2_{k\ v\ d}]E_l(0)$$
$$[1\ \sum_{n\ 0}^{\infty}(-1)^n i\omega(iz+i\omega)^{-1n}]\Big\}\widetilde{E}_l(z)$$
$$+\cdots$$

로 정리할 수 있다. 따라서 2항과 3항은

$$\widetilde{J_k}(z)=\widetilde{\sigma_{kl}}(z)\widetilde{E_l}(z)$$

의 오옴 법칙(Omic law)의 형태로 성립할 수 있으며, 이때 전도도는

$$\widetilde{\sigma_{kl}}(z) = \widetilde{\sigma_{kl\ 0}^{0}}(z) + \widetilde{\sigma_{kl\ 0}^{1}}(z)$$

$$\widetilde{\sigma_{kl\ 0}^{0}}(z) = \left\{ T_{kl\ 0}^{0} \Lambda_{kl\ 0} + T_{kl\ 0}^{0}\ T_{kl\ 0}^{1}\ Y_{k\ v\ d}^{1} \right\}$$

$$\widetilde{\sigma_{kl\ 0}^{1}}(z) = \Big\{ [\, T_{kl\ 0}^{0}\ T_{kl\ 0}^{1} \Lambda_{kl\ 1} + T_{kl\ 0}^{0}\ T_{kl\ 0}^{1}\ T_{kl\ 0}^{2} Y_{k\ v\ d}^{2}] E_l(0)$$

$$[1 - \sum_{n=0}^{\infty} (-1)^n i\omega\,(iz + i\omega)^{-1n}] \Big\}$$

$$\approx \left\{ [\, T_{kl\ 0}^{0}\ T_{kl\ 0}^{1} \Lambda_{kl\ 1} + T_{kl\ 0}^{0}\ T_{kl\ 0}^{1}\ T_{kl\ 0}^{2} Y_{k\ v\ d}^{2}]\, E_l(0) \right\}$$

이다. 이때 $\widetilde{\sigma_{kl\ 0}^{0}}(z)$는 선형 반응이론의 전도도 공식과 형식적으로 일치하며, 이 이론에서는 1차 비선형 전도도의 2항에서 외부장의 진폭과 진동수에 의존하는 1차 비선형 전도도 구할 수 있고, 전도도는 선형 전도도와 비선형 전도도의 선형결합형식으로 표현됨을 볼 수 있다. m차 비선형 항까지로 확장하면

$$\widetilde{E^{m}}(z) = [1 + \sum_n (-1)^n (i\ (m-1)\ \omega)^n (iz + i\omega)^{-n}]$$

$$E_0^{(m-1)}\ \widetilde{E}(z)$$

$$\approx E_0^{(m-1)}\ \widetilde{E}(z)$$

$$[1 + \sum_n (-1)^n (i\ (m-1)\ \omega)^n (iz + i\omega)^{-n}]$$

$$\Rightarrow [1 + \sum_n (-1)^n (i\ (m-1)\ \omega)^n (i\omega + i\omega)^{-n}]$$

$$= [1 + \sum_n (-1)^n ((m-1))^n (2)^{-n}]$$

$$\lim_{n\to\infty} [1 + \sum_n (-1)^n ((m-1))^n (2)^{-n}] = 1$$

이다. 그러므로

$$\widetilde{J_k(z)} = \widetilde{\sigma_{kl}}\ \widetilde{E}(z)$$

이고,

$$\widetilde{\sigma_{k\ l}}(z) = Y^0_{k\ v\ d} T^0_{kl\ 0} / \widetilde{E}_l(z)$$
$$+ \sum_{m=0}^{\infty} \left[(\prod_{j=0}^{m} T^j_{kl\ 0}) [Y^{m+1}_{k\ v\ d} E_0^{j-1} + \Lambda^m_{kl\ 0} E_0^j] \right.$$
$$\left. [1 - \sum_{k=0}^{\infty} (-1)^k i j \omega (iz + i\omega)^{-1k}] \right]$$
$$\approx Y^0_{k\ v\ d} T^0_{kl\ 0} / \widetilde{E}_l(z)$$
$$+ \sum_{m=0}^{\infty} \left[(\prod_{j=0}^{m} T^j_{kl\ 0}) [Y^{m+1}_{k\ v\ d} E_0^{j-1} + \Lambda^m_{kl\ 0} E_0^j] \right]$$

로 표현할 수 있다. 1항은 이 이론에서 나타나는 계 내부의 상호작용에 의한 전도도항이며 2항은 기존의 많은 이론에서 나타나는 선형응답이론의 선형전도도항이다. 3항에서부터 외부의 전기장의 효과가 비교적 클 경우 나타날 수 있는 비선형 전도도가 외부장의 진폭 E_o의 함수의 형태로 나타남을 볼 수 있다.

8.7.3 전파함수의 급수 전개(series expansion)

다음 단계로 양자수송방정식에 포함된 산란인자 요소 함수들

$$Q^m_{hl\ 0}(t) \equiv \frac{1}{\hbar^2 \Lambda^m_{kl\ 0}} [R^m_{k\ 1}\ G^m_{k\ 0}(t)\, P^m_{k\ 0}{}'\, L_s\, D_{sd}],$$

$$M^m_{kvd}(t) = (\frac{1}{\hbar^2}) [R^m_{k\ 1}\ G_{k\ 0}(t)\ P^m_{k\ 0}{}'\, L_v\, \rho_{sd}]$$

의 에너지공간에서의 전파인자(propagator)의 전개과정을 정리하면 다음과 같다.

에너지공간에서의 산란인자함수는

$$\widetilde{Q^{m}_{kl\ 0}(\omega)} \equiv \frac{1}{\hbar^2 \Lambda^{m}_{kl\ 0}} [R^{m}_{k\ 1} G^{m}_{k\ 0}(\omega) P^{m}_{k\ 0}{}' L_s D_{sd}]$$

이다. 여기서 전파인자(propagator)는

$$G^{m}_{k\ 0}(\omega) = \frac{1}{-i\omega + iP^{m}_{k0}{}' L_s / \hbar}$$

$$= \frac{i\hbar}{\hbar\omega - P^{m}_{k0}{}' L_s} \equiv i\hbar G^{m}_{p0}{}'(\omega)$$

이다.

다음 식을 사용하여 급수 전개를 한다.

$$\frac{1}{A-B} = \frac{1}{A} + \frac{1}{A} B \frac{1}{A-B} = \sum_{l=0}^{\infty} \frac{1}{A} (B \frac{1}{A})^l, \ (A \gg B)$$

편의상 에너지공간에서의 산란인자함수의 요소들을

$$Q^{m}_{kl\ 0}(t) \rightarrow \widetilde{Q_{\mp}}(\omega), \quad \Lambda^{m}_{kl\ 0} \rightarrow \Lambda^{(\alpha)}_{\mp}, \quad R^{m}_{k\ 1} \rightarrow J^{-},$$

$$G^{m}_{p0}{}'(\omega) \rightarrow G_s{}', \quad P^{m}_{k\ 0}{}' L_s \rightarrow (1 - P_{-\alpha}), \quad D_{sd} \rightarrow L'_{+} \rho_s$$

으로 대응하면,

$$Q^{m}_{\mp}(\omega) = (\frac{i}{\hbar \Lambda^{(\alpha)}_{\mp}}) < Tr^e J^{-} [\Pi^{k=m}_{k=1} L_{j_k}{}'] L_s G_s{}' P' L_s L_{+} \rho_{sd} >_B$$

$$M^{m}_{kvd}(\omega) = (\frac{i}{\hbar}) < Tr^e J^{-} [\Pi^{k=m}_{k=1} L_{j_k}{}'] L_s G_s{}' P^{m}_{k\ 0}{}' L_v \rho_{sd} >_B$$

의 전파인자를

$$G_s{}' = G_d{}' \sum_r [P' L_v G_d{}']^r$$

$$G_d{}' = G_d \sum_n [P L_d G_d]^n, \quad G_d = \frac{1}{\hbar\overline{\omega} - L_d}$$

와 같이 급수 전개를 할 수 있다. 먼저 리우빌 연산자의 교환규칙을 정리하면

$$Tr^{(e)} \mathrm{R_k L_1 L_2 \cdots L_{n-1} L_n}' \rho_{\mathrm{s}} = (-1)^{\mathrm{n}} < \mathrm{L_n}' \mathrm{L_{n-1}} \cdots \mathrm{L_2 L_1} >$$

이며, ρ_s를 앞으로 분리해내서 평균을 취하고 리우빌 연산자를 역으로 적용하는 것과 같다.

부호는 리우빌 연산자의 개수가 홀수이면 -, 짝수이면 +가 된다.

$$M^m_{kvd}(\omega) = (\frac{i}{\hbar}) < Tr^e J^-[\Pi^{k=m}_{k=1} L_{j_k}'] L_s G_s' P^m_{k\ 0}{}' L_v \rho_{sd} >_B$$

$$= \frac{1}{\hbar^2 \Lambda_\mp} < L_v G_d L_v [\Pi^{k=m}_{k=1} L_{j_k}'] J^- >_B,$$

$$Q^m_\mp(\omega) = (\frac{i}{\hbar \Lambda^{(\alpha)}_\mp}) < Tr^e J^-[\Pi^{k=m}_{k=1} L_{j_k}'] L_s G_s' P' L_s L_+ \rho_s >_B$$

$$= \frac{1}{\hbar^2 \Lambda_\mp} < Tr^e \mathrm{J}^-[\Pi^{\mathrm{k=m}}_{\mathrm{k=1}} \mathrm{L_{j_k}}'] \mathrm{L_v G_d L_v L_+} \rho_{\mathrm{s}} >_{\mathrm{B}}$$

$$= \frac{1}{\hbar^2 \Lambda_\mp} < L_+ L_v G_d L_v [\Pi^{k=m}_{k=1} L_{j_k}'] J^- >_B$$

ESAPS의 전파인자의 급수 전개의 산란요소들은 다음과 같다.

$$r_k(\omega_l) = Y^0_{k\ v\ d} T^0_{kl\ 0}$$

$$+ \sum_{m=0}^{\infty} \left\{ [(\prod_{j=0}^{m} T^j_{kl\ 0}) \Lambda^m_{kl\ 0} + (\prod_{j=0}^{m+1} T^j_{kl\ 0}) Y^{m+1}_{k\ v\ d}] f_l^{m-1}(\omega_l) \right\} f_l(\omega_l)$$

$$+ (\prod_{j-0}^{m+1} T^j_{kl\ 0}) \Lambda^{m+1}_{kl\ 0} f_l^{m+1}(\omega_l),$$

$$Y^m_{k\ v\ d} \equiv (C^m_{kvd} - M^m_{k\ v\ d}(\omega_{j_m l})),$$

$$T^m_{kl\ 0} \equiv \frac{-(i/\hbar)}{\omega_{j_m l} - A^m_{kl\ 0} + Q^m_{kl\ 0}(\omega_{j_m l})}, \quad \omega_{jm\,l} = ([\sum_{k=1}^{k=m} \omega_{j_k}] + \omega_l),$$

$$\Lambda_{kl\ 0}^{m} \equiv [R_k^m D_{sd}] = < L_l [\Pi_{k=1}^{k=m} L_{j_k}{}'] J_k >_B,$$

$$A_{kl\ 0}^{m} \equiv -i\omega_{jm\,l} + \frac{-i}{\hbar \Lambda_{kl\ 0}^{m}} [R_{k\ 1}^{m} D_{sd}]$$

$$= -i\omega_{jm\,l} + \frac{-i}{\hbar \Lambda_{kl\ 0}^{m}} < L_l L_d [\Pi_{k=1}^{k=m} L_{j_k}{}'] J_k >_B$$

$$C_{kvd}^{m} = (\frac{-i}{\hbar})[R_k^m L_v \rho_{sd}] = \frac{1}{\hbar^2 \Lambda_{kl\ 0}^{m}} < L_v [\Pi_{k=1}^{k=m} L_{j_k}{}'] J_k >_B \approx 0$$

$$M_{kvd}^{m}(\omega) = \frac{1}{\hbar^2 \Lambda_{\mp}} < L_v G_d L_v [\Pi_{k=1}^{k=m} L_{j_k}{}'] J^- >_B,$$

$$Q_{\mp}^{m}(\omega) = \frac{1}{\hbar^2 \Lambda_{\mp}} < L_+ L_v G_d L_v [\Pi_{k=1}^{k=m} L_{j_k}{}'] J^- >_B$$

9 q-베르누이와 q-오일러 수와 다항식의 그래프

9.1 q-베르누이 수와 다항식의 합

9.1.1 양의 q-정수들의 n 제곱의 합

먼저 q는 복소수 값에서 정의된 임의의 미지수이고 k가 정수일 때, q-정수를 다음과 같이 정의했다.

$$[k]_q = \frac{q^k - 1}{q - 1} \tag{9.1.1}$$

그러면, $k = 1, 2, 3, \ldots, n$ 일 때에는 다음과 같이 표현된다.

$$[1]_q = \frac{q-1}{q-1} = 1,$$

$$[2]_q = \frac{q^2-1}{q-1} = q+1,$$

$$[3]_q = \frac{q^3-1}{q-1} = q^2+q+1,$$

$$\cdots\cdots\cdots$$

$$[n]_q = \frac{q^n-1}{q-1} = 1+q+q^2+q^3+\cdots+q^{n-1}$$

여기서 (9.1.1)에 극한을 취하면, 즉, $\lim_{q\to 1}[k]_q = k$가 됨을 알 수 있다.

j를 양의 정수라고 하자. 그러면 우리는 쉽게 다음 식을 얻을 수 있다.

$$[j+1]_q^2 - [j]_q^2 = ([j]_q + q^j)^2 - [j]_q^2 = q^j(2[j]_q + q^j) \qquad (9.1.2)$$

(9.1.2)에 의하여 우리는 다음 공식을 얻을 수 있다.

$$[k]_q^2 = \sum_{j=0}^{k-1}([j+1]_q^2 - [j]_q^2) = 2\sum_{j=0}^{k-1} q^j [j]_q + \frac{[2k]_q}{[2]_q} \qquad (9.1.3)$$

따라서

$$\sum_{j=0}^{k-1} q^j [j]_q = \frac{1}{2}\left([k]_q^2 - \frac{[2k]_q}{[2]_q}\right)$$

을 얻는다.

또한 식 (9.1.3)과 똑같은 방법으로 우리는 쉽게 다음 식을 얻을 수 있다.

$$[j+1]_q^3 - [j]_q^3 = 3[j]_q^2 q^{j+1} + 3[j]_q q^j + q^{3j}$$

그러므로 다음을 얻는다.

$$\sum_{j=0}^{k-1}[j]_q^2 q^{j+1} = \frac{1}{3}[k]_q^3 - \frac{1}{2}\left([k]_q^2 - \frac{[2k]_q}{[2]_q}\right) - \frac{1}{3}\frac{[3k]_q}{[3]_q} \qquad (9.1.4)$$

식 (9.1.4)에 $q = \frac{9}{10}$을 대입하면, 다음 값을 구할 수 있다.

$$\begin{aligned}
&\left(\frac{9}{10}\right)^2 + \left(\frac{9}{10}\right)^3\left(1+\frac{9}{10}\right)^2 + \cdots \\
&+ \left(\frac{9}{10}\right)^k\left(1+\frac{9}{10}+\cdots+\left(\frac{9}{10}\right)^{k-2}\right)^2 + \cdots \\
&= \frac{1}{3}\left(\frac{1}{1-\frac{9}{10}}\right)^3 - \frac{1}{2}\left(\left(\frac{1}{1-\frac{9}{10}}\right)^2 - \frac{1}{1-\left(\frac{9}{10}\right)^2}\right) \\
&\quad - \frac{1}{3}\left(\frac{1}{1-\left(\frac{9}{10}\right)^3}\right)
\end{aligned}$$

임의의 양의 정수 $n, k\,(>1)$에 대하여

$$S_{n,q}(k)=\sum_{l=0}^{k-1} q^l\,[l]_q^n$$

라 하자. 이때

$$\sum_{i=0}^{n-1}\binom{n}{i}S_{i,q^{n-i}}(k)=\sum_{l=0}^{k-1}(\,[l+1]_q^n-[l]_q^n\,)=[k]_q^n$$

을 얻는다. n 대신에 $n+1$로 바꾸면,

$$\begin{aligned}[k]_q^{n+1}&=\sum_{i=0}^{n}\binom{n+1}{i}S_{i,q^{n+1-i}}(k)\\&=\sum_{i=0}^{n-1}\binom{n+1}{i}S_{i,q^{n+1-i}}(k)+(n+1)\,S_{n,q}(k)\end{aligned}$$

을 얻는다. 따라서 우리는 다음 식을 얻을 수 있다.

$$(n+1)S_{n,q}(k)=[k]_q^{n+1}-\sum_{i=0}^{n-1}\binom{n+1}{i}S_{i,q^{n+1-i}}(k) \qquad (9.1.5)$$

여기서 우리는 수학에서 널리 사용되는 Mathematica를 사용하여 (9.1.5)에 있는 합 $S_{n,q}(k)$에 대해서 연속적으로 n의 값이 변할 때, $S_{n,q}(k)$ 값의 변화를 관찰해 보도록 하자. 그림 9.1.1과 그림 9.1.2는 $n=1,2,\ldots,15$ 까지 변하고 q 값이 $q=\frac{1}{3},-\frac{1}{3}$일 때, $S_{n,q}(3)$과 $S_{n,q}(5)$의 값을 표시한 그래프이다.

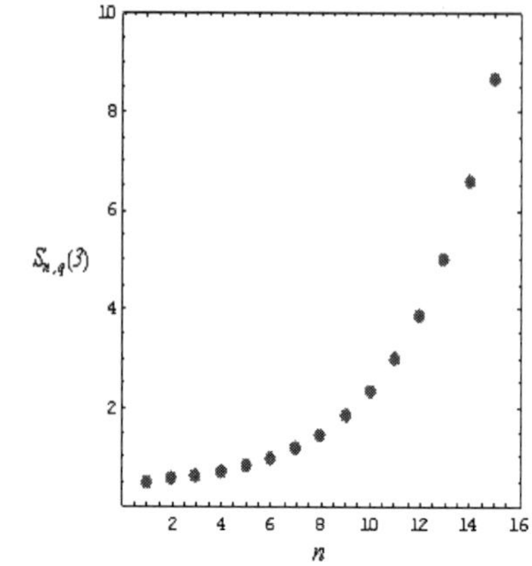

[그림 9.1.1] $S_{n,\frac{1}{3}}(3)$, $S_{n,\frac{1}{3}}(5)$의 값

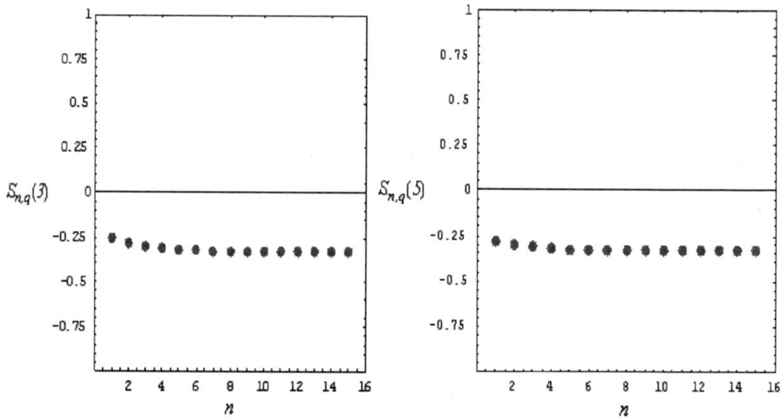

[그림 9.1.2] $S_{n,-\frac{1}{3}}(3)$, $S_{n,-\frac{1}{3}}(5)$의 값

또한 아래 표 9.1.3은 $S_{n.q}(k)$의 값을 계산한 것이다.

<표 9.1.3> $S_{n,q}(k)$의 값

k	$S_{1,\frac{1}{3}}(k)$	$S_{2,\frac{1}{3}}(k)$	$S_{3,\frac{1}{3}}(k)$	$S_{4,\frac{1}{3}}(k)$	$S_{5,\frac{1}{3}}(k)$
1	0	0	0	0	0
2	$\frac{1}{3}$	$\frac{1}{3}$	$\frac{1}{3}$	$\frac{1}{3}$	$\frac{1}{3}$
3	$\frac{13}{27}$	$\frac{43}{81}$	$\frac{145}{243}$	$\frac{499}{729}$	$\frac{1753}{2187}$
4	$\frac{130}{243}$	$\frac{1330}{2187}$	$\frac{13942}{19683}$	$\frac{149818}{177147}$	$\frac{1649230}{1594323}$
5	$\frac{1210}{2187}$	$\frac{37510}{59049}$	$\frac{1193302}{1594323}$	$\frac{38965774}{43046721}$	$\frac{1304688670}{1162261467}$
6	$\frac{11011}{19683}$	$\frac{1027411}{1594323}$	$\frac{98429023}{129140163}$	$\frac{9683041963}{10460353203}$	$\frac{977055465031}{847288609443}$
7	$\frac{99463}{177147}$	$\frac{27872593}{43046721}$	$\frac{8020979407}{10460353203}$	$\frac{2370534387025}{2541865828329}$	$\frac{718663523173423}{617673396283947}$

그림 9.1.4와 그림 9.1.5는 $n = 1, 2, \ldots, 10$ 까지 변하고 q 가 $-\frac{1}{3} \leq q \leq \frac{1}{3}$ 사이에 있을 때, $S_{n,q}(4)$와 $S_{n,q}(6)$의 값의 변화를 나타낸 그래프이다.

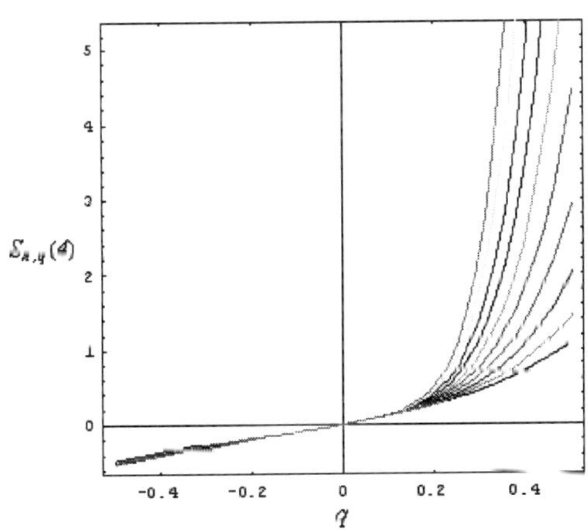

[그림 9.1.4] $S_{n,q}(4)$의 그래프

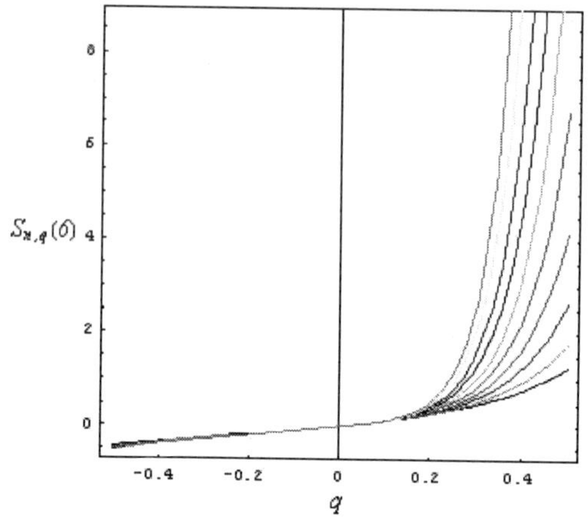

[그림 9.1.5] $S_{n,q}(6)$의 그래프

9.1.2 q-유사 베르누이 다항식

먼저 $|q|<1$인 복소수라고 가정한다. q-베르누이 다항식 $\beta_{n,q}(x)$를 다음 생성함수 $F_q(t)$에 의해 정의한다.

$$F_q(t) = e^{\frac{t}{1-q}} \frac{q-1}{\log q} - t\sum_{n=0}^{\infty} q^{n+x} e^{[n+x]_q t} \tag{9.1.6}$$

$$= \sum_{n=0}^{\infty} \frac{\beta_{n,q}(x)}{n!} t^n, \ |q|<1, \ |t|<1$$

$x=0$인 경우 $\beta_{n,q}(=\beta_{n,q}(0))$를 q-베르누이 수라고 부른다.

식 (9.1.6)에 의해서 우리는 쉽게 다음과 같은 결과를 얻을 수 있다.

$$\beta_{n,q}(x) = \sum_{j=0}^{n} \binom{n}{j} q^{jx} \beta_{j,q} [x]_q^{n-j} \tag{9.1.7}$$

$$= \left(\frac{1}{1-q}\right)^n \sum_{k=0}^{n} \binom{n}{k} \frac{k}{[k]_q} q^{kx} (-1)^k$$

Mathematica를 사용하여 $\beta_{n,q}(x)$의 형태를 다양하게 그려 볼 수 있다. 서로 다른 q 값에 따라 몇 개의 그래프를 그려 보기로 한다. 그림 9.1.6, 그림 9.1.7, 그림 9.1.8과 그림 9.1.9는 $n=1,2,\ldots,10$ 까지 변하고 x가 $-\dfrac{9}{10}\le x\le\dfrac{9}{10}$ 사이에 있을 때 $\beta_{n,q}(x)$의 그래프이다.

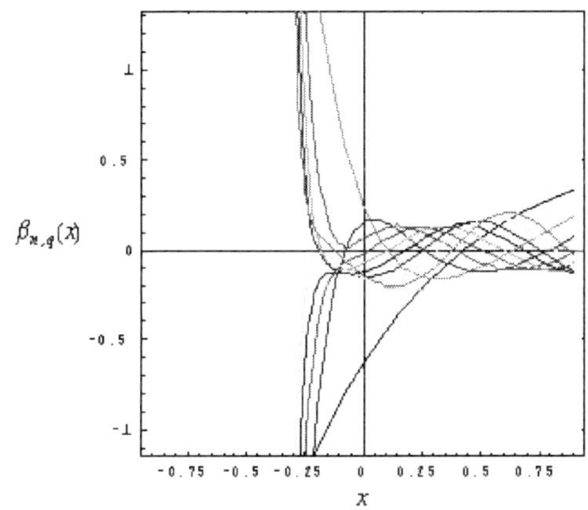

[그림 9.1.6] $q=\dfrac{1}{5}$일 때 $\beta_{n,q}(x)$의 그래프

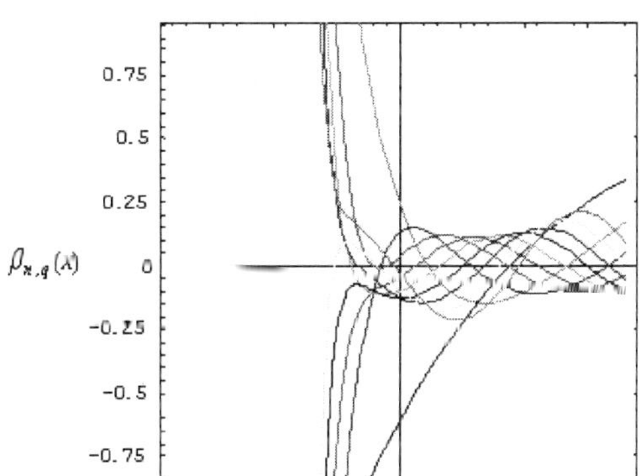

[그림 9.1.7] $q=\dfrac{1}{4}$일 때 $\beta_{n,q}(x)$의 그래프

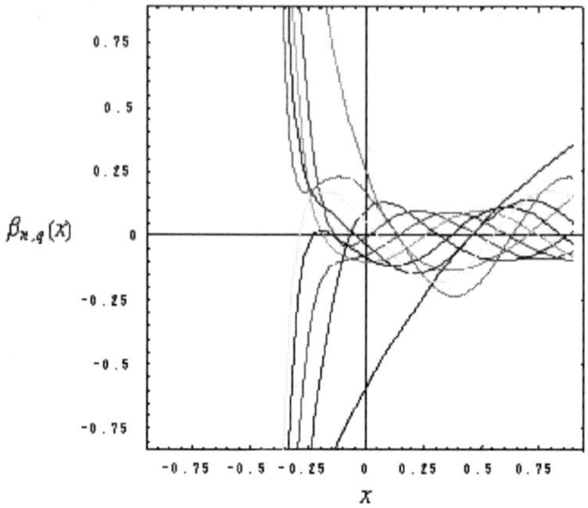

[그림 9.1.8] $q=\dfrac{1}{3}$일 때 $\beta_{n,q}(x)$의 그래프

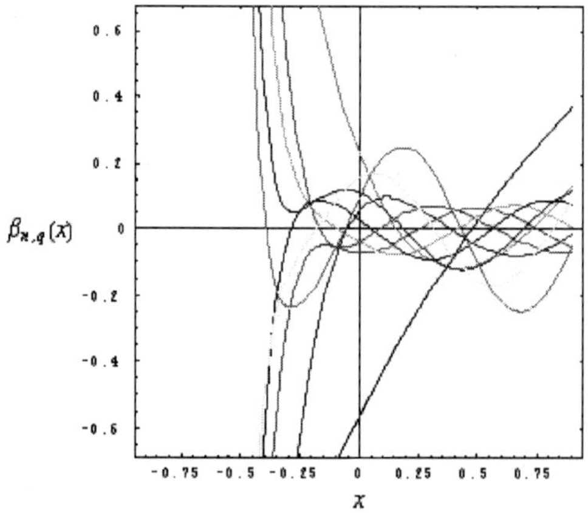

[그림 9.1.9] $q=\dfrac{1}{2}$일 때 $\beta_{n,q}(x)$의 그래프

식 (9.1.6), 식 (9.1.7)에 의해서 q-베르누이 수는 다음과 같이 쓸 수 있다.

$$\beta_{0,q}=\frac{q-1}{\log q},\quad (q\beta+1)^k-\beta_{k,q}=\delta_{k,1} \tag{9.1.8}$$

여기서 $\delta_{k,1}$는 크로네커(Kronecker) 부호이며, β^i를 $\beta_{i,q}$로 표기한다.

다음 표 9.1.10은 q-베르누이 수를 계산한 것이다.

<표 9.1.10> q-베르누이 수

n	$\beta_{n,\frac{1}{5}}$	$\beta_{n,\frac{1}{4}}$	$\beta_{n,\frac{1}{3}}$	$\beta_{n,\frac{1}{2}}$
1	-0.628665	-0.611986	-0.589761	-0.557305
2	0.255835	0.250686	0.240359	0.218723
3	0.151783	0.131073	0.100923	0.0564944
4	0.0604902	0.0313464	-0.00438492	-0.0393921
5	-0.0166417	-0.0462459	-0.0722322	-0.0689531
6	-0.0781288	-0.0994486	-0.100072	-0.0395959

그림 9.1.11은 $n=1,2,\ldots,10$ 까지 변하고 q가 $\frac{1}{10}\le q\le\frac{9}{10}$ 사이에 있을 때 q-베르누이 다항식 $\beta_{n,q}(x)$를 나타낸 그래프이다.

식 (9.1.6), 식 (9.1.7)와 식 (9.1.8)에 의하여 다음을 쉽게 보일 수 있다.

$$-\sum_{l=0}^{\infty} q^{l+k} e^{[l+k]_q t} + \sum_{l=0}^{\infty} q^l e^{[l]_q t} = \sum_{n=1}^{\infty}\left(n\sum_{l=0}^{k-1} q^l [l]^{n-1}\right)\frac{t^{n-1}}{n!} \tag{9.1.9}$$

그러므로 식 (9.1.9)로부터 다음을 얻는다.

$$\beta_{n,q}(k)-\beta_{n,q} = n\sum_{l=0}^{k-1} q^l [l]_q^{n-1}$$

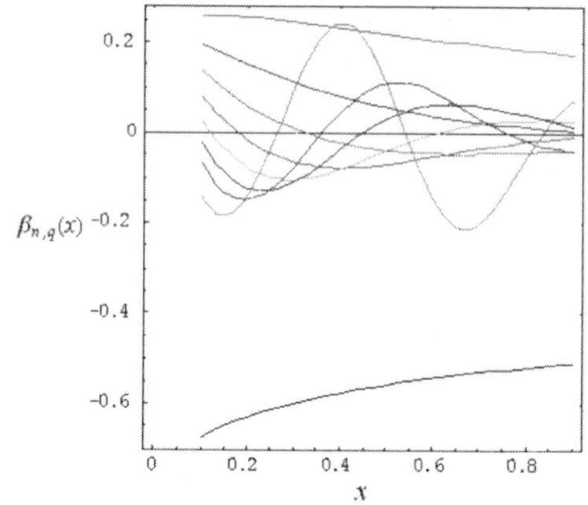

[그림 9.1.11] $\beta_{n,q}(x)$의 그래프

q-베르누이 다항식 $\beta_{n,q}(x)$의 복소근을 수학 소프트웨어인 Mathematica를 이용해 구할 수 있다. 그림 9.1.12와 그림 9.1.13은 각각 $n=10,\ 20$ 이고 $q=\dfrac{1}{2}$일 때, 복소근을 복소 평면상에 나타낸 것이다.

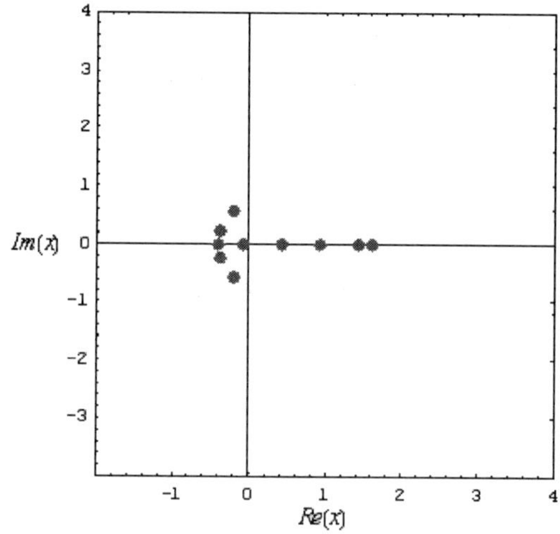

[그림 9.1.12] $\beta_{10,q}(x)$의 근의 분포

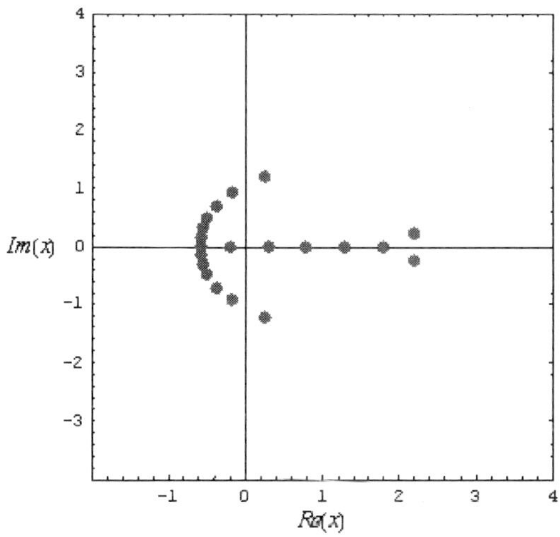

[그림 9.1.13] $\beta_{20,q}(x)$의 근의 분포

그림 9.1.14와 그림 9.1.15은 각각 $n=30,\ 40$ 이고 $q=\dfrac{1}{2}$일 때, 복소근을 복소 평면상에 나타낸 것이다.

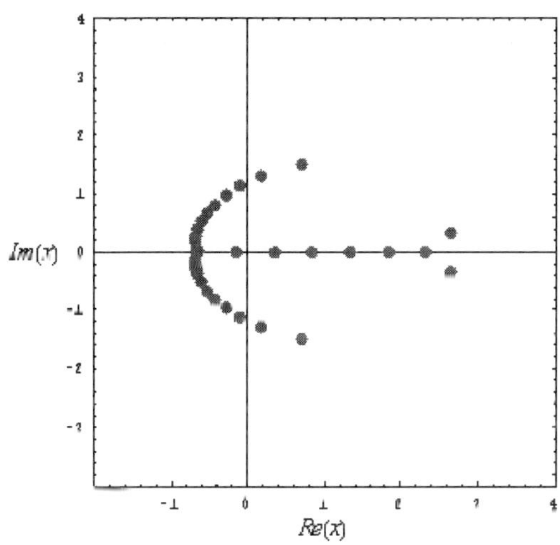

[그림 9.1.14] $\beta_{30,q}(x)$의 근의 분포

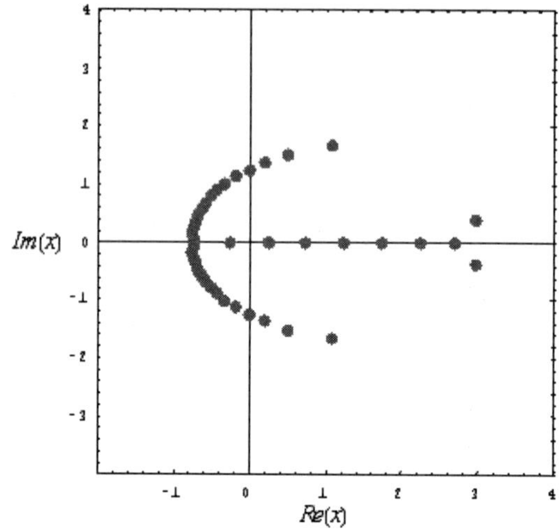

[그림 9.1.15] $\beta_{40,q}(x)$의 근의 분포

그림 9.1.13~그림 9.1.15에서 보면 q-베르누이 다항식 $\beta_{n,q}(x)$의 근들은 실수축으로 대칭임을 알 수 있다. 보다 더 일반적인 이론의 연구가 필요할 것으로 보인다.

다음 그림 9.1.16는 q-베르누이 다항식 $\beta_{n,q}(x)$의 다항식의 근을 $n=1$에서 $n=40$ 까지 복소근을 공간상에 나타내 볼 수 있다. [그림 9.1.16]

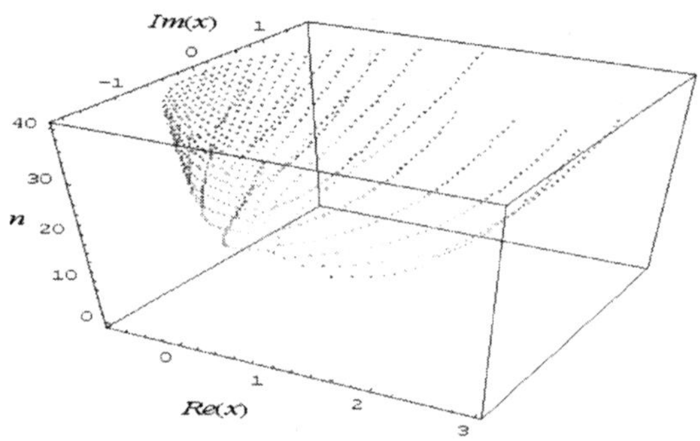

[그림 9.1.16] 복소근

9.2 q-오일러 수와 다항식의 합

9.2.1 오일러 다항식과 근의 그래프

오일러 수 E_n 은 다음 함수에 의하여 정의된다.

$$\frac{2}{e^t+1}=\sum_{n=0}^{\infty}E_n\frac{t^n}{n!}$$

이 E_n 은 고전적 수로써 수론에서 중요하게 쓰인다. 다음은 E_n 의 값들이다.

$$E_0=1,$$
$$E_2=-1,\ E_3=0,$$
$$E_4=5,\quad E_5=0,$$
$$E_6=-61,\ E_7=0,$$
$$E_8=1385,\quad E_9=0,$$
$$E_{10}=-50521,\quad E_{11}=0,$$
$$E_{12}=2702765,\quad E_{13}=0,$$
$$E_{14}=-199360981,\ E_{15}=0,$$
$$E_{16}=19391512145,\quad E_{17}=0,$$
$$E_{18}=-2404879675441,\ E_{19}=0,$$
$$E_{20}=370371188237525,\quad E_{21}=0,$$
$$E_{22}=-69348874393137901,\quad E_{23}=0,$$
$$E_{24}=15514534163557086905,\quad E_{25}=0,$$
$$E_{26}=-4087072509293123892361,\quad E_{27}=0,$$
$$\cdots\cdots\cdots$$

오일러 다항식 $E_n(x)$는 다음과 같이 정의한다.

$$\frac{2}{e^t+1}e^{xt} = \sum_{n=0}^{\infty} E_n(x)\frac{t^n}{n!}$$

프로베니우스(Frobenius)는 E_n 을 프로베니우스-오일러 수 $H_n(u)$ 로 확장하였다. u 는 대수적 수라고 하자. $u \in \boldsymbol{C}$, $|u| > 1$ 일 때, u 에 속하는 프로베니우스-오일러 수 $H_n(u)$ 는 생성함수

$$(1-u)/(e^t-u) = e^{H(u)t}$$

에 의하여 다음과 같이 정의된다.

$$\frac{1-u}{e^t-u} = \sum_{n=0}^{\infty} H_n(u)\frac{t^n}{n!} \tag{9.2.1}$$

식 (9.2.1)을 이용하면 H^n 을 H_n 으로 편리하게 쓰도록 하자.

$$H_0(u) = 1,\ (H(u)+1)^n = u H_n(u)\ \ (n \geqq 1)$$

대수적 수 $u \in \boldsymbol{C}$ ($|u| > 1$)에 대하여 u 에 속하는 프로베니우스-오일러 다항식 $H_n(x, u)$ 은 다음과 같이 정의될 수 있다.

$$\frac{(1-u)e^{xt}}{e^t-u} = e^{H(u,x)t} = \sum_{n=0}^{\infty} H_n(u,x)\frac{t^n}{n!} \tag{9.2.2}$$

식 (9.2.1)과 식 (9.2.2)를 이용하면 다음이 성립한다.

$$H_n(u,0) = H_n(u),\ H_n(u,x) = \sum_{k=0}^{n}\binom{n}{k}H_k(u)x^{n-k}$$

오일러 다항식 $E_n(x)$의 그래프의 아름다운 형태 및 근의 분포를 조사해 보자. 먼저 오일러 다항식 $E_n(x)$을 구해 보면 다음과 같다.

$$E_0(x) = 1.$$

$$E_1(x) = x - \frac{1}{2},$$

$$E_2(x) = x^2 - x,$$

$$E_3(x)=x^3-\frac{3}{2}x^2+\frac{1}{4},$$
$$E_4(x)=x^4-2x^3+x,$$
$$E_5(x)=x^5-\frac{5}{2}x^4+\frac{5}{2}x^2-\frac{1}{2},$$
$$E_6(x)=x^6-3x^5+5x^3-3x,$$
$$E_7(x)=x^7-\frac{7}{2}x^6+\frac{35}{4}x^4-\frac{21}{2}x^2+\frac{17}{8},$$
$$\cdots\cdots\cdots .$$

이 오일러 다항식 $E_n(x)$의 개형을 그래프를 통해서 볼 수 있다. x의 범위는 $-3 \le x \le 3$ 이고, $n=1$에서 $n=10$까지 $E_n(x)$의 그래프를 그려보자.

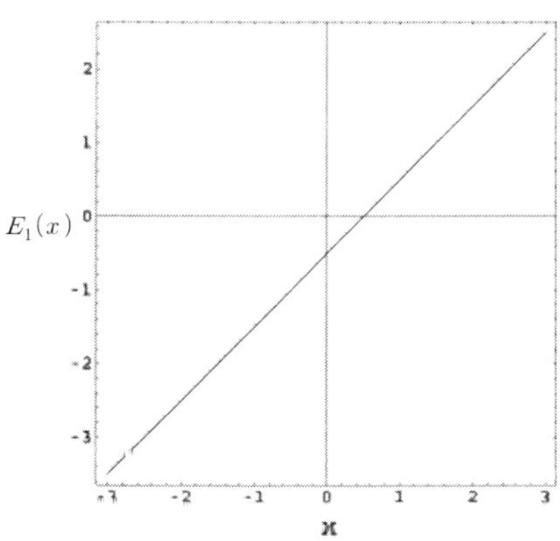

[그림 9.2.1] $E_1(x)$

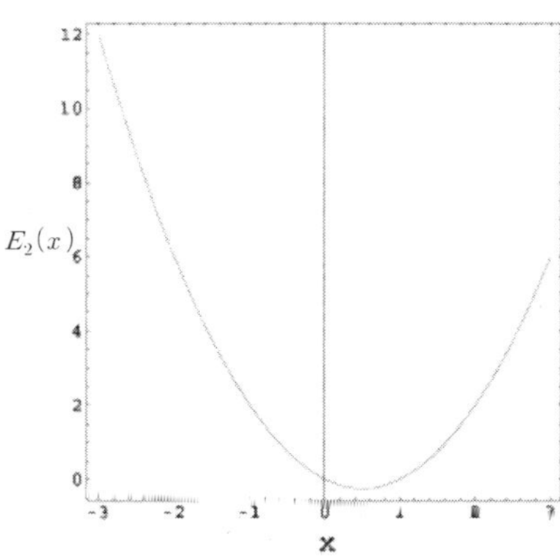

[그림 9.2.2] $E_2(x)$

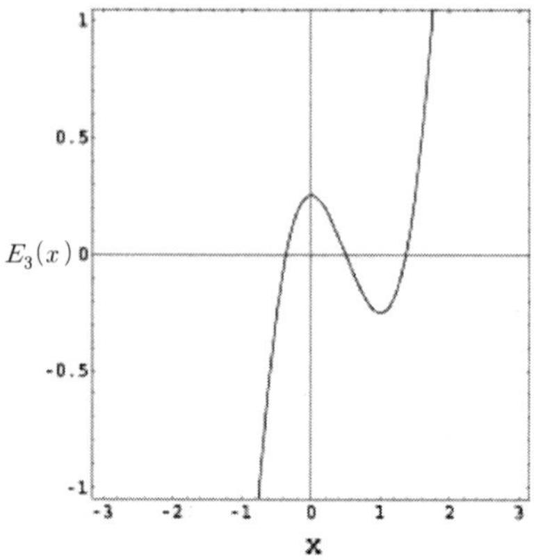

[그림 9.2.3] $E_3(x)$

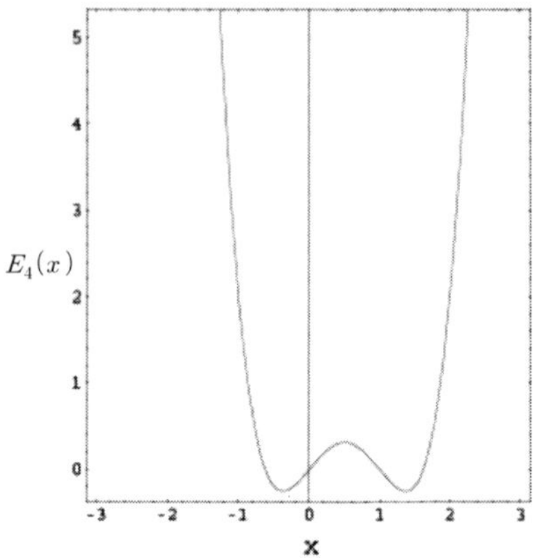

[그림 9.2.4] $E_4(x)$

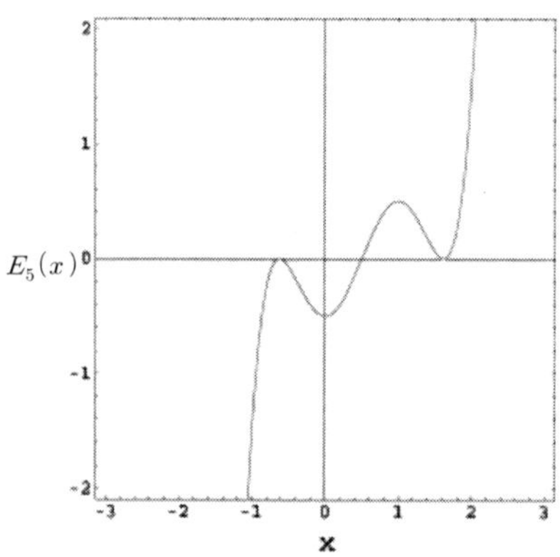

[그림 9.2.5] $E_5(x)$

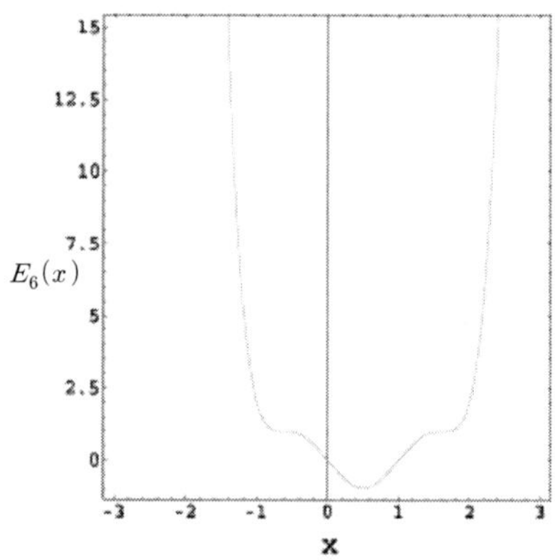

[그림 9.2.6] $E_6(x)$

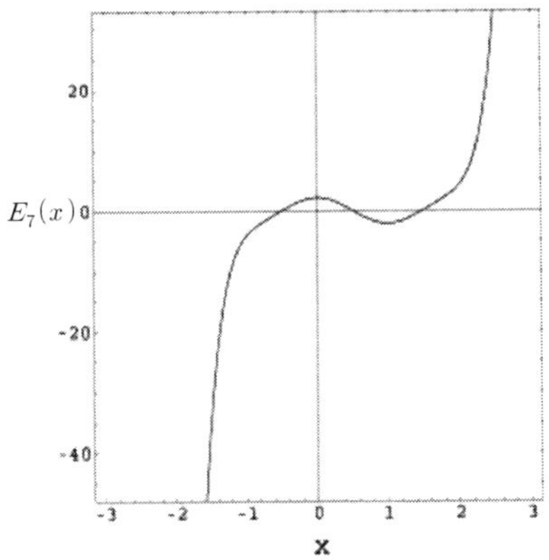

[그림 9.2.7] $E_7(x)$

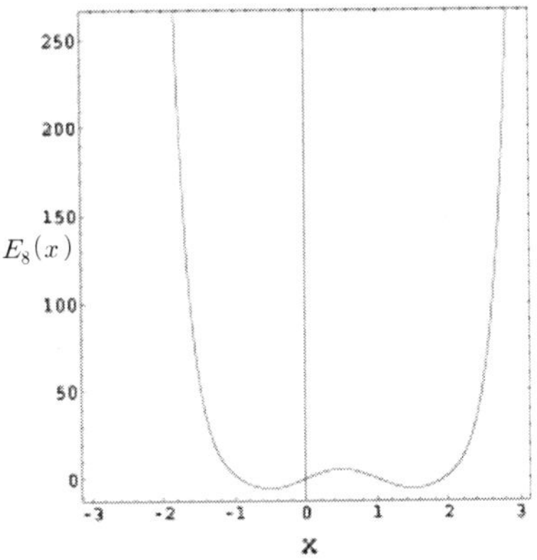

[그림 9.2.8] $E_8(x)$

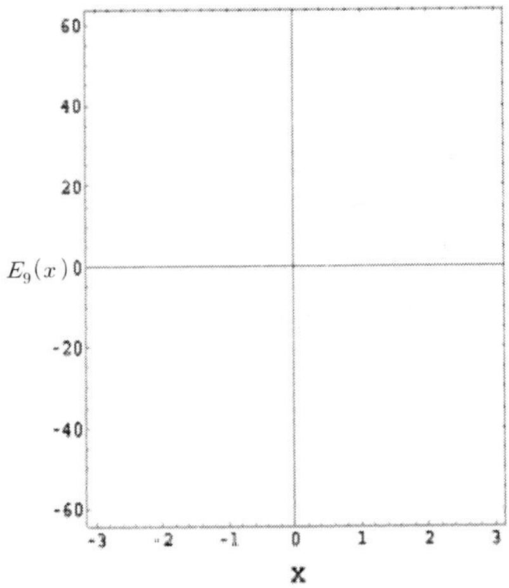

[그림 9.2.9] $E_9(x)$

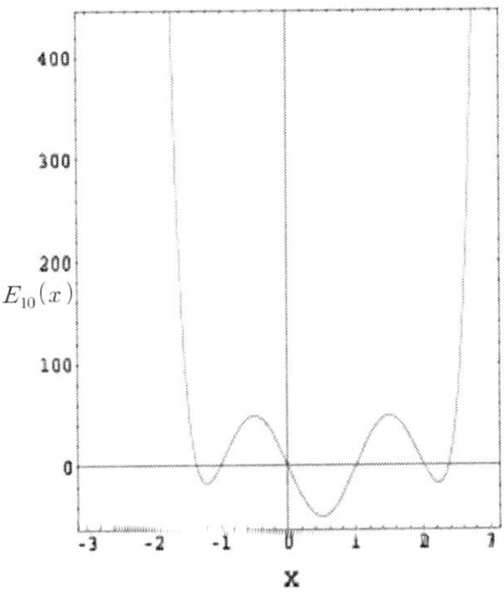

[그림 9.2.10] $E_{10}(x)$

위의 $n=1$에서 $n=10$까지 $E_n(x)$의 그래프를 하나로 합쳐서 보면 다음 그림 9.2.11과 같다. x의 범위는 $-3 \le x \le 3$ 이다.

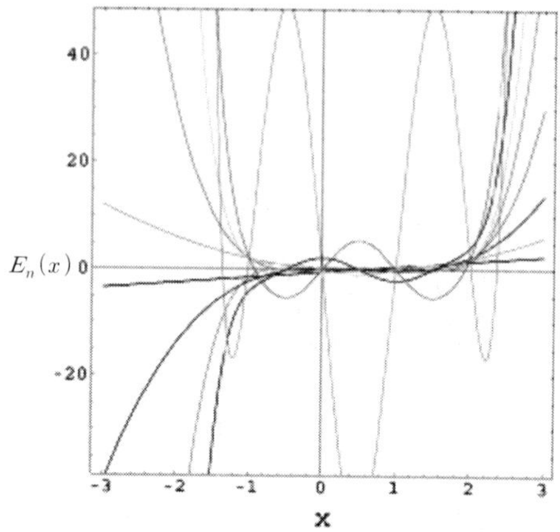

[그림 9.2.11] $E_n(x)$ $(1 \leq n \leq 10,\ -3 \leq x \leq 3)$

x의 범위를 확장한 $-5 \leq x \leq 5$에서 $E_n(x)$의 그래프를 그려보면, 그림 9.2.12와 같다. 이때 n은 1에서 10까지이다.

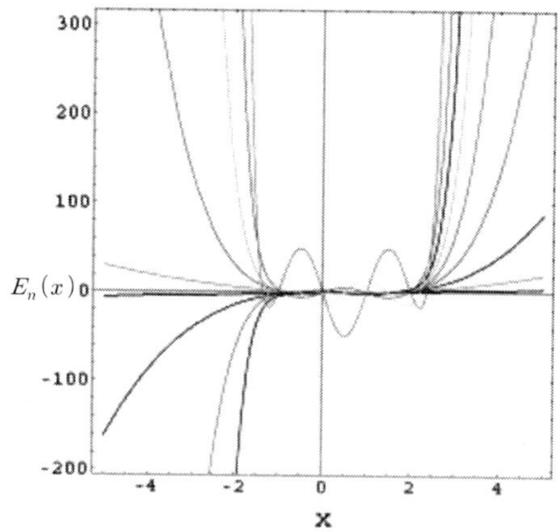

[그림 9.2.12] $E_n(x)$ $(1 \leq n \leq 10,\ -5 \leq x \leq 5)$

다음은 오일러 다항식 $E_n(x)$의 근의 분포에 대해서 알아보기로 하자. 그림 9.2.13에서 그림 9.2.13까지는 서로 다른 n에 따른 근의 분포를 나타낸다.

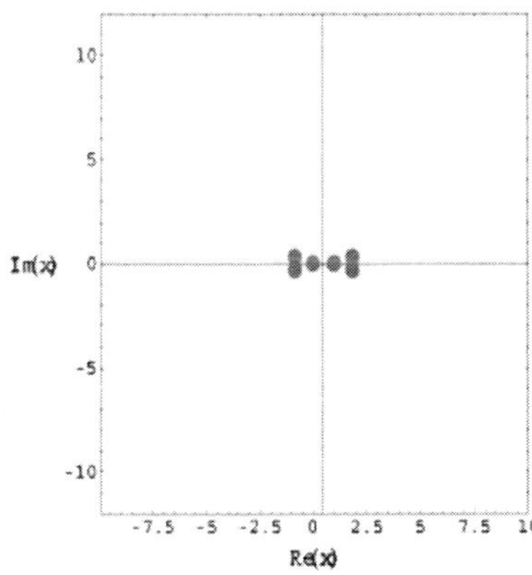

[그림 9.2.13] $E_n(x)=0$의 근 $(n=6)$

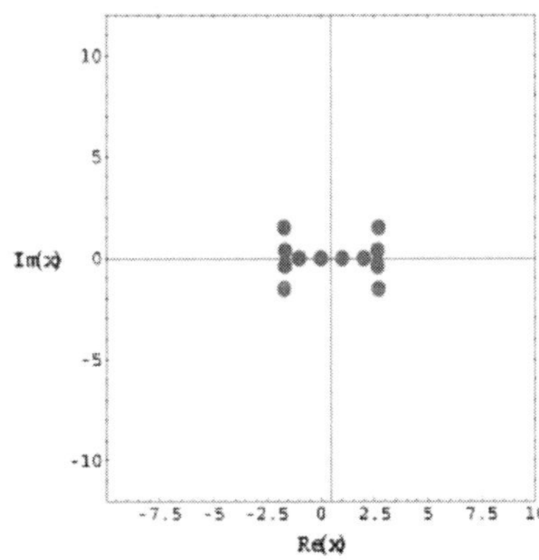

[그림 9.2.14] $E_n(x)=0$의 근 $(n=12)$

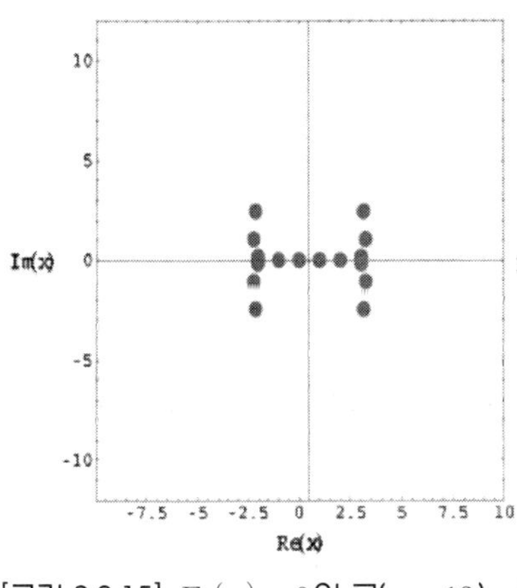

[그림 9.2.15] $E_n(x)=0$의 근$(n=12)$

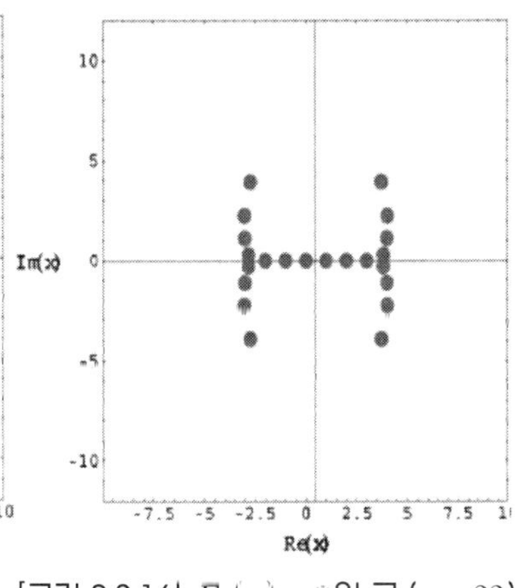

[그림 9.2.16] $E_n(x)=0$의 근 $(n=22)$

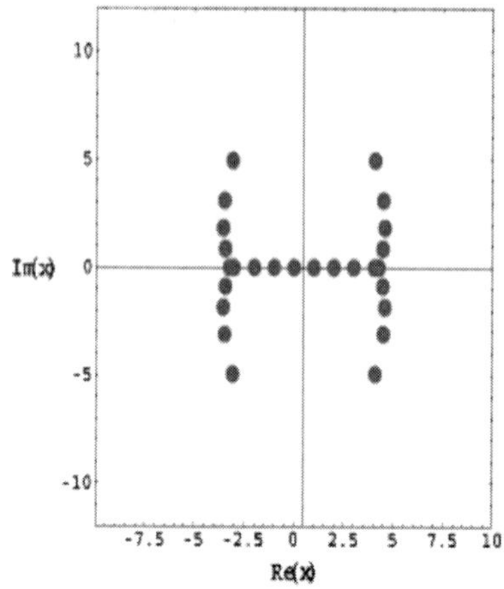

[그림 9.2.17] $E_n(x)=0$의 근($n=26$)

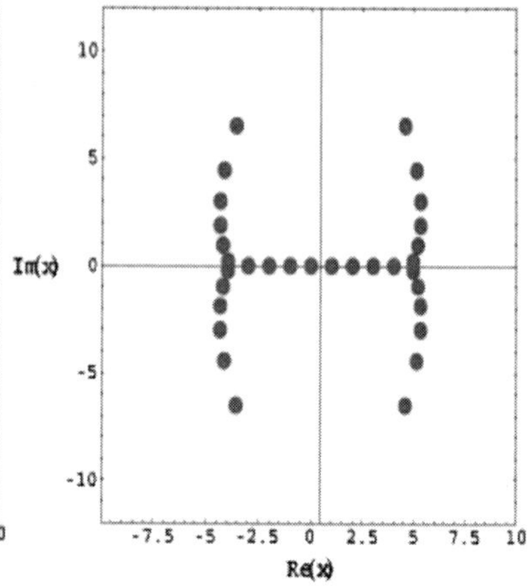

[그림 9.2.18] $E_n(x)=0$의 근($n=32$)

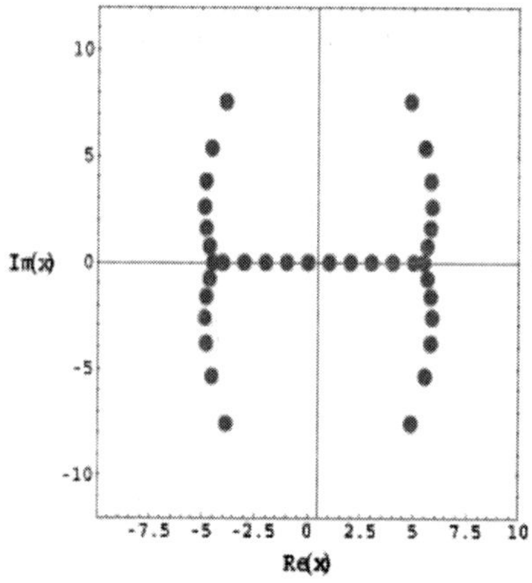

[그림 9.2.19] $E_n(x)=0$의 근($n=36$)

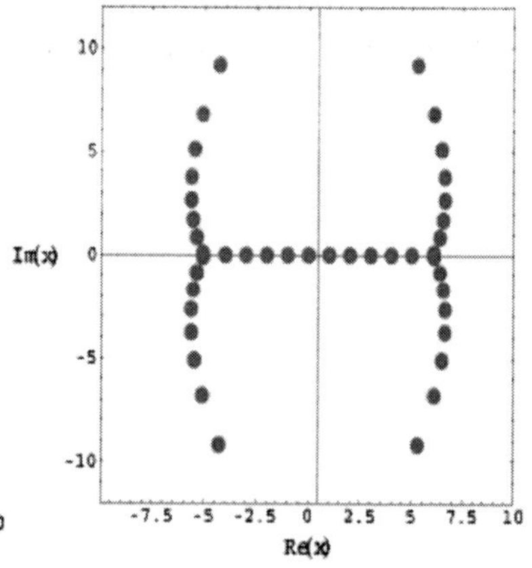

[그림 9.2.20] $E_n(x)=0$의 근($n=42$)

앞의 그림들에서 볼 수 있듯이 오일러 다항식 $E_n(x)$의 근의 분포는 $x=\dfrac{1}{2}$에 대해서 대칭이다. 물론 $Im(x)=0$ 축에 대해서도 대칭이다.

다음 그림 9.2.15는 n이 $1 \le n \le 80$일 때, 오일러 다항식 $E_n(x)$의 근의 분포를 3차원에 나타낸 것이다.

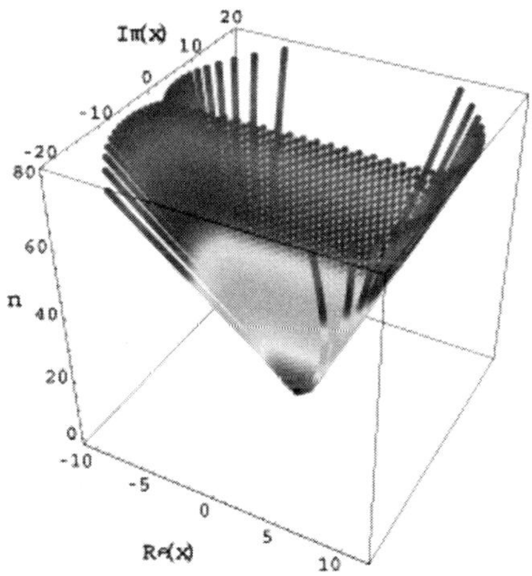

[그림 9.2.21] $E_n(x)=0$의 근 $(1 \le n \le 80)$

다음은 오일러 다항식 $E_n(x)$의 실근과 복소근의 수를 소개하도록 한다. 표 9.2.22는 오일러 다항식 $E_n(x)$의 실근과 복소근의 수를 소개한 것이다.

<표 9.2.22> $E_n(x)$의 실근과 복소근의 개수

n	실근	허근
1	1	0
2	2	0
3	3	0
4	4	0
5	5	0
6	2	4
7	3	4
8	4	4
9	5	4
10	6	4
11	3	8
12	4	8
13	5	8
14	6	8

표 9.2.22에서 보면 오일러 다항식 $E_n(x)$의 차수 n은 정확히 실근의 수에다 허근의 수를 합한 것과 같음을 알 수 있으며 허근의 수는 매우 규칙적이라는 것을 추측할 수 있다. 표 9.2.23은 직접 컴퓨터를 이용해서 실근을 구한 것이다.

<표 9.2.23> $E_n(x)$의 실근

n	실근
1	0.5000
2	0.0000, 1.000000
3	-0.366025404, 0.500000000, 1.366025404
4	-0.6180339, 0.0000, 1.0000, 1.61803
5	-0.61803, -0.61803, 0.5000, 1.6180, 1.6180
6	0.00000, 1.00000
7	-0.497731435, 0.500000000, 1.49773143
8	-0.932327751, 0.00000, 1.0000, 1.93232775
9	-1.21973, -0.50008, 0.5000, 1.50008, 2.2197
10	-1.3652, -1.01497, 0.000, 1.0000, 2.0149, 2.3652

9.2.2 합에 대한 연구

n, k를 양의 정수라 하고,

$$S_n(k) = 1^n + 2^n + 3^n + \cdots + k^n$$

라 하자. 단, 여기서 $k > 1$이다. 그러면,

$$S_n(2k) = 1^n + 2^n + 3^n + \cdots + (2k)^n$$
$$= \{1^n + 3^n + 5^n + \cdots + (2k-1)^n\} + \{2^n + 4^n + \cdots + (2k)^n\}$$

이므로 다음 식을 얻는다.

$$\sum_{m=1}^{k} (2m-1)^n = S_n(2k) - 2^n S_n(k) \tag{9.2.3}$$

또한 연속한 정수의 교대 합을 다음과 같이 구하였다. 즉,

$$T_n(k) = \sum_{k=1}^{2k}(-1)^k k^n$$

라 하자. 그러면,

$$\begin{aligned} T_n(k) &= -1^n + 2^n - 3^n + 4^n - 5^n + \cdots \\ &\quad + (-1)^{2k-1}(2k-1)^n + (-1)^{2k}(2k)^n \\ &= (2^n + 4^n + \cdots + (2k)^n) - (1^n + 3^n + \cdots + (2k-1)^n) \\ &= 2^n(1^n + 2^n + \cdots + k^n) - \sum_{m=1}^{k}(2m-1)^n \end{aligned}$$

을 얻는다. 따라서 (9.2.3)에 의하여 다음 식을 얻을 수 있다.

$$T_n(k) = 2^{n+1}S_n(k) - S_n(2k)$$

교대 합과 오일러 다항식 및 오일러 수와의 관계는 다음과 같이 주어진다.

$$E_k + (-1)^{n+1}E_k(n) = 2\sum_{l=0}^{n-1}(-1)^l l^k.$$

따라서 우리는 오일러 다항식과 오일러 수를 이용하여 교대 합을 구할 수 있음을 알아보았다.

9.2.3 일반화된 q-오일러 수와 다항식의 합

임의의 양의 정수 $n, k\,(>1)$에 대하여

$$T_{n,q}(k) = \sum_{l=0}^{k-1}(-1)^l q^l [l]_q^n$$

라 하자. 우리는 q-오일러 수와 다항식을 이용해 $T_{n,q}(k)$의 값을 구해 보자. 이를 위해 다음과 같은 생성함수를 소개한다.

$$F_q(t) = [2]_q \sum_{n=0}^{\infty}(-1)^n q^n e^{[n]_q t} = \sum_{n=0}^{\infty} E_{n,q}\frac{t^n}{n!} \tag{9.2.4}$$

$$F_q(t,x)=[2]_q\sum_{n=0}^{\infty}(-1)^n q^n e^{[n+x]_q t}=\sum_{n=0}^{\infty}E_{n,q}(x)\frac{t^n}{n!} \qquad (9.2.5)$$

식 (9.2.5)로부터 다음 식을 얻는다.

$$E_{n,q}(x)=[2]_q\left(\frac{1}{1-q}\right)^n\sum_{l=0}^{n}\binom{n}{l}\frac{(-1)^l}{1+q^{l+1}}q^{lx} \qquad (9.2.6)$$

여기서 $E_{n,q}(x)$를 q-오일러 다항식이라 한다. 특히 $x=0$일 때, $E_{n,q}$라 쓰고 q-오일러 수라고 한다. Mathematica를 사용하여 $E_{n,q}(x)$의 형태를 다양하게 그려 볼 수 있다. 이제 q 값에 따라 몇 개의 그래프를 그려보자. $n=1,2,\cdots,10$까지 변하고 x가 $-\frac{9}{10}\le x\le\frac{9}{10}$ 사이에 있을 때, 그림 9.2.24는 $q=\frac{1}{7}$인 경우 $E_{n,q}(x)$의 그래프이고 그림 9.2.25는 $q=\frac{1}{5}$인 경우 $E_{n,q}(x)$의 그래프이다.

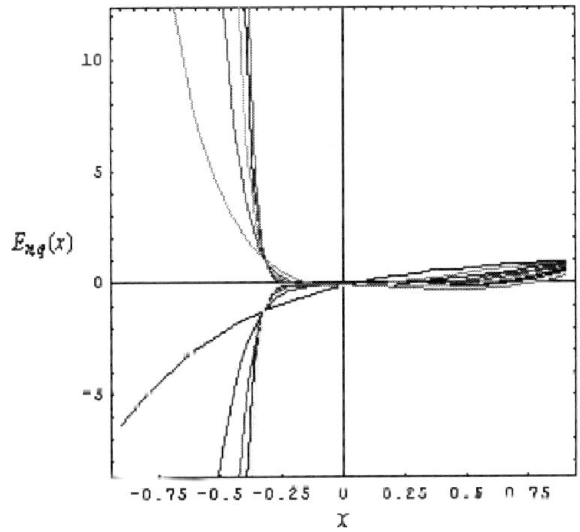

[그림 9.2.24] $q=\frac{1}{7}$일 때, $E_{n,q}(x)$의 그래프

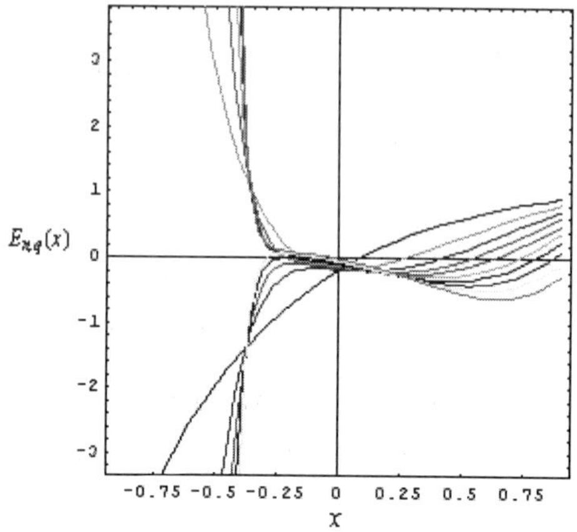

[그림 9.2.25] $q=\frac{1}{5}$일 때, $E_{n,q}(x)$의 그래프

q-오일러 다항식 $E_{n,q}(x)$의 복소근을 수학 소프트웨어인 Mathematica를 이용해 구할 수 있다. 그림 9.2.26, 그림 9.2.27, 그림 9.2.28과 그림 9.2.29는 $n=10, 20, 30, 40$이고 $q=\frac{1}{5}$일 때 $E_{n,q}(x)$의 복소근을 복소평면상에 나타낸 것이다.

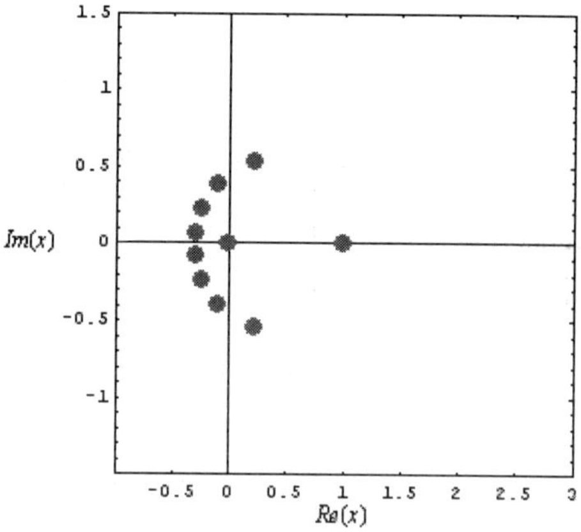

[그림 9.2.26] $q=\frac{1}{5}$일 때 $E_{10,q}(x)$의 근

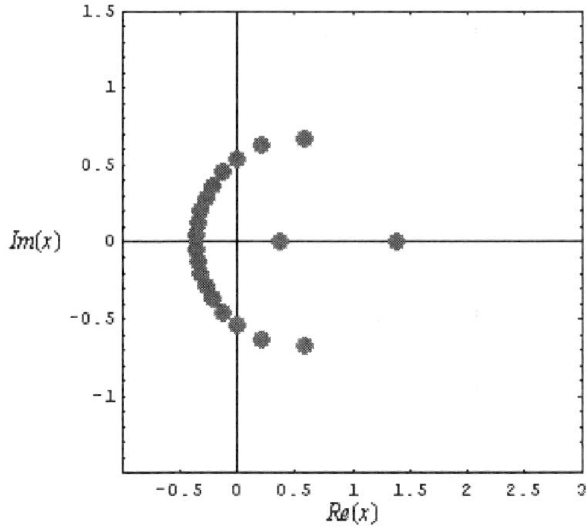

[그림 9.2.27] $q=\frac{1}{5}$일 때 $E_{20,q}(x)$의 근

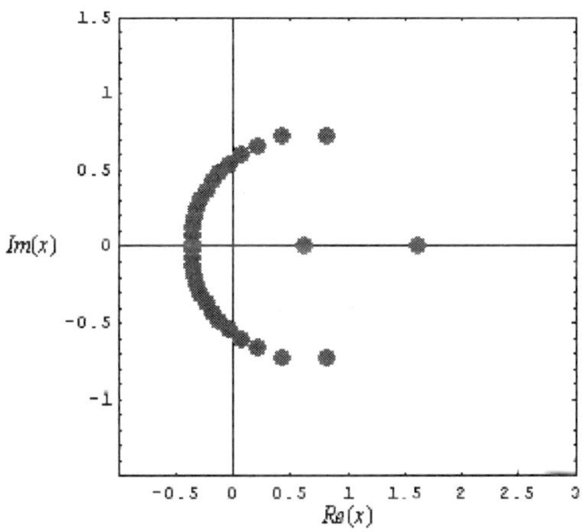

[그림 9.2.28] $q=\frac{1}{5}$일 때 $E_{30,q}(x)$의 근

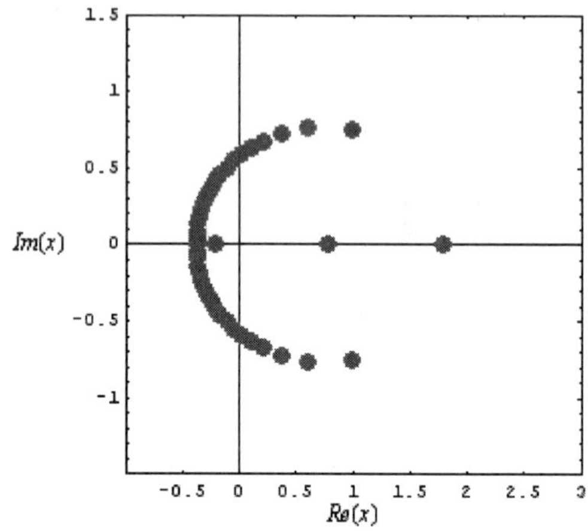

[그림 9.2.29] $q=\dfrac{1}{5}$일 때 $E_{40,q}(x)$의 근

위 근의 분포로 보아 q-오일러 다항식 $E_{n,q}(x)$의 근들은 실수축으로 대칭임을 알 수 있다. 보다 더 일반적인 이론의 연구가 필요할 것으로 보인다.

그림 9.2.30은 $n=1$에서 $n=40$까지 q-오일러 다항식 $E_{n,q}(x)$의 복소근을 공간상에 나타낸 것이다.

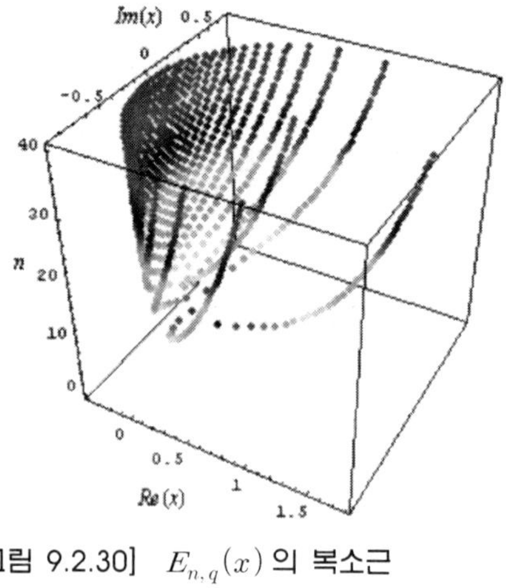

[그림 9.2.30] $E_{n,q}(x)$의 복소근

임의의 양의 정수 n에 대하여

$$-[2]_q\sum_{l=0}^{\infty}(-1)^{l+n}q^{l+n}e^{[l+n]_q t}+[2]_q\sum_{l=0}^{\infty}(-1)^l q^l e^{[l]_q t}$$

$$=[2]_q\sum_{l=0}^{n-1}(-1)^l q^l e^{[l]_q t} \tag{9.2.7}$$

를 얻는다.

식 (9.2.4), 식 (9.2.5)과 식 (9.2.7)로부터 다음 식을 얻는다.

$$\begin{aligned}T_{m,q}(n)&=\sum_{l=0}^{n-1}(-1)^{l+n}q^{l+n}e^{[l+n]_q^m}\\&-\frac{1}{[2]_q}\{((-1)^{n+1}q^nE_{m,q}(n)+E_{m,q})\}\\&=\frac{1}{[2]_q}\left\{(-1)^{n+1}q^n\sum_{l=0}^{m}\binom{m}{l}[n]_q^{m-l}q^{nl}E_{l,q}+E_{m,q}\right\}\\&=\frac{(-1)^{n+1}q^n}{[2]_q}\sum_{l=0}^{m-1}\binom{m}{l}[n]_q^{m-l}q^{nl}E_{l,q}\\&\quad-\frac{1}{[2]_q}\{((-1)^nq^{(m+1)n}-1)E_{m,q}\}\end{aligned}$$

따라서 교대 합과 수와의 관계는 다음과 같이 주어진다.

$$\begin{aligned}T_{m,q}(n)=&\frac{(-1)^{n+1}q^n}{[2]_q}\sum_{l=0}^{m-1}\binom{m}{l}[n]_q^{m-l}q^{nl}E_{l,q}\\&-\frac{1}{[2]_q}\{((-1)^nq^{(m+1)n}-1)E_{m,q}\}\end{aligned} \tag{9.2.8}$$

여기서 우리는 수학에서 널리 사용되는 Mathematica를 사용하여 (9.2.8)에 있는 합 $T_{m,q}(n)$에 대해서 연속적으로 m의 값이 변할 때, $T_{m,q}(n)$ 값의 변화를 관찰해 보도록 하자. 그림 9.2.31, 그림 9.2.32, 그림 9.2.33과 그림 9.2.34는 $m=1,2,\cdots,15$ 까지 변하고 q 값이 $q=\frac{1}{2},\frac{1}{3},$

$\frac{1}{4}$, $\frac{1}{5}$ 일 때, $T_{m,q}(100)$ 의 값을 표시한 그래프이다.

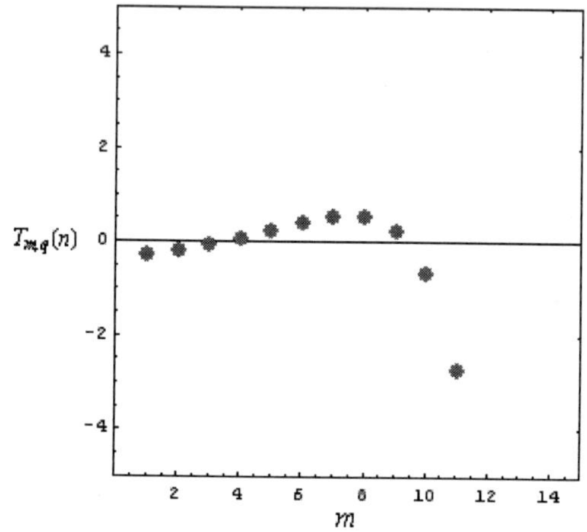

[그림 9.2.32] $q=\frac{1}{2}$, $T_{m,q}(100)$ 의 값

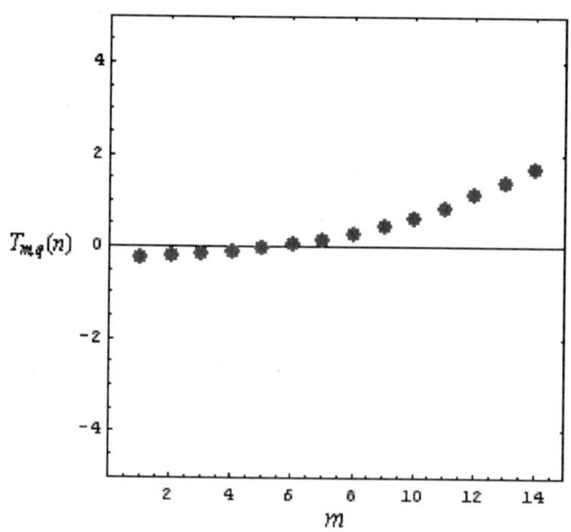

[그림 9.2.33] $q=\frac{1}{3}$, $T_{m,q}(100)$ 의 값

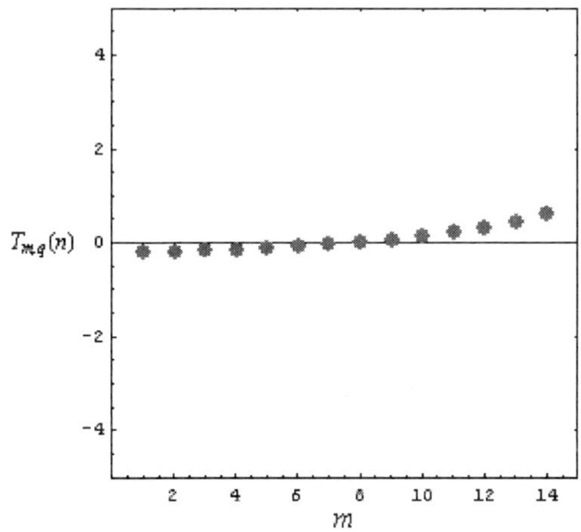

[그림 9.2.34] $q=\frac{1}{4}$, $T_{m,q}(100)$ 의 값

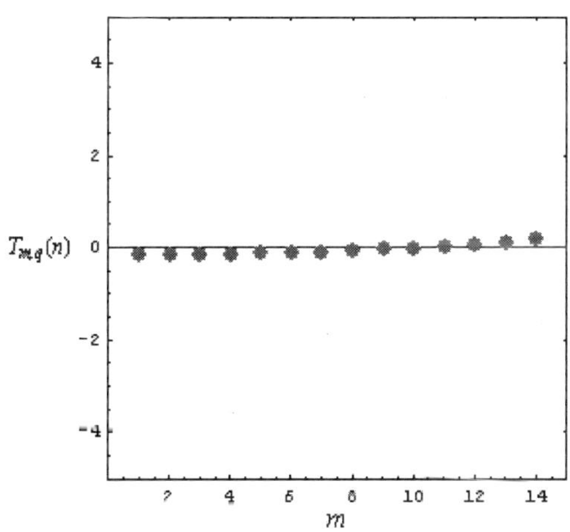

[그림 9.2.35] $q=\frac{1}{5}$, $T_{m,q}(100)$ 의 값

또한 표 9.2.36은 $T_{m,q}(n)$의 값을 계산한 것이다.

<표 9.2.36> $T_{m,q}(n)$의 값

n	$T_{1,\frac{1}{3}}(n)$	$T_{2,\frac{1}{3}}(n)$	$T_{3,\frac{1}{3}}(n)$	$T_{4,\frac{1}{3}}(n)$	$T_{5,\frac{1}{3}}(n)$
1	0	0	0	0	0
2	-1/3	-1/3	-1/3	-1/3	-1/3
3	-5/27	-11/81	-17/243	13/729	295/2187
4	-58/243	-466/2187	-3574/19683	-25402/177147	-156238/1594323

그림 9.2.37은 $m=1,2,\cdots,10$ 까지 변하고 q가 $-\frac{1}{3}\le q\le\frac{1}{3}$ 사이에 있을 때 $T_{m,q}(100)$의 값의 변화를 나타낸 그래프이다.

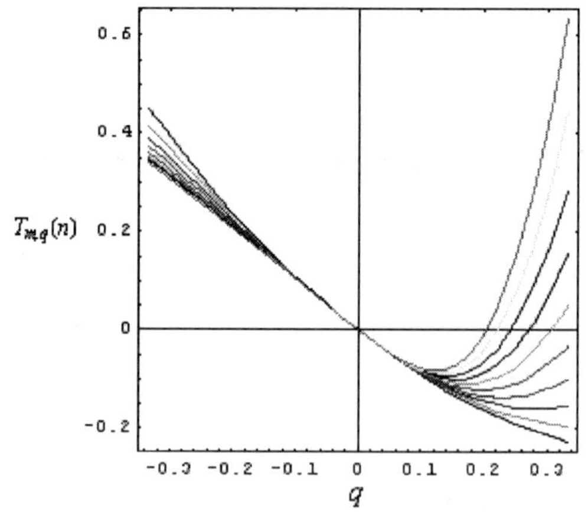

[그림 9.2.37] $-\frac{1}{3}\le q\le\frac{1}{3}$ 사이에서 $T_{m,q}(100)$의 값

참고 문헌

1. 김태균, 박달원, 박홍경, 임석훈, 유천성, 장이채, 정인철 (2004), 비아르키메디언 해석입문, 교우사.
2. 김태균, 박달원, 박홍경, 임석훈, 유천성, 장이채 (2005), 초월함수 개론, 교우사.
3. 김태균, 박홍경, 유천성, 임석훈, 장이채 (2006), q-정수의 세계와 그 응용, 교우사.
4. 김태균, 장이채, 임석훈, 박순철, 석정영, 최준용, 유천성 (2007), 비아르키메디언 적분과 그 응용, 교우사
5. Apostol, T (1976), Introduction to analytic number theory, Springer-Verlag, New York.
6. J. Bernoulli, Ars Conjectandi, Basel, (1713), (Reprinted on pp. 106~286 in Vol. 3 of Die Werke von Jakob Bernoulli, Birkhauser Verlag, Basel), 1975. See also SMITH D.E., Vol. 1, pp. 85~90.
7. J. Bernoulli (1899), Wahrscheinlichkeitsrechnung, Leipzig.
8. L. Carlitz (1940), An analogue of the Staudt-Clausen theorem, Duke Math. J., Vol. 7, pp. 62~67.
9. L. Carlitz (1941), An analogue of the Bernoulli polynomials, Duke Math. J., Vol. 8, pp. 405~412.
10. L. Carlitz (1941), Generalized Bernoulli and Euler numbers, Duke Math. J., Vol. 8, pp. 585~589.
11. L. Carlitz (1948), q-Bernoulli numbers and polynomials, Duke Math. J., Vol. 15, pp. 987~1000.

12. M. Cenkci, M. Can, and V. Kurt (2006), q-extension of Genocchi numbers, J. Korean Math. Soc., Vol. 43, pp. 183~198.

13. M. Cenkci, Y. Simsek, and V. Kurt (2007), Further remarks on multiple p-adic $q-L$-function of two variables, Advanced Studies in Contemporary Mathematics, Vol. 14, no. 1, pp. 73~86.

14. L. Comtet (1974), Advanced combinatories, Reidel, Dordrecht.

15. W. Dane (2001), Bernoulli numbers and sums of powers, Int. J. of Mathematical Education in Science and Technology, Vol. 32, no. 3, pp. 440~443.

16. E. Deeba (1991), D. Rodriguez, Stirling's series and Bernoulli numbers, Amer. Math. Monthly, Vol. 98, pp. 423~426.

17 J. Diamond (1977), The p-adic log gamma function and p-adic Euler constants, Trans. Amer. Math. Soc., Vol. 233, pp. 321~337.

18. J. Diamond (1979), On the values of p-adic L-functions at positive integers, Acta Arith., XXXV, pp. 223~237.

19. K. Dilcher (2004), A bibliography of Bernoulli numbers, http://www.mscs.dal.ca/~dilcher/bernoulli.html, December 31.

20. T. Ernst, Examples of a q-umbral calculus, Adv. Stud. Contemp. Math., Vol. 16, no. 1, pp. 1~22.

21. J. Faulhaber (1631), Academia Algebrae, Darinnen die miraculo-sischeInventiones zu den h¨ochsten Cossen weiters continuirt und profitiert werden, Augspurg, bey Johann Ulrich Sch¨onigs,

22. K. C. Garrett, K. A. Hummel (2004), Combinatorial proof of the sum of q-cubes, Electron. J. Combin., Vol. 11.

23. G. Gasper, M. Rahman (1990), Basic hypergeometric series, Encyclopedia of Mathematics and Its Applications, Vol. 35, Cambridge University Press, Cambridge.

24. I. P. Goulden, D. M. Jackson (2004), Combinatorial enumeration, (Reprint of the 1983 original), Dover Publications, Inc., Mineola, NY.
25. F. T. Howard (1995), Application of a recurrence for the Bernoulli numbers, J. Number Theory, Vol. 52, pp. 157~172.
26. I.-C. Huang, S.-Y. Huang (1999), Bernoulli numbers and polynomials via residues, J. Number Theory, Vol. 76, pp. 178-193.
27. L. C. Jang (2007), On a q-analogue of the p-adic generalized twisted L-functions and p-adic q-integrals, J. Korean Math. Soc., Vol. 44, pp. 1~10.
28. L. C. Jang (2008), Explicit p-adic q-expansion for the alternating sums of powers, J. Comp. Anal. and Appl., Vol. 10, pp. 255-266.
29. L. C. Jang, T. Kim, D.H. Lee and D.W. Park (2001), An application of polylogarithms in the analogues of Genocchi numbers, Notes on Number Theory and Discrete Mathematics, Vol. 7, no. 3, pp. 65~70.
30. Bernd C. Kellne (2007), On irregular prime power divisors of the Bernoulli numbers, Mathematics of Computation, Vol. 76, no. 257, pp. 405~441.
31. A. Khrennikov (1997), Non-Archimedean Analysis:quantum paradoxes, dynamical systems and biological models, Klumer.
32. A. Khrennikov (1994), p-adic valued distributions in mathematical physics, Klumer.
33. T. Kim (1994), An analogue of Bernoulli numbers and their congruences, Rep. Fac. Sci. Engrg. Saga Univ. Math., Vol. 22, no. 2, pp. 21~26.
34. T. Kim (1994), On explicit formulas of p-adic $q-L$-functions, Kyushu J. Math., Vol. 48, no. 1, pp. 78~86.
35. T. Kim (1999), On a q-analogue of the p-adic log gamma functions and related integrals, J. Number Theory, Vol. 76, no. 2, pp. 320~329.

36. T. Kim (2001), Sums of products of q-Bernoulli numbers, Arch. Math. (Basel), Vol. 76, no. 3, pp. 190~195.

37. T. Kim (2000), Remark on p-adic $q-L$-functions and sums of powers, Proc. Jangjeon Math. Soc., Vol. 1, pp. 161~169.

38. T. Kim (2001), Remark on p-adic proofs for q-Bernoulli and Eulerian numbers of higher order, Proc. Jangjeon Math. Soc., Vol. 2, pp. 9~15.

39. T. Kim (2001), Some p-Bernoulli numbers of higher order associated with the p-adic q-integers, Proc. Jangjeon Math. Soc., Vol. 2, pp. 23~28.

40. T. Kim (2001), A note on p-adic q-Dedekind sums, C. R. Acad. Bulgare Sci., Vol. 54, no. 10, pp. 37~42.

41. T. Kim (2001), A note on the solutions for exercise problems of p-adic q-integrals, Proc. Jangjeon Math. Soc., Vol. 2, pp. 45-49.

42. T. Kim (2002), Some formulae for the q-Bernoulli and Euler polynomials of higher order, J. Math. Anal. Appl., Vol. 273, no. 1, pp. 236~242.

43. T. Kim (2002), On p-adic $q-L$-functions and sums of powers, Discrete Math., Vol. 252 no. 1-3, pp. 179~187.

44. T. Kim (2002), A note on exploring the sums of powers of consecutive q-integers, Adv. Stud. Contemp. Math., Vol. 11, no. 1, pp. 137~140.

45. T. Kim (2002), q-Volkenborn integration, Russian Journal of Mathematical Physics, Vol. 9, no. 3, pp. 288~299.

46. T. Kim (2003), Non-Archimedean q-integrals associated with multiple Changhee q-Bernoulli polynomials.Russian Journal of Mathematical Physics. Vol. 10, no. 1, pp. 91~98

47. T. Kim (2004), Sums of powers of consecutive q-integers. Adv. Stud. Contemp. Math. 1, pp. 15~18.

48. T. Kim (2004), p-adic q-integrals associated with the Changhee-Barnes' q-Bernoulli polynomials, Integral Transforms Spec. Funct., Vol. 15, no. 5, pp. 415~420.
49. T. Kim (2004), Analytic continuation of multiple q-zeta functions and their values at negative integers, Russian Journal of Mathematical Physics, Vol. 11, no. 1, pp. 71~76.
50. T. Kim (2005), Power series and asymptotic series associated with the q-analog of the two-variable p-adic L-function, Russian Journal of Mathematical Physics, Vol. 12, no. 2, pp. 186~196.
51. T. Kim (2006), q-generalized Euler numbers and polynomials, Russian Journal of Mathematical Physics, Vol. 13, no. 3, pp. 293~298.
52. T.Kim (2007), q-Euler numbers and polynomials associated with p-adic q-inategrals, Journal of nonlinear Mathematical Physics, Vol. 14, no. 1, pp. 15~27.
53. T. Kim (2007), q-extension of the Euler formula and trigonometric functions, Russian Journal of Mathematical Physics, Vol. 14, no. 3, pp. 275~278.
54. T. Kim (2008), The modified q-Euler numbers and polynomials, Adv. Stud. Contemp. Math., Vol. 16, pp. 161~170.
55. T. Kim (2008), q-Bernoulli numbers and polynomials associated with Gaussian binomial coefficients, Russian Journal of Mathematical Physics, Vol. 15, no. 1, pp. 51~57.
56. T. Kim (2008), q-Bernoulli numbers associated with q-stirling numbers, Advances in Difference Equations, Vol. 2008, Article ID 743295, 10 pages.
57. T. Kim (2008), Euler numbers and polynomials associated with zeta functions, Abstract and Applied Analysis, Vol. 2008, Article

ID 581582, 13 pages.

58. Y.-H. Kim, W. Kim, and L.C. Jang (2008), On the q-extension of Aposttol-Euler numbers and polynomials, Abstar. Appl. Anal., Vol. 2008, Article ID 296159, 10 pages.
59. T. Kim, L.C. Jang and H.K. Pak (2001), A note on q-Euler numbers and Genocchi numbers, Proc. Japan Acad. Ser. A Math. Sci., Vol. 77, pp. 139～141.
60. T. Kim, S.H. Rim, J.W. Son and L.C. Jang (2002), On the values of q-analogue of Zeta and L-functions I, Algebra Colloquium, Vol. 9, no. 2, pp. 233～240.
61. B. A. Kupershmidt (2005), Reflection symmetries of q-Bernoulli polynomials, J. Nonlinear Math. Phys., Vol. 12, pp. 412～422.
62. D. E. Knuth (1993) Johann Faulhaber and sums of powers, Math. Comp., Vol. 61, pp. 77～294.
63. N. Koblitz (1982), On Carlitz's q-Bernoulli numbers, J. Number Theory, Vol. 14, pp. 332～339.
64. T. Machide (2008), Sums of products of Kronecker's double series, Journal of Number Theory, Vol. 128, no. 4, pp. 820～834.
65. K.H. Park, Y.-H. Kim (2008), On some arithematical properties of the Genocchi numbers and polynomials, Advances in Difference Equations, http://www.hindawi.com/journals/ade/aip.195049.html.
66. H. Ozden, Y. Simsek, S.-H. Rim, and I.N. Cangul, A note on p-adic q-Euler measure, Adv. Stud. Contemp. Math., Vol. 14, no. 2, pp. 233～239.
67. C.S. Ryoo, T. Kim, R.P. Agaral (2005), Exploring the multiple Changhee q-Bernoulli polynomials, Int. J. Comput. Math., Vol. 82, no. 4, pp. 483～493.

68. Satoh, J. (1989), q-analogue of Riemann's ζ-function and q-Euler number, J. Number Theory, Vol. 31, no. 3, pp. 346~362.
69. Schlosser, M. (2004), q-Analogues of the sums of consecutive integers, squares, cubes, quarts and quints, Elect. J. Comb., Vol. 11, no. 71.
70. M. Schork (2006), Word's calculus of sequences, q-calculus and the limit $q \to -1$, Adv. Stud. Contemp. Math., Vol. 13, pp. 131~141.
71. M. Schork (2007), Combinatorial aspects of normal ordering and its connection to q-calculus, Adv. Stud. Contemp. Math., Vol. 15, pp. 49~57.
72. Shen, Y.-Y.. (民國 八十九年七月), Exploring the sums of powers of consecutive Integers with Mathematica, 東海科學弟2卷, pp. 45~48.
73. Y.-Y. Shen (2003), A note on the sums of powers of consecutive integers, Tunghai Science, Vol. 5, pp. 101~106.
74. Sherwood, Howard (1970), Sums of powers of integers and Bernoulli numbers, Math. Gaz., Vol. 54, no. 389, pp. 272~274.
75. Silvia Dassie, Marco Vianello, And Renato Zanovell (1999), A New Summation Method For Power Series With Rational Coefficients, Mathematics Of Computation, Vol. 69, no. 230, pp. 749~756.
76. J H. Hans Tuenter (2001), A symmetry of power sum polynomials and Bernoulli numbers, Amer. Math. Monthly, Vol. 108, pp. 258~261.
77. J. H. Hans Tuenter (2006), The Frobenius problem, sums of powers of integers, and recurrences for the Bernoulli numbers, J. Number Theory, Vol. 117, no.2, pp. 376~386.
78. S. O. Warnaar (2004), On the q-analogue of the sum of cubes, Electron. J. Combin., Vol. 11, no. 13.

79. C. F. Woodcock (1982), A spectral valuation on the ring of p-adic integers, J. London Math. Soc., Vol. 25, pp. 223~234.
80. C. F. Woodcock (1984), A spectral properties of tame functions on the ring of p-adic integers, J. London Math. Soc., Vol. 30, pp. 407~418.
81. C. F. Woodcock (1987), A two variable Riemann Zeta function, J. Number Theory, Vol. 27, pp. 212~221.

찾아 보기

| ㅅ |

| ㅇ |

| ㅈ |

| ㅊ |

저자 약력

김태균 (광운대, 교양학부, 교수)
장이채 (건국대, 전산수학전공, 교수)
임석훈 (경북대, 수학교육과, 교수)
박홍경 (대구한의대, 인터넷정보학과, 교수)
유천성 (한남대, 수학과, 교수)
김영희 (광운대, 교양학부, 대우교수)
김민수 (수리과학연구소, Post-Doc 연구원)
석정영 (경북대, 전자전기컴퓨터학부, 계약교수)
김원주 (건국대, 자연과학연구소, 연구원)
박경호 (경북대, BK 연구원)
황경원 (국민대, 교양학부, 교수)

p-진 함수해석학과 그 응용

2009년 2월 25일 초판 인쇄
2009년 3월 2일 초판 발행

저　자 / 김태균 · 장이채 · 임석훈 · 박홍경 · 유천성 · 김영희
김민수 · 석정영 · 김원주 · 박경호 · 황경원 지 음
발행자 / 오판근
발행처 / 교우사

주　소 / 서울 동대문구 제기2동 148-19
전　화 / 925-2861(代), 편집부 / 925-2825
팩　스 / 925-2860
E-mail / kyowoo @ kyowoo.co.kr
http: // www. kyowoo. co. kr
등록 / 1994. 3. 24 제6-0256호

ISBN 978-89-8172-791-8 (93410)

값 **16,000**원